机械加工质量智能监测与控制

高宏力 郭 亮 孙 弋 著

科学出版社
北 京

内 容 简 介

随着制造业进入智能化时代,机械加工质量智能监测与控制技术成为提升生产效率、降低制造成本、确保产品质量的重要手段。本书系统阐述了机械加工质量智能监测与控制的理论方法及实践应用,内容涵盖机械加工工艺与质量控制基础、数据采集与智能处理方法,并深入探讨了机床性能评估、基于信号与机器视觉信息的铣刀状态监测技术,以及基于纹理的加工表面质量监测方法。此外,本书对智能监测与控制技术同机械加工深度融合的发展前景进行了展望。

本书可供机械制造领域的工程技术人员使用,也可供高等工科院校机械类和近机械类专业师生参考。

图书在版编目(CIP)数据

机械加工质量智能监测与控制 / 高宏力,郭亮,孙弋著. -- 北京：科学出版社, 2025.6. -- ISBN 978-7-03-080544-7

Ⅰ．TG506

中国国家版本馆 CIP 数据核字第 2024DH1071 号

责任编辑：华宗琪 / 责任校对：彭　映
责任印制：罗　科 / 封面设计：义和文创

科学出版社 出版
北京东黄城根北街 16 号
邮政编码：100717
http://www.sciencep.com

成都锦瑞印刷有限责任公司 印刷
科学出版社发行　各地新华书店经销

*

2025 年 6 月第 一 版　开本：787×1092　1/16
2025 年 6 月第一次印刷　印张：14
字数：332 000

定价：129.00 元
(如有印装质量问题,我社负责调换)

前　言

在现代制造业中，机械加工作为一项关键的生产工艺，不仅在各个领域中扮演着不可或缺的角色，而且对产品质量和生产效率有着深远的影响。随着科技的迅猛发展，智能监测技术的崛起为机械加工领域带来了前所未有的机遇和挑战。本书将深入探讨机械加工质量智能监测与控制技术及其应用，为读者提供全面且深入的视角，帮助他们理解、应用与推动这一领域的发展。

传统的机械加工质量控制主要依赖于经验和人工抽检，这种方式存在着效率低、成本高、难以全面覆盖的问题。随着人工智能和大数据技术的不断发展，机械加工质量智能监测与控制技术应运而生，成为提高生产效率、降低成本、提升产品质量的重要手段。

本书探讨机械加工质量智能监测与控制技术及其在实际应用中的价值和前景，深入分析其技术原理、应用场景、挑战与解决方案。随着技术的不断创新与应用场景的扩展，该技术将在未来为制造业带来更多机遇，推动产业迈向数字化、智能化的新阶段。

本书分为 8 章，深入探讨了智能监测与控制技术在机械加工中的应用。第 1 章介绍机械加工质量的重要性及挑战，第 2 章介绍机械加工工艺与质量控制的基本概念，第 3 章关注数据的采集与处理方法。第 4~7 章侧重于机床性能评估、基于信号的铣刀状态监测、基于机器视觉的铣刀状态监测及基于纹理的表面质量监测。第 8 章对全书进行回顾总结，并对智能监测与控制技术同机械加工的融合和未来发展方向进行展望。

本书受西南交通大学研究生教材（专著）经费建设项目专项资助（项目编号：SWJTU-ZZ2022-010），在此表示感谢。

由于作者水平有限，书中疏漏之处在所难免，恳请读者批评指正。

高宏力　郭　亮　孙　弋
2024 年 10 月

目　　录

第 1 章　绪论 ··· 1
　1.1　机械加工的重要性与挑战 ·· 1
　　1.1.1　机械加工的重要性 ··· 1
　　1.1.2　机械加工在产品制造中的角色 ·· 2
　1.2　机械加工质量的重要性 ··· 3
　1.3　内容与章节安排 ··· 4
第 2 章　机械加工基础 ··· 6
　2.1　机械加工工艺与工件加工质量 ·· 6
　　2.1.1　机械加工工艺 ·· 6
　　2.1.2　工件加工表面质量及评价指标 ·· 10
　2.2　加工质量和质量控制 ··· 14
　　2.2.1　质量控制方法的研究现状 ··· 15
　　2.2.2　传统质量控制方法 ··· 17
　　2.2.3　加工工序质量控制 ··· 20
　2.3　先进的机械加工制造技术 ·· 21
　　2.3.1　现代化机械加工制造发展 ··· 21
　　2.3.2　先进加工工艺与制造技术的应用 ·· 23
　　2.3.3　先进机械制造技术的发展趋势 ·· 24
　　2.3.4　先进制造技术的重点发展方向 ·· 25
　　2.3.5　先进加工技术中的质量智能监测与控制技术 ······················· 26
　2.4　机械加工质量智能监测与控制技术 ·· 26
　　2.4.1　机器视觉测量加工质量预测方法 ·· 26
　　2.4.2　功率测量加工质量预测方法 ··· 29
　　2.4.3　振动测量加工质量预测方法 ··· 30
　　2.4.4　机械加工质量智能监测与控制技术发展趋势 ······················· 34
第 3 章　数据采集与处理 ··· 37
　3.1　基于传感器的监测信号采集分析 ·· 38
　　3.1.1　切削力信号 ··· 39
　　3.1.2　振动信号 ··· 41
　　3.1.3　电流信号 ··· 41
　　3.1.4　声发射信号 ··· 43
　　3.1.5　温度信号 ··· 44

  3.1.6 多传感信号···44
 3.2 传感信号处理技术···45
  3.2.1 时域特征参数···45
  3.2.2 时域信号分析···46
  3.2.3 频域特征参数···47
  3.2.4 频域信号分析···47
  3.2.5 时频域特征参数···48
  3.2.6 时频域信号分析···49
  3.2.7 多域组合分析···50
 3.3 基于机器视觉的图像数据采集分析···51
  3.3.1 机器视觉技术概述···51
  3.3.2 相机···53
  3.3.3 镜头···54
  3.3.4 光源···56
 3.4 图像处理技术···57
  3.4.1 图像的灰度处理···57
  3.4.2 图像的去噪处理···58
  3.4.3 图像检测区域的框定···60

第 4 章 考虑各部件的机床性能评估··65
 4.1 引言···65
 4.2 导轨对机床性能的影响···66
  4.2.1 导轨对重心驱动机构动力学性能的影响·································66
  4.2.2 箱中箱结构动力学建模···69
  4.2.3 箱中箱结构动力学仿真分析···75
 4.3 丝杠对机床性能的影响···78
  4.3.1 进给系统动力学建模及丝杠磨损的影响分析·······················78
  4.3.2 丝杠磨损状态下进给系统仿真分析·······································82
  4.3.3 丝杠磨损对进给系统摩擦特性的影响分析···························84
 4.4 刀具对机床性能的影响···88
  4.4.1 刀具磨损基本原理···88
  4.4.2 刀具磨损基本规律···92
  4.4.3 刀具磨损对机床性能的影响···94

第 5 章 基于信号的铣刀状态监测··97
 5.1 基于切削力的铣刀状态监测···97
  5.1.1 切削力与铣刀磨损状态之间的关联性···································97
  5.1.2 基于切削力的实时监测方法···98
 5.2 基于电流的铣刀状态监测···105

5.2.1	电流与铣削加工质量之间的关联性	105
5.2.2	基于电流的实时监测方法	106

5.3 基于加速度的铣刀状态监测 123
- 5.3.1 加速度与铣削加工质量之间的关联性 123
- 5.3.2 基于加速度的实时监测方法 125

5.4 基于声发射的铣刀状态监测 130
- 5.4.1 声发射与铣削加工质量之间的关联性 130
- 5.4.2 基于声发射的实时监测方法 132

第6章 基于机器视觉的铣刀状态监测 136
6.1 机器视觉在铣刀状态监测中的应用背景 136
- 6.1.1 刀具磨损监测系统 136
- 6.1.2 刀具磨损状态分类 139
- 6.1.3 刀具磨损区域识别 142
- 6.1.4 刀具状态监测指标 143

6.2 主轴旋转下刀具磨损区域定位和跟踪 145
- 6.2.1 主轴旋转下刀具磨损图像序列 146
- 6.2.2 刀具磨损区域自适应定位和跟踪 147

6.3 基于轻量化网络的刀具磨损状态分类 154
- 6.3.1 考虑工业环境影响的数据增强 155
- 6.3.2 基于多重激活函数的刀具磨损分类网络 159

6.4 基于图论的后刀面磨损精确分割测量 162
- 6.4.1 图像预处理 163
- 6.4.2 基于图论的后刀面磨损分割和测量 165

6.5 考虑磨损距离离散度的刀具状态评估 167
- 6.5.1 后刀面磨损退化状态 168
- 6.5.2 后刀面退化状态监测指标构建 169

第7章 基于纹理的表面质量监测 175
7.1 基于仿真与采集纹理图像的粗糙度识别 175
- 7.1.1 切削面的纹理特征提取 175
- 7.1.2 基于仿真与采集纹理图像的粗糙度识别模型构建 177

7.2 工件关键加工面识别与切屑检测 184
- 7.2.1 工件关键加工面识别 184
- 7.2.2 基于卷积神经网络的目标检测 185
- 7.2.3 代价敏感损失函数的构建 190

7.3 基于纹理分析的铣削加工监测系统实用化研究 192
- 7.3.1 工件纹理图像采集与监测框架 192
- 7.3.2 铣削监测软件系统的前、后端设计及实现 195

7.4 本章小结……………………………………………………………………… 199
第 8 章 结论与展望……………………………………………………………… 200
  8.1 本书主要内容…………………………………………………………… 200
  8.2 智能监测与控制技术同机械加工的融合……………………………… 200
  8.3 智能监测与控制技术的未来发展方向………………………………… 201
参考文献………………………………………………………………………… 203

第1章 绪　　论

1.1　机械加工的重要性与挑战

机械加工在现代制造业中扮演着不可或缺的角色，它是将原始材料转变为最终产品的关键工艺之一。机械加工质量则是制造业成功的基石。本章将探讨机械加工质量的重要性，深入剖析其在制造业中的地位，并强调在各个层面确保质量的必要性。

1.1.1　机械加工的重要性

机械加工是一种关键的制造工艺，通过切削、成型、焊接等手段将原始材料转变为所需形状和尺寸。这一工艺不仅仅是零件制造的基础，更是整体产品性能的决定因素。机械加工的广泛应用使其成为现代制造业中不可或缺的一环，为各个行业提供了制造的核心支持。

机械加工的过程包括多个步骤，其中切削是最为常见且关键的步骤之一。通过使用刀具，机械加工可以将原始材料切削成所需的形状，这一过程不仅需要高度精密的机械设备，还需要熟练的操作技能。成型是另一个重要的步骤，通过对材料施加压力或形变，制造商可以精确地塑造产品。焊接则是将不同部件连接在一起的关键步骤，确保最终产品具有强大的结构性能。

机械加工的重要性体现在其对产品形状、尺寸和表面质量的高度控制。这种高精度处理确保了最终产品符合设计要求，从而提高了产品的质量和性能。无论是微小的螺钉还是庞大的机械设备，机械加工都为其提供了精准的制造过程，使其能够在各个行业中发挥关键作用。

在现代工业中，机械加工广泛应用于汽车制造、航空航天、电子设备、医疗器械等各个领域。在汽车制造中，发动机零件、车身结构等都需要经过精密的机械加工，以确保汽车具有良好的性能和安全性。航空航天领域则需要高度精密的零件，以满足飞行器对轻量化和高强度的要求。电子设备制造依赖于微小零件的高精度加工，以确保设备的稳定性和可靠性。医疗器械领域对产品的卫生性能和精度要求极高，机械加工在此发挥着至关重要的作用。

随着科技的不断发展，机械加工技术也在不断创新和进步。数控机床的出现使加工过程更加自动化和精确，减少了人为因素对产品质量的影响。先进的刀具材料和涂层技术提高了切削效率和工具寿命，降低了生产成本。3D打印技术的兴起为一些特殊形状和结构的制造提供了全新的解决方案，为机械加工领域带来了革命性的变化。

然而，机械加工也面临着一些挑战和问题。传统的加工方法通常需要大量的能源和原材料，对环境造成一定的压力。精密加工过程中产生的废料和废水也需要得到妥善处理，以减少对环境的影响。此外，产品复杂性的增加，对机械加工的精度和效率提出了更高的要求，制造商需要不断改进和升级设备，以适应市场的需求变化。

为了应对这些挑战，制造业正在积极探索新的技术和方法。绿色制造理念的提出推动了机械加工过程中的可持续发展，通过改进工艺流程和提高材料利用率，减少能源消耗和废弃物产生。智能制造系统的应用使生产过程更加灵活和智能化，提高了生产效率和产品质量。虚拟现实和增强现实技术的引入为工艺规划、操作培训等方面提供了新的手段，进一步提高了制造过程的可控性和可靠性。

总体而言，机械加工作为现代制造业的核心环节，对产品的质量、性能和可靠性起着决定性的作用。随着科技的发展和制造业的变革，机械加工技术将继续创新和进步，为各个行业提供更为先进和可持续的制造解决方案。同时，制造商需要在不断适应市场需求的同时，注重绿色制造和智能制造的发展，推动整个产业朝着更加可持续和智能化的方向发展。

1.1.2　机械加工在产品制造中的角色

机械加工在现代制造业中不仅仅是一道工序，更是整个产品制造中的关键角色，其在零件制造、产品精度和多样化应用等方面的重要性不可忽视。下面将详细探讨这几个方面，以揭示机械加工在制造业中的深远影响。

1. 零件制造

机械加工是零件制造的核心环节。在制造过程中，原始材料需要经过切削、成型、焊接等多个工艺，最终形成符合设计要求的零件。这些零件可以是汽车发动机的关键组成部分，也可以是航空航天领域的高精度元件。机械加工为制造商提供了精密、可控的手段，确保零件的质量和性能达到产品设计的标准。无论是金属、塑料还是复合材料，机械加工都为各种材料的加工提供了灵活而可靠的解决方案。

2. 产品精度

机械加工直接决定了产品的尺寸和形状精度。在制造过程中，高度精密的机械加工能够确保产品的各项性能指标符合设计要求。例如，在航空航天领域，飞行器的各个零件必须具有极高的精度，以确保整个系统的可靠性和安全性。在电子设备制造中，微小零件的精密加工对设备的性能和稳定性至关重要。机械加工的精度直接影响着产品的品质和市场竞争力。

3. 多样化应用

机械加工的多样性使其适用于各个行业，从微小的电子零件到庞大的机械设备，无所不包。在汽车制造业中，引擎零件、车身结构等都需要经过机械加工的精密处理。航空航天领域则需要高度复杂的零件，要求机械加工具有更高的精度和可靠性。电子制造业则依赖机械加工生产微小且精密的电子元件。医疗设备领域对产品的卫生性能和精度要求极高，机械加工在此发挥着关键作用。机械加工的广泛应用使其成为现代制造业的支柱之一，为各个行业提供了制造的核心支持。

1.2 机械加工质量的重要性

机械加工质量的重要性在现代制造业中无法被低估。随着科技的不断发展和市场对高品质产品的需求不断增加，机械加工质量成为影响产品性能、可靠性和市场竞争力的关键因素。本节将深入探讨机械加工质量的重要性，并分析其对制造业的影响以及保障高质量加工的方法。

1. 机械加工质量对产品性能的影响

机械加工是将原始材料通过切削、成型、焊接等工艺转变为所需形状和尺寸的关键制造过程。加工过程中的每一步都对最终产品的性能产生深远的影响。如果机械加工质量不达标，可能导致产品出现尺寸偏差、形状不规则等问题，从而影响产品的整体性能。在汽车制造领域，如果发动机零件的机械加工质量不高，可能导致引擎性能下降，甚至出现故障。在航空航天领域，零件的高精度要求决定了机械加工的关键性，一点微小的偏差都可能引发严重的后果。因此，机械加工质量对产品性能具有直接而决定性的影响。

2. 机械加工质量对产品可靠性的影响

产品的可靠性是制造业追求的一个关键目标。机械加工质量不仅涉及产品的性能，还直接关系到产品的寿命和可维护性。如果产品在机械加工过程中存在缺陷，如零件之间的配合不当、表面质量不良等，将极大地降低产品的可靠性。在工业设备制造中，机械加工质量问题可能导致设备频繁发生故障，增加维护成本，降低生产效率。因此，高质量的机械加工是确保产品可靠性和稳定运行的基础。

3. 机械加工质量对市场竞争力的影响

在竞争激烈的市场环境中，产品质量直接关系到企业的市场竞争力。消费者对产品的要求越来越高，他们更倾向于购买高质量、高可靠性的产品。如果一个企业的产品在机械加工质量上无法达到标准，将难以在市场上立足。相反，通过确保机械加工质量的优异，企业能够树立良好的品牌形象，提升产品的市场认可度，从而在激烈的市场竞争中脱颖而出。

4. 影响机械加工质量的因素

机械加工质量受到多种因素的影响，其中之一是设备的精度和性能。先进的数控机床和高效的刀具能够提高机械加工的精度和效率，从而确保产品的质量。此外，操作人员的技能水平也是关键因素，熟练的操作者能够更好地应对加工过程中的各种挑战，保证产品的一致性和稳定性。材料的选择和质量也直接影响着机械加工的结果,高质量的原材料是保障高质量加工的基础。

5. 保障高质量机械加工的方法

为了确保机械加工的高质量,制造企业可以采取一系列有效的方法。首先,引入先进的数控机床和高效的刀具,提高生产设备的精度和性能。其次,注重人员培训,确保操作人员具备熟练的操作技能和丰富的经验。此外,建立严格的质量管理体系,包括严格的生产工艺控制、产品质量检测等,以确保每个环节都能够达到高标准。材料的选择和质量控制也是保障高质量机械加工的关键,选择合适的原材料,并进行严格的质量检测,可以有效避免材料问题导致的加工质量不佳。

1.3 内容与章节安排

为深入探讨智能监测与控制技术在机械加工中的应用,本书分8章展开讨论。第2章介绍机械加工工艺与质量控制的基本概念,第3章关注数据的采集与处理方法。第4~7章侧重于机床性能评估、基于信号的铣刀状态监测、基于机器视觉的铣刀状态监测以及基于纹理的表面质量监测。第8章将对全书进行回顾总结,并对智能监测与控制技术同机械加工的融合和未来发展方向进行展望。各章具体内容如下。

第1章:绪论。机械加工是制造业核心工艺,广泛应用于多领域,对产品性能和质量至关重要。智能监测与控制技术通过数据分析提升加工质量,推动制造业智能化发展。通过回顾已有文献,明确智能监测与控制技术在提高加工效率、降低生产成本、提高产品质量等方面的显著作用。

第2章:机械加工基础。机械加工工艺是指将原材料通过各种加工方法制造成具有特定形状和尺寸的零件或产品的过程。质量控制则是确保产品符合设计要求的重要环节。本章详细介绍机械加工的基本工艺流程、常用加工方法(如车削、铣削、磨削等)以及质量控制的基本概念和方法。通过对这些基础知识的介绍,读者可以更好地理解后续章节中的具体应用。

第3章:数据采集与处理。数据是智能监测与控制技术的基础,本章介绍在机械加工过程中数据采集的主要方法和工具,包括接触型传感器、非接触型传感器、去噪技术等。同时,还将讨论数据预处理技术,如信号处理、特征提取等。这些方法可以为后续的智能监测与控制算法提供可靠的数据基础。

第4章:考虑各部件的机床性能评估。机床性能直接影响加工质量和效率。本章将介绍如何通过智能监测与控制技术评估机床性能,包括机床的核心部件、导轨、丝杠以及刀具。通过对这些参数的实时监控,可以及时发现机床故障,优化加工参数,提高加工效率和质量。

第5章:基于信号的铣刀状态监测。铣刀是机械加工中的关键工具,其状态直接影响加工质量和效率。本章重点介绍基于信号的铣刀状态监测方法,包括切削力信号、加速度信号、声发射信号等的采集与分析。通过智能监测与控制算法，如支持向量机（support vector machine，SVM）、神经网络等，可以实现铣刀磨损、破损的实时监测和预警，延长铣刀使用寿命，提高加工质量。

第 6 章：基于机器视觉的铣刀状态监测。随着计算机技术的发展，基于机器视觉的铣刀状态监测成为可能。本章介绍如何通过摄像头获取铣刀图像，并利用图像处理技术和深度学习算法分析铣刀的状态，具体方法包括边缘检测、形态学处理、卷积神经网络等。通过视觉监测，可以直观地了解铣刀的磨损和破损情况，进一步提高监测精度。

第 7 章：基于纹理的表面质量监测。加工后的表面质量是评价加工效果的重要指标。本章讨论基于纹理的表面质量监测方法，包括表面粗糙度识别、纹理分析等。通过智能监测与控制技术，如纹理特征提取、机器学习算法等，可以实现表面质量的在线监测和预测，从而优化加工参数，提高产品质量。

第 8 章：结论与展望。随着大数据、人工智能和物联网技术的快速发展，智能监测与控制技术将在机械加工中发挥越来越重要的作用。本章展望智能监测与控制技术在机械加工中的未来发展方向。

本书通过 8 章的详细讨论，系统地介绍智能监测与控制技术在机械加工中的应用，从机械加工工艺与质量控制的基本概念，到数据采集与处理方法，再到具体的机床性能评估和工具状态监测，最后展望未来的发展方向。智能监测与控制技术在机械加工中的广泛应用和不断改进，必将推动制造业向更加智能化、高效化和精细化的方向发展。

第 2 章　机械加工基础

2.1　机械加工工艺与工件加工质量

机械加工是一种利用切削、磨削、冲压等方法将原材料加工成特定形状和尺寸的工艺。早期的人类使用石器、铜器等手工工具进行加工，随着文明的进步，机械加工工具逐步机械化，如铣床、车床、钻床等。

19 世纪末至 20 世纪初，机械加工技术发展迅速，出现了以切削加工为主的方法，如铣削、车削、钻削等。这些新方法显著提高了加工效率和精度，推动了工业革命的发展。随着科学技术的不断进步，机械加工技术也取得了革命性的进展。

进入 20 世纪 50 年代，数控机床（computer numerical control，CNC）开始应用于机械加工领域，显著提升了自动化程度和加工精度。现代工业生产离不开机械加工技术，它在汽车制造、机床制造、航空航天、电子设备等多个领域得到了广泛应用[1]。

2.1.1　机械加工工艺

机械加工工艺是指利用机械力、热力等手段对金属、塑料、陶瓷等材料进行加工和形变，以制造出符合要求的零件或产品的方法和过程。随着新材料和新工艺的不断涌现，机械加工技术也在持续发展和创新。

机械加工工艺主要分为传统机械加工和数控机械加工，如图 2-1 和图 2-2 所示。传统机械加工通常使用传统机械设备和刀具进行加工，操作人员需要具备较高的技能水平。数控机械加工则是通过计算机实现自动化加工，具有加工精度高、生产效率高等优点。

图 2-1　传统机械加工　　　　图 2-2　数控机械加工

机械加工工艺通常包括以下几个步骤：准备原材料、选择适当的加工方法、设置和

调整设备、进行实际加工、检查和修正成品等。随着技术的进步，这些步骤也在不断优化和完善，以满足现代工业生产的需求。

1. 制订工艺方案

制订工艺方案是机械加工中的关键步骤，决定了加工过程中的各项参数和操作步骤，直接影响加工效率和质量。以下是制订工艺方案的详细过程。

1）工件分析

首先，对待加工的工件进行全面分析，包括材料、尺寸、形状和加工要求等。随后，根据工件特点确定加工的难易程度和具体要求。

2）工艺路线确定

根据工件形状和加工要求，确定最佳加工路线。复杂形状的工件可能需要多道工序，需要确定每道工序的顺序和方法。

3）工艺参数选择

根据工件材料的性质和加工要求，选择合适的切削速度、进给量、切削深度等加工参数，这些参数直接影响加工效率和质量。

4）设备和工具选择

选择合适的加工设备和工具，包括车床、铣床、钻床等设备，以及刀具、夹具、测量工具等。

5）切削刀具选用

根据工件材料和加工要求选择合适的刀具类型、刀片材质、刀具几何角度等，并确定刀具安装方式和切削参数。

6）夹具和装夹方式确定

确定工件的夹持方式和位置，选择合适的夹具和夹紧方式，确保工件在加工过程中的稳定性和精度。

7）加工顺序和方法规划

规划加工顺序和方法，包括粗加工和精加工的顺序、切削路径的选择等。

8）安全措施和质量控制

在工艺方案中考虑安全生产和质量控制，明确加工过程中的安全操作规程和质量检验标准。

2. 进行加工准备

进行加工准备是机械加工中非常重要的环节，直接关系到加工过程中的安全性、精度和效率。以下是进行加工准备的详细步骤。

1）工件检查

加工前对工件进行全面检查，包括尺寸、形状、表面质量等，确保工件符合加工要求，无缺陷和损伤。

2）夹紧工件

根据工艺要求选择合适的夹具和夹紧方式，将工件稳固安装在机床或夹具上，确保加工过程中工件不会移动或晃动。

3）刀具选择和调整

选择合适的刀具，并将其正确安装在机床上，确保刀具安装牢固，进行必要的调整，如切削刃修整和切削角度调整。

4）机床设置

根据工艺要求设置机床参数，包括主轴转速、进给速度、切削深度等，确保机床处于正常工作状态，并进行必要的润滑和清洁。

5）测量和校对

使用测量工具对工件和机床进行测量和校对，确保工件位置和尺寸符合要求，以及机床参数准确无误。

6）安全防护装置

检查机床的安全防护装置，确保完好无损，并进行必要的调整和安装。操作人员必须佩戴安全帽、护目镜等个人防护用具。

7）加工润滑

根据工艺要求对机床运动部件和切削区域进行润滑，减少摩擦，延长刀具寿命。

8）加工环境准备

保持加工场所整洁，清除杂物和障碍物，确保加工环境安全、舒适。

3. 加工操作

根据工艺方案进行加工操作，包括车削、铣削、钻孔、磨削、成型等，以下是几种主要工艺的详细介绍。

1）车削加工

车削是通过旋转工件并用刀具沿工件表面切削来达到加工目的的方法，操作过程包括将工件装夹在车床上、安装刀具、选择切削角度和进给速度、按工艺方案进行切削加工，如图2-3所示。

2）铣削加工

铣削是用铣刀将工件表面切削成所需形状的方法，操作过程包括将工件固定在工作台上、选择铣刀和加工参数（如切削速度、进给速度、切削深度等）、按工艺方案进行加工，如图2-4所示。

图2-3 车削加工 　　　　　　　　图2-4 铣削加工

3）钻孔加工

钻孔是用钻头在工件中钻出所需孔的一种加工方法，操作过程包括：首先将工件固定在工作台上；然后选择钻头和加工参数，如转速、进给速度等；最后按照工艺方案进行加工，如图 2-5 所示。

4）磨削加工

磨削是用磨料磨去工件表面的一种加工方法，操作过程包括：首先将工件固定在工作台上；然后选择磨料和加工参数，如磨削速度、进给速度等；最后按照工艺方案进行加工，如图 2-6 所示。

图 2-5 钻孔加工

图 2-6 磨削加工

5）成型加工

成型是通过模具将原材料轧制成所需形状的一种加工方法，操作过程包括：首先将原材料放置在模具中，然后通过机械力或压力进行加工，最后按照工艺方案取出成品，如图 2-7 所示。

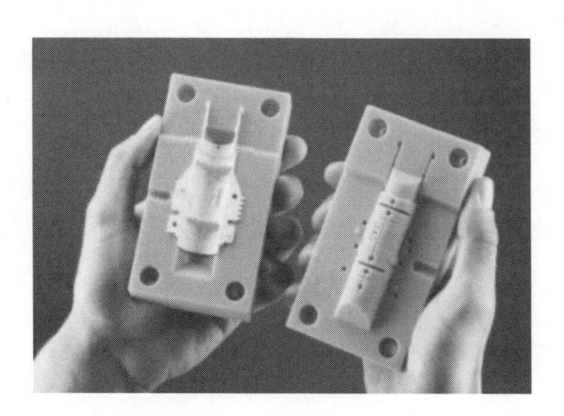

图 2-7 成型加工

4．检验

加工后的工件必须经过全面检验，以确保尺寸精度、表面质量等符合要求，这是保证产品质量的关键环节。检验涉及多个方面，首先使用各种测量工具如千分尺、游标卡尺等对工件的各个尺寸进行逐一检验，根据零件图纸规定的公差要求进行检测。对于形状精度要求较高的工件，可以借助精密测量设备如投影仪、三坐标测量机进行形状检验，确保其符合设计要求。在表面质量方面，通过手感、目视和触觉等方法对工件的平整度、光洁度、表面粗糙度等指标进行检验。对于要求更高的工件，可借助表面粗糙度测量仪等专用设备进行检测。同时，利用万能角度量具、平行度测量仪等工具对工件的加工精度进行检验，如平行度、垂直度、圆度等。每次检验都需要详细记录检验时间、人员和结果等信息，以确保数据的准确性和可追溯性。若发现不合格问题，须及时记录并分类处理，包括返工、报废等方式，以防不良品进入下道工序或出厂。

5. 修正和改进

当在机械加工过程中发现加工质量存在问题或不足时，必须进行修正和改进。以下是修正和改进的详细步骤。

1）进行问题分析

需要对出现问题的原因进行彻底分析，找出问题的具体表现和根本原因。可以采用鱼骨图、5W1H等问题分析方法，以便快速定位问题所在。

2）制订改进方案

根据问题分析结果，制订相应的改进方案。可以采用计划—执行—检查—行动（plan-do-check-act，PDCA）循环、定义—测量—分析—改进—控制（define-measure-analyze-improve-control，DMAIC）等管理方法，逐步优化加工流程和质量控制体系。改进方案应明确具体实施步骤、责任人和时间节点等要素。

3）实施改进方案

将改进方案付诸实施，执行其中的具体措施。在实施过程中，需要对改进效果进行监控和测量，以便及时调整和优化。

4）验证改进效果

实施改进方案后，需要验证改进效果是否达到预期目标。可通过再次检验工件质量、统计分析数据等方法，评估改进效果，并进行总结和反馈。

5）持续改进

改进是一个持续不断的过程，需要不断地对加工过程进行监控和优化，以保证加工质量的稳定和提升。持续改进可以通过建立完善的反馈机制、加强培训和技能提升等方式实现。

2.1.2 工件加工表面质量及评价指标

工件切削加工后的表面层存在一定的微观几何偏差和机械性能变化，这种状态称为已加工表面质量。这种表面质量对工件的使用寿命及可靠性有着显著的影响。影响加工表面质量的因素多种多样，具体总结如表2-1所示。这些因素包括切削速度、进给量、刀具材料、冷却液使用等，都在不同程度上决定了最终的表面质量。了解并控制这些因素是确保工件高质量的重要环节。

表 2-1 工件加工表面质量的影响因素

项目	工件加工表面质量的影响因素
工件力学性能	工件形状、工件材料、工件性能
刀具参数变量	刀杆几何参数、刀具材料、刀杆长度、装夹误差
切削参数变量	切削速度、进给速度、径向切深、轴向切深
切削过程变量	切削力、切削温度、切削方式、系统刚度、系统振动

表面质量的评价指标一般可以归为以下几大类：表面粗糙度、表面加工硬化、表层缺损、表面纹理等。

1. 表面粗糙度

表面粗糙度是用来评价已加工表面平整程度的重要参数之一，是衡量工件质量优劣的重要指标。表面粗糙度指物体表面的不规则程度或表面起伏的大小，反映了物体表面的光滑程度，通常用 Ra、Rz 等参数来表示。表 2-2 列出了影响表面粗糙度的主要因素。

表 2-2 影响表面粗糙度的主要因素

项目	影响因素	备注
刀具变量	刀具材料：硬度 几何参数：半径、切削刃形状 刀杆长度：悬伸量 刀片安装误差	影响刀杆形变
工件变量	工件材料：硬度 工件尺寸：长度、直径等	—
切削参数变量	切削速度、切削深度、进给量、行间距	—
切削过程变量	切削力、切削温度、切削方式、刀具磨损、系统刚度、系统振动、刀具轨迹	动态影响

表面粗糙度对物体的性质和行为有着重要影响，主要包括以下几个方面。

1）摩擦和磨损

表面粗糙度越大，摩擦系数越大，导致更多的磨损和磨损产生的颗粒。较大的粗糙度会增加接触表面的摩擦力，导致磨损加速和颗粒生成，从而影响工件的使用寿命和性能。通过控制表面粗糙度，可以降低摩擦系数，减少磨损，提升工件的耐用性和可靠性[2]。这需要合理选择切削参数、刀具材料和冷却液等，以优化加工工艺，确保工件表面达到理想的光滑程度[3]。

2）润滑油膜

表面粗糙度越小，润滑油膜越容易形成，越能有效减小摩擦系数，从而延长零件的使用寿命。光滑的表面有助于润滑油在表面间均匀分布，减少接触面的直接摩擦。

3）导热性

表面粗糙度越小，导热系数越大，材料的导热性能越好。更光滑的表面更能有效传导热量，提高材料在高温工作环境下的性能。

4）表面质量

表面粗糙度越小，表面质量越好，越能减少应力集中，提高零件的整体强度和耐久性[4]。

表面粗糙度由刀具与加工材料的相对运动决定，受刀具几何形状和进给量的影响。刀具形状在工件上复制的过程决定了表面形貌，过大的进给量、主偏角、负偏角和刀尖圆弧半径都会增大表面粗糙度。工件材料性能的影响：工件材料的物理、化学及力学性能，特别是力学性能，对表面粗糙度有重要影响。塑性较强的工件在加工时，刀具与材料的相对运动产生的推挤、压迫和摩擦会增大塑性形变，增加表面粗糙度。韧性材料表现出更明显的塑性形变，导致加工表面更粗糙；而脆性材料在加工时塑性形变较小，但会形成麻点，增加表面粗糙度。积屑瘤的影响：积屑瘤在金属切削加工中常见，它附着在刀具前刀面上，破碎后部分黏附在已加工表面，增大表面粗糙度。积屑瘤改变了切削刃尺寸和切削层厚度，导致表面粗糙度增加。切削用量的影响：切削用量对表面粗糙度的影响较为复杂。中等切削速度下，塑性材料易产生鳞刺和积屑瘤，导致表面粗糙度较大；高速切削时，金属表层的塑性形变较小，表面粗糙度较小。脆性材料产生的切屑导致表面粗糙度较小，因此切削速度对其影响较小。

2. 表面加工硬化

表面加工硬化是切削加工后，工件表层发生的一系列复杂的塑性形变。表面加工硬化是一种在材料表面形成高强度、高硬度薄层的技术。通过对物体表面进行喷丸、刻蚀、拉伸等处理，使材料表面受到压应力或形变，从而提高材料表面的硬度和耐磨性，并且还可以增加材料的疲劳寿命和强度。

表面加工硬化的作用机理主要有以下几点。

（1）压应力效应。加工过程中产生的压应力会改变材料表面的晶体结构，从而使表面硬度和耐磨性增加。

（2）形变效应。加工过程中产生的形变会改变材料的晶格结构，从而增加材料的位错密度和硬度。

（3）冷加工效应。加工过程中不断地冷加工会使材料表面产生塑性形变，从而增强材料表面的硬度和强度。

表面加工硬化的主要优点包括[5, 6]：①提高材料表面的硬度和耐磨性；②增加材料的疲劳寿命和强度；③减小材料的摩擦系数和磨损率；④提高材料的表面质量和精度。

表面加工硬化现象是金属切削加工时，表面层中强烈的塑性形变，导致材料表层内部晶粒发生变化，表层金属的强度、硬度有所提高。表面加工硬化产生的主要原因如下。

（1）刀具。切削刃钝圆半径选择过大时，会增强刀具对表面金属的挤压，使材料塑性形变加剧；后刀面与被加工表面的摩擦加剧，同样能增大材料塑性形变，导致工件表面加工硬化增强。

（2）切削用量。切削加工时提高切削速度，相对地就缩短刀具在工件材料上的作用时间，减小了材料形变的扩展深度，工件表面硬化厚度变小；切削速度提升的同时，加工中产生的切削热的作用时间也随之缩短，也相应地削弱了材料的加工硬化程度；进给量增大时，切削力也增大，表层金属的塑性形变加剧，也会增大表面硬化程度。

（3）工件材料。工件材料的塑性越大，切削加工中塑性形变也越大，加工硬化现象越严重。

3. 表层缺损

表层缺损是指材料或工件表层出现的缺口、损坏、不全面或不均匀之处。这种情况有可能由生产过程的误差、材质的损坏、环境的作用等因素造成。表层缺损可归为以下几类。

1）粗糙度

表层粗糙度描述了表层的不平整性或起伏的程度。过大的粗糙度会影响工件的平滑性与外在品质。

2）凹痕

凹痕是表层上的凹处，可能由物质损坏、撞击、磨耗等引起。凹痕使材料强度降低，容易出现应力集中和裂痕扩散。

3）裂纹

裂纹是表层线状的断裂，可能因材质疲劳、应力集中、撞击或超负荷而生。裂纹导致材料强度降低甚至断裂。

4）杂质

杂质就是材料表层或内部出现的不纯物质、气孔、异物等，它们可能导致材质弱点、腐化、脆化。

5）毛边

毛边是表层上凸出的并未完全移除的物质。毛边可能引致伤害、划痕或不恰当的组装问题。

6）氧化与腐蚀

氧化与腐蚀是由化学反应或环境因素引起的材料的蚀损和色变，它们会降低材料的耐腐蚀性和美观。

表层缺损对工件的性能和外观有着显著影响。为减少表层缺损，方法可能包括：①优化生产流程，控制加工参数以降低误差与偏差。②使用合适的材质，选择优良的原料以避免杂质的引入；③进行表层加工，如研磨、涂层、防腐处理等，提升表层品质与持久度；④强化检测与品质管控，发现并修复表层缺损。

综上所述，表层缺损是工件表层的瑕疵与不完善之处，对工件的效能与外观质量具有重要影响。通过合理的制造过程和表层处理，能减少表层缺损，保障工件的品质和可靠程度。

4. 表面纹理

表面纹理是指物体表面的构造、图案或特征，它描述了物体表面的形状、结构和外观，包括纹理的形状、大小、密度、方向等方面。表面纹理可以分为以下几类。

1）光滑纹理

光滑纹理是指物体表面平整、光洁，没有明显的起伏和纹路，通常具有高度的均匀性和光亮度，常见于镜面、玻璃等材料。

2）粗糙纹理

粗糙纹理是指物体表面存在不规则的起伏和凹凸，呈现出粗糙的外观，根据起伏的大小和形状可以分为粗糙、中等粗糙和光滑等。

3）斑驳纹理

斑驳纹理是指物体表面出现斑点、斑纹或颜色变化，常见于天然材料如大理石、花岗岩等，使物体表面呈现出独特的图案和色彩效果。

4）颗粒状纹理

颗粒状纹理是指物体表面存在颗粒或颗粒状的结构，常见于金属材料的铸造表面、木材的纹理等。

纹理方向指物体表面上纹理的走向、排列方式或偏好方向，可能是水平的、垂直的或斜向的，影响物体外观的观感和质感。表面纹理对物体的外观、触感和功能有重要影响。它可以增加物体的美感、提供防滑性能、增加材料的附着力等。通过不同的工艺和加工方法，如抛光、刻蚀、喷涂、压花等，可以调控表面纹理。

在工程和设计领域，表面纹理的研究和应用非常广泛。通过精心设计和控制表面纹理，可以实现产品的差异化和个性化，并提升用户体验和功能性能。

2.2 加工质量和质量控制

加工质量会对零件的尺寸准确性、表面状态、材质结构、内部瑕疵及剩余压力等诸多方面产生影响[9]。通过提高加工质量，可以增强零件的功能性、可信赖度及延长使用年限，并确保零件在预定的设计参数内正常运行。

以下是加工质量对零件功能性影响的几个方面。

（1）尺寸准确性。在加工过程中的尺寸偏差会对零件的尺寸准确性产生直接影响。一旦零件尺寸超出设计规定范围，可能导致部件无法正确装配或在使用中出现故障。提升尺寸准确性能确保零件与其他部分的配合兼容和可替换性。

（2）表面状态。零件表面的状况会影响其摩擦、磨损与腐蚀等特性。良好的表面状态可以降低摩擦系数，减少耗损，降低能量损耗，并提升零件的使用寿命及效率。此外，表面状况还直接关系到涂装、黏合和润滑等后续工艺流程。

（3）材质结构。加工中的热处理过程、冷却速率和形变等都会影响材质的微观结构。不同的微观结构会影响零件的强度、硬度、韧性和耐腐蚀性。恰当的加工技术能够优化材质结构，从而提升零件的性能。

（4）内部瑕疵。加工制造中可能产生内部缺陷，如包含夹杂物、气孔、裂缝等。这些缺陷降低了零件的强度和疲劳寿命，可能成为零件故障的起始点。良好的加工质量控制可减少内部瑕疵的出现。

（5）剩余应力。在加工过程中形成的剩余应力可能对零件的功能产生显著影响。剩余应力可能会引起零件形变、裂缝扩展和稳定性下降。采取适当的加工技术和热处理措施能够降低剩余应力，增强零件的稳固性和可靠性。

质量控制在现今经济社会中扮演着极其重要的角色，具体表现如下。

（1）经济与科技。质量控制是物质财富的关键要素，是生产力与社会发展的象征。科技是主要生产力，而质量控制能确保产品和服务的高标准。

（2）国际形象。质量控制影响的不仅仅是企业的内部经济和技术，也关系到一个国家在国际上的形象。ISO 9000 系列标准的广泛应用，提升了公众对质量控制的认知，也推动了制造业在生产过程中实施更加严格和有效的质量控制措施。

（3）产品特点。当代产品通常以多样化、高科技和结构复杂化为特点。这要求质量控制面对更多、更复杂的挑战，对质量控制提出了更为严峻的要求。

（4）安全与防灾。在现代产品的设计中，忽视任何小细节都可能引致灾害。有些空难事件以及泰坦尼克号沉没等事故就与部件质量有关。强效的质量控制能够避免灾害的发生，确保公共安全。

（5）先进制造技术。先进制造技术的进步同样依赖于质量控制的支持，例如，计算机集成制造等新模式和质量控制紧密相关，提出了对预防性质量控制和快速反馈系统的更高要求[10]。

（6）提升竞争力。长期以来，中国机械制造企业面临着效能低下和质量损失严重的挑战，由工序质量问题而导致的年度经济损失巨大，影响着客户和社会的利益。因此，研究与引进先进的质量控制技术对提高国内制造业在市场中的竞争力至关重要。

在机械加工方面，质量控制的重要性不言而喻，它直接关联着产品的品质、生产效率与消费者的满意度，并对企业的持续发展和市场竞争力产生深远影响。

以下是机械加工质量控制的几个关键点。

（1）产品品质。机械加工质量控制直接决定最终产品的质量水准。良好的质量控制能够确保产品在尺寸准确性、表面状态、材质特性等方面符合设计规格，提高产品的可靠度与寿命。

（2）生产成本。有效的质量控制可减少因废品和次品引发的浪费，降低生产成本。合格产品不仅能降低废品率，同时能减少售后服务与索赔等相关费用。

2.2.1 质量控制方法的研究现状

质量控制是质量管理至关重要的一环，自 20 世纪 20 年代由休哈特（Shewhart）博士提出统计质量控制理念以来，已演变出众多理论和技术用以协助企业设立及实现质量目标。随着时间的推进，质量控制手段已能覆盖生产的前期、中期和后期，其中前期的工艺优化称为预防性质量控制，生产中的过程监控称为质量控制，而生产结束后的样本检验称为质量检验控制。目前，以工艺优化和过程监控为基础的质量控制手段是研究的焦点，以确保产品质量从源头上被有效管理[11]。

1. 工艺优化方法研究现状

现阶段工艺优化设计的研究适用性强、成本效益高，因而广受工艺人员欢迎，有助于他们规划优质的产品制造过程。这些方法主要包含基于智能化算法的优化和依据试验设计的优化。

研究人员已通过信噪比和方差分析技术，深入了解了不同的工艺参数（如切削速度、进给速度、切削深度、刀具参数等）对加工品质的影响。例如，灰色关联分析法在高速车床参数优化应用中取得了成功，揭示了较高的切削速度和较低的进给速度能显著提升 AISI S7 硬化工具钢的表面质量。此外，一些研究致力于优化切削参数组合，以达到工件质量和功率/效率的最优平衡。在铣削领域，响应面法则被用来减小功耗并最小化环境影响，从而找出最佳的工艺参数组合，包含更高的切削速度、进给速度和切削量。还有研究通过田口方法分析斜孔切削参数对切削力、功率和温度的影响，并针对不同的优化目标，确定了理想参数。

智能优化算法相对传统方法，展现了其在成本和效率上的显著优势，如遗传算法、模拟退火算法、粒子群优化算法和蚁群优化算法等都在此类应用中充分发挥作用。它们通过不断迭代演进法则来寻找工艺参数的最优组合，以满足特定的适应度要求。然而，智能优化算法也有其局限性，例如，遗传算法可能在多约束条件下有较慢的收敛速度和较低的精度，同时粒子群优化算法可能会陷入局部最优解等。

因此，对智能优化算法的改良已是新的研究方向。简言之，研究者已经提出了融合田口方法的遗传算法，以增强算法的收敛能力和健壮性。同时，将混沌搜索与粒子群优化算法相结合，用以解决束缚优化难题也取得了显著的成效。改进版的人工蜂群算法也被开发出来，展现出其更加强大的寻优潜力。

2. 过程监控方法研究现状

在现代生产过程中，监控工序稳定性的方法日益精细化，其中统计过程控制（statistical process control，SPC）控制图作为一种传统而有效的手段，广泛应用于事中质量监控。这个方法凭借 SPC 控制图的波动特征，能够迅速识别生产过程中可能出现的质量问题或异常情况。其核心理念是，即便在相同的生产条件下，产品质量的表现也会存在一定的自然差异，这种差异反映了生产流程的可变性，并且符合特定的统计规律。自然波动，源自工艺系统的随机噪声等不可避免的因素[12]，对最终的产品质量影响微乎其微，这样的过程被认为处于受控状态；相反，如果波动源于可控因子，如机械精度差异或工具磨损，这时产品的生产过程就会被视为失控。通过辨识这些波动的类型，可以有效地对产品质量实施控制。

SPC 的出色之处在于它允许在不停止生产线的条件下评估产品的生产状态，通过监测质量指标的变化来评估产品质量。为了强化 SPC 控制图的功能，研究人员推出了基于序贯概率比检验的 CUSUM 图和 T2 图，这些工具专门用于监控单一或多个质量属性，能够更迅速地发现质量下滑趋势。尽管 SPC 控制图在迅速定位质量问题上大有裨益，但是它仍面临着一定的局限性——难以究其根源，也难以确立解决问题的具体措施。为了深入诊断产生质量问题的根本原因，故障模式与影响分析（fault modes and effect analysis，FMEA）和故障树分析（fault tree analysis，FTA）这两种方法被广泛采用。它们通过系统分析可能引发质量缺陷的原因，并设计出相应的解决方案，从而达到提升产品质量的目的。

FMEA 方法作为一个对制造环节潜在风险进行识别与评价的工具，主要关注工艺系统、产品设计，以及生产过程中可能出现的各种故障模式。它通过定义故障模式的严重程度、发生概率和检测难易程度，并用这三个因素的乘积计算出风险优先级数（risk priority number，RPN），从而对风险进行量化。然而，这一评估方法并非没有缺点，其局限性在于对未发生过的新故障类型缺乏预见能力，且风险评分的准确性受制于评估者的主观判断。针对这些限制，实践中通常将模糊逻辑引入 FMEA 以提升其判断的客观性和准确度。

FTA 作为一种逻辑分析手段，与 FMEA 有着诸多共通之处，如都能进行故障的定性分析，但二者的主要差异在于 FTA 采用自上而下的推导方法，运用布尔逻辑来分析高层次系统状态失败的原因。FTA 不仅可以进行定性的故障分析，还可以输入具体的故障概率进行定量计算，与自下而上的 FMEA 形成互补。然而，无论是 FMEA 还是 FTA，它们都依赖于人为的评估和预判，在处理多变的小批量生产时可能因个人经验限制而不够精确。

在其他质量控制方法方面，全面质量管理（total quality management，TQM）与六西格玛（six sigma）也在企业中得到了广泛运用。TQM 注重通过连续的过程监测降低失效率，并以优化供应链和员工能力提高顾客满意度。六西格玛则追求极高的质量标准，以实现零缺陷的目标，这要求组织中各部门间的高度协作。这两种方法的目标都是通过改善企业的质量管理系统来提升产品和服务的质量。另外，随着科技的进步，人为因素在保障优秀制造质量中的作用逐渐凸显，智能化质量管理体系的开发和应用，正成为企业提高质量控制效率的一个重要方向。

2.2.2 传统质量控制方法

当前在机械制造领域，确保加工过程质量的管理手段主要分为三种：传统的抽样质检理念、统计学的过程控制技术，以及新兴的智能质量控制技术。传统抽样质检的核心原则是利用预定的抽样计划对成批生产的产品进行选择性检查，筛选出不合标准的产品，确保符合标准的产品才能出厂，这一过程如同图 2-8（a）展示的那样；而统计学的过程控制技术主要通过收集已加工产品的质量特征数据，即时或事后进行分析，从统计学的角度对产品质量的正常与异常波动进行区分，并在异常情况下设置警报，促使工作人员及时进行质量提升，详见图 2-8（b）；智能质量控制利用人工智能和专家系统等先进技术对加工过程进行模拟，以历史数据训练神经网络构建预测模型，通过预测输出和实际目标的差异来调整加工参数，达到产品加工零瑕疵的目标，详细过程呈现于图 2-8（c）中。

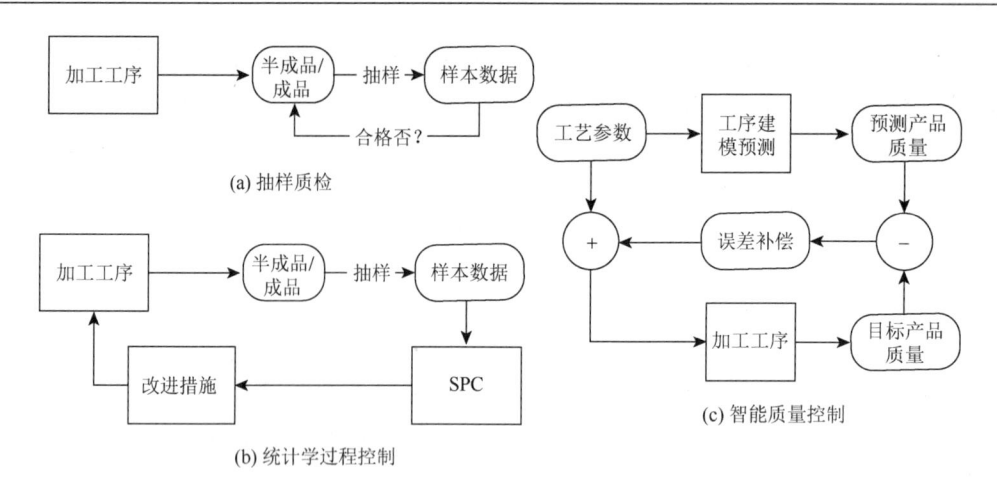

图 2-8 现有机械加工质量控制方法原理图

通过对各类质量控制方法的核心原理分析，可以总结出如图 2-9 所示的时序特征。

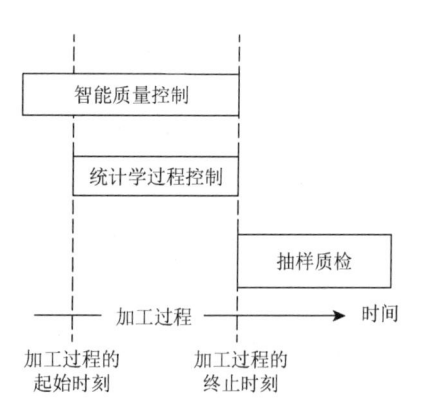

图 2-9 常用质量控制方法时序图

（1）抽样质检法的核心在于设计出一个合理的抽样计划，它必须考虑检验水平和成本效益。抽样质检是在产品生产结束后进行的一种事后检验方法，它本身不能提升产品的现有质量，因此如果单独作为质量保证的措施，存在一定的局限性。然而，这并不影响抽样质检在质量保证过程中的重要作用，因为没有检验数据，质量控制就无从谈起[13]。

（2）SPC 方法归类为事中控制。实施 SPC 包括若干关键环节，如选择适当的关键性能指标、构建合适的样本子组、确定经济的控制极限、解读控制图以及分析异常原因等。有效执行这些步骤需要深厚的专业知识和丰富的操作经验。由于 SPC 假定数据遵循稳定的随机过程和正态分布，它依赖于大样本数据，因此不适合单件生产和小批量生产场景。

（3）智能质量控制方法能够实现事前的预防性控制，核心在于创建准确可靠的加工过程预测模型。相比于前述方法，智能质量控制显示出更多的活力和潜力，但是目前这一方法还不够成熟，需要进一步研究与应用实践。

（4）机械加工过程涉及将毛坯通过一系列规定工序转换成零件的全过程。因此，机械加工过程的质量控制着眼于监督整个过程各个工序的质量，即控制由机床、工件、刀具、夹具、量仪等构成的工艺系统以及加工操作人员和方法对产品质量的影响。

传统的机械加工质量控制是一个以各个加工环节的质量检查和控制点作为核心单元，以质量监理和检验人员的职责为中心的模式。这种以手工管理为基础的分散式组织模式有其明显的缺点，也限制了数据驱动现代质量管理方法的应用，主要问题有以下几方面。

（1）质量控制环节的分散化。在机械加工过程中，数据采集、质量分析和决策改进等关键控制环节往往分散在不同的部门，时间和地点也不相同，这难以构成一个快速有效的闭环质量控制系统。

（2）信息流通障碍。现场的基础质量数据往往因为标准化的不足以及部门间的沟通隔阂问题导致数据不能及时、准确地达到技术和决策层面，影响了合理而有效的质量控制决策和过程。

（3）数据处理能力的不足。大量现场产生的数据与过时的数据处理方法不匹配，这可能导致无法及时发现质量问题，使得先进的质量控制手段无法有效运作。

机械加工表面质量控制是保证加工部件表面质量达到预定标准的一系列过程。虽然现有的机械加工质量控制方法能够在一定程度上确保产品的质量，但它们也有自己的限制，特别是在及时发现问题和测量精度方面。以下几个方面是质量检测中常见的局限。

（1）测量精度的限制。部分表面质量参数的测量精度可能因为测量设备的局限性，对微小的表面特征和尺寸偏差难以精确测量。

（2）人为主观影响。像目视检查和光学检测等依赖人工操作的方法易受检测人员个人判断的影响，可能造成不同操作者之间评价结果的不一致。

（3）时间成本问题。一些表面质量检测方法在大规模生产中可能过于耗时，消耗大量资源，从而提升了制造成本和周期。

（4）对于特殊要求的适应性问题。一些需要高精度、特别形状或特别材料表面质量的产品可能无法通过传统机械加工方法来满足要求，可能需要更先进的加工技术才能达标。

为了有效控制机械加工质量，必须通过减小加工误差来实现，以下是几个关键的误差控制方法。

（1）控制基本误差源，即通过提升机床的几何精度来减小误差，如降低主轴旋转误差、传动误差和导轨误差等。

（2）使用精确刀具和耐磨材料，即选择精密刀具并使用耐磨材料，以降低刀具磨损对加工精度的影响。

（3）提高夹具质量，即采用高质量的夹具，以减少其对工件加工精度的不良影响。

（4）控制加工时的温度变化，即通过管理加工中的温度变化，避免因工件热形变而导致误差。

（5）减少定位误差，一是选择精确的基准点，减少基准不一致性带来的定位误差；二是保证夹具定位精度，确保夹具定位元素的精确性，防止因定位不准确而产生的加工误差。

（6）采用误差补偿策略，一是分析误差类型与规模，了解并分析工艺系统可能产生的误差类型和规模；二是实时误差补偿，即通过适当的实时误差补偿，降低总体加工误差，从而提高加工精度。

（7）运用误差转移法，一是合理分配工艺误差，对工艺系统中的误差、热形变误差和力形变误差进行合理分配；二是主轴回转误差转移，例如，在磨削主轴孔时，确保同轴度，并通过适当的连接方式将主轴回转误差转移到夹具上，以降低误差的影响。

针对纤细型工件的特殊措施：采用合适的夹具，控制切削力，并增强整个加工系统的刚性，以减小受力形变引起的误差。

在机械加工中，对生产出来的工件进行检测和度量，使用数理统计方法来分析数据，寻找加工精度问题解决方案是一种常见做法。这种传统质检需要大量细致而重复的工作，也存在一个缺点，即偶尔会将少量不合格品误划为合格品。实际生产检测中，通常接受一定比例的不合格率，意味着工件合格率可能低于100%。

事后检验即在加工完成后进行质量确定，若发现零件不合格，则需返工或报废，这样的成本往往远大于正常加工费用。现代技术通过计算机和传感器的结合，使得检验过程自动化，可以实现以下改进。

（1）实现对每个零件的100%在线检测，提供了精确的生产控制参数，而不是依赖传统的抽样检测。

（2）将检测步骤集成到生产线上的工序，避免了额外设置的检验步骤，提高了效率。

（3）100%在线检测不仅可以识别出不合格品，还可以实时生成质量控制图以评估工艺系统的稳定性，并提供相应的调整措施。

2.2.3 加工工序质量控制

工序质量控制通过系统地监控、分析和管理影响产品质量的因素来确保加工质量满足要求并维持稳定。它通常包括对机械设备、刀具、操作人员等生产资源的管理，关键工序的监控，以及对不合格品率的控制。

传统的工序质量控制侧重于成品检验，属于事后质量检验范畴。这种方式存在局限性，因为它只能在产品加工完成后才能检测出问题，不能预防问题的发生[14]。

Shewhart博士在20世纪20年代明确定义了SPC的概念，并创造了SPC控制图这一工具。SPC的发展经历了几个阶段，包括过程监控、监控与诊断，以及监控、诊断与调整。为了提高控制图模式识别的准确性和效果，许多专家和学者开始将智能优化算法应用于控制图模式的识别工作中。

智能过程质量控制主要使用推理机制和数据知识库，对制造过程的质量进行智能分析并预警，根据分析提出质量控制策略。这通常涉及对历史质量数据的分析和专家经验的总结，形成一套推理规则来分析质量数据。

人工神经网络已在控制图模式识别领域得到广泛运用。研究者已经深入探讨了神经网络在控制图模式识别中的基本结构、学习方式、权重和阈值，并研究了其对识别质量的影响。多种控制模式相继被提出和开发，其中基于反向传播（back propagation，BP）神经网络的复合计算结果模式定义与识别方法也得到了广泛研究与应用。进一步，通过对数据的统计特性和形状特征的分析，使用这些分析结果作为SPC控制图的输入向量，已证明可以获得高精度的识别结果。此外，利用最小二乘法中的向量来调整质量残差的预警系统已被开发，并发展成为一个能够动态调整质量过程的闭环质量控制系统。

在当今制造业中，通过控制加工误差提高质量的方法在理论与实践中持续发展。具体而言，应用人工神经网络等智能算法可在制造流程中实现统计流程的有效管理，并对异常现象进行实时监控。例如，研究者可能会利用卷积神经网络对焊接工序中的焊缝质量进行预测和大数据分析，针对可能出现的质量问题发出预警。

用户交互的质量数据可视化模型和基于事件的时间控制模式可用于结合预防性维护措施和流程控制策略，从而提升整个生产过程中的产品质量。对组装过程中的质量特性及其影响因素的深入分析有助于实施更加有效的质量控制措施。

此外，机器学习技术也被用于预测和控制如孔加工这样的特定工序的质量特性，以及对点焊作业所使用机器人的质量控制技术进行研究，包括运用超声波测量技术和通过神经网络进行的模式识别与评估。

在制造业中，质量控制系统的建立至关重要。有些专家提出了一系列新的质量控制方案，如构建有效的信息系统来管理原材料和加工流程，创建动态的加权移动质量控制图，以适应非正态分布情况。还有些研究者运用基于质量损失函数和直觉模糊集的方法来分析工序的相似性，并结合 SPC 控制图来建立针对特定产品的质量控制系统。

蒙特卡罗方法和响应曲面法被用来建立三维变量的质量管理模型。量子遗传聚类计算方法与统计流程控制理念结合起来，以解决制造过程中的特定质量控制难题。射频识别技术与高木-菅野（Takagi-Sugeno）模糊神经网络结合，来进行质量数据采集和预警。正态分布的连续抽样检测边界放宽方法用于质量检测。

总体来说，随着大数据挖掘和人工智能技术的发展，许多企业引入了智能流程质量控制系统，使用高级算法对数据进行采集与分析，从而显著提升了加工质量的管理效能。通过实时监测产品质量和工序参数，促进了质量的跟踪。感应器、高清相机等数字化工具用于迅速有效地收集质量数据，而人工智能则在信息分析和处理方面发挥作用，共同推动制造业迈向更高效、更智能的质量控制时代[15]。

2.3 先进的机械加工制造技术

2.3.1 现代化机械加工制造发展

自 1978 年十一届三中全会以来，中国实施改革开放政策，其制造业经历了快速发展的过程。在卫星导航、载人航天、探月工程、超级计算机、载人深潜、射电望远镜等高科技领域，中国取得了显著的进步与发展。同时，高铁、核电、特高压等技术成为中国制造业向世界展示其高端制造能力的亮点与象征。

尽管取得了显著的成就，但与世界工业强国相比，中国的制造业在某些方面仍存在明显的不足，这些不足主要体现在以下几个方面。

（1）创新体系不完善。中国的产业创新体系中缺乏足够的创新主体，产品研发与制造过程之间存在脱节，自主创新能力尚未充分发挥。

（2）技术与装备落后。部分工艺装备尚未达到先进水平，自动化水平低，影响了生产效率与产品质量。

（3）共性技术短缺。供给不足的共性技术限制了制造业的整体进步，亟须加大科技研发力度，打造共性技术平台。

(4) 高能耗高污染。能源与资源的消耗较发达国家更多，环境污染问题较突出，迫切需要转型升级为绿色环保的制造方式。

(5) 低端的价值链定位。在专利、技术、品牌和服务方面，中国制造业处于全球价值链的低端，产品附加价值相对较低，需要提升核心竞争力和附加价值。

(6) 基础设施建设有待加强。尽管近年来基础设施有所改善，但与发达国家相比，网络基础设施等方面仍有较大的提升空间[16]。

面对这些挑战，为进一步提升国家制造业的整体竞争力，中国制造业需要加快创新步伐，加大研发投入，推动技术革新和产业升级，优化产业结构，强化环境保护，提高产品的质量与附加价值，同时加强网络基础设施建设，从而实现制造业的可持续发展，并最终实现由"制造大国"向"制造强国"的转变。

如图 2-10 所示，中国的现代机械工业已经取得了显著的发展成果，成为国家经济发展的重要支柱。先进的加工技术和制造技术在提升机械设施和设备的整体性能与制造质量方面发挥着至关重要的作用，是衡量一个国家综合实力的重要指标之一。

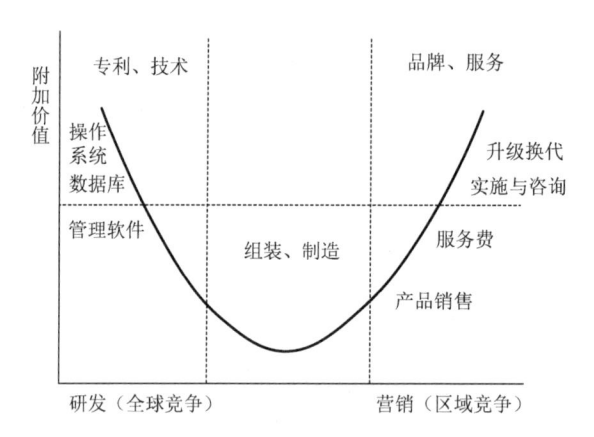

图 2-10 中国制造技术的价值链曲线

然而，相较于世界上的发达国家，中国在某些技术领域仍然存在一定的差距。要弥补这些差距是一项长期的任务，需要持续不断地努力。为此，以下是一些针对关键领域的改进建议。

(1) 加强管理体系和现代化管理思想的建设。借鉴发达国家的经验，广泛应用计算机与信息技术来提升管理水平，形成有效的组织管理制度。可以通过促进内部信息流动和加强决策支持系统的建设来提高效率和响应速度。

(2) 推动设计创新。加大对新设计方法和优化工程的投资，鼓励企业开展自主创新，摒弃对传统设计模式的依赖。利用计算机辅助设计（computer-aided design，CAD）和计算机辅助工程（computer-aided engineering，CAE）技术，对产品进行优化设计[17]。

(3) 提升制造工艺水平。加快发展微米和纳米加工技术，以及其他高精度和先进的加工方法，如激光加工、电火花加工等，提高制造精度和效率。

(4) 拓展自动化技术应用范围。不仅限于大型机械制造，同时也把自动化技术应用到精密加工环节，减少人工干预，提高生产效率和产品质量，为小型和中型企业引入更多现代化自动化技术，帮助它们提升生产力。

（5）加大科技研发投入和人才培养。通过加大对制造技术研发的投入，培养和引进高技能人才，提升企业的核心竞争力。同时，鼓励企业、学校和研究机构合作，加速科技成果的转化应用。

（6）提高自主创新能力。鼓励企业通过技术引进、消化、吸收再创新，增强自主知识产权的产品和技术研发，提升产品的附加值。

通过上述措施，可以逐步提升中国现代机械工业的整体竞争力，推动其向着更高水平的发展目标迈进。

2.3.2 先进加工工艺与制造技术的应用

这些先进的加工技术和制造工艺是现代机械工业发展的关键，它们不仅提升了机械设备的整体性能和质量，也代表了一个国家在机械制造领域的技术水平。以下是对上述技术和工艺的简要概述以及它们的重要性。

1. 特种加工及精密工艺与技术

随着科技的进步，人们对精密和超精密加工[18]的需求日益增长。特种加工技术，如离子束、超声波、电火花、激光和电解加工等，提供了制造微小和复杂形状零件的可能性，极大地提升了制造质量和效率。这些技术特别适用于航空航天、医疗设备和微电子设备等领域，对加工精度要求极高。

2. 零件快速成型工艺及技术

快速成型技术，尤其是立体光刻，彻底改变了样品制造和小批量生产的方式。通过逐层构建零件，这种技术能快速从设计转换到成型，极大地缩短了产品从设计到市场的时间。它不仅促进了设计创新，还提高了生产的灵活性。

3. 零件分类编码工艺及技术

通过数字化分类和编码，可以有效管理零件的标准、规格和加工特性，提高了生产和库存管理的效率。这种系统化的分类方法对规模化生产和零件管理至关重要，有助于减少错误和提高生产效率。

4. 柔性制造工艺及技术

柔性制造系统（flexible manufacturing system，FMS）标志着制造业向更高水平的自动化和智能化方向迈进。通过将计算机控制系统、数控机床和检测设备等紧密集成，柔性制造能快速响应市场变化，适应多样化的产品需求，提高生产效率和产品质量，同时降低生产成本。

尽管中国在这些领域取得了进展，但要实现从"制造大国"向"制造强国"的转变，仍需加大在管理优化、设计创新、高精度加工和自动化技术应用等方面的努力。这不仅需要庞大的投入，更需要长期的战略规划和人才培养。通过持续的技术创新和应用，中国的机械工业有望在全球制造业中占据更加重要的地位。

2.3.3 先进机械制造技术的发展趋势

中国近年来在精密制造技术领域取得了明显进步，努力缩小与发达国家在这一领域的差距。中国在精密制造技术和特种加工技术等方面的发展趋势和挑战包括以下几个方面。

（1）精密制造技术。中国正大力发展超精密加工技术，其中，精度已经从微米级进步到纳米级，改进和创新在机械、光学和半导体等行业所需的精密制造技术。

（2）制造系统的柔性化。随着生产需求的多样化，品质与效率的提升成为关键，因而越来越多的工业生产正在转向柔性制造。集成化和智能化技术的应用被广泛研究和推广，更加灵活地适应市场的变化，提高了生产线的适应能力和效率。

（3）特种加工技术。通过运用特种加工技术，如激光加工、超声加工等，制造出形状复杂的零件以及新材料零件。在处理特种材料和执行复杂加工任务时，对温度、压力、速度和精度的控制正在变得更加精确。

（4）全球一体化竞争。如图2-11所示，在全球智能制造产业快速发展的背景下，中国正面临着日益加剧的全球化竞争压力。技术不仅要在国内达到先进水平，同时也需符合国际标准。中小型企业在参与全球竞争时面临诸多挑战，需要提高其产品的技术含量和市场竞争力。对于中国，全球竞争不仅是技术跃进的挑战，也是对国际工业发展格局认识和适应能力的真正考验。

由此可见，中国虽在精密制造领域取得了进展，但仍需要进一步推动技术创新、提高生产柔性、强化特种加工能力以及积极适应全球市场的变化。通过以下关键领域技术的持续提升，中国的现代机械制造业可以实现稳健发展，增强其在全球范围内的竞争力。

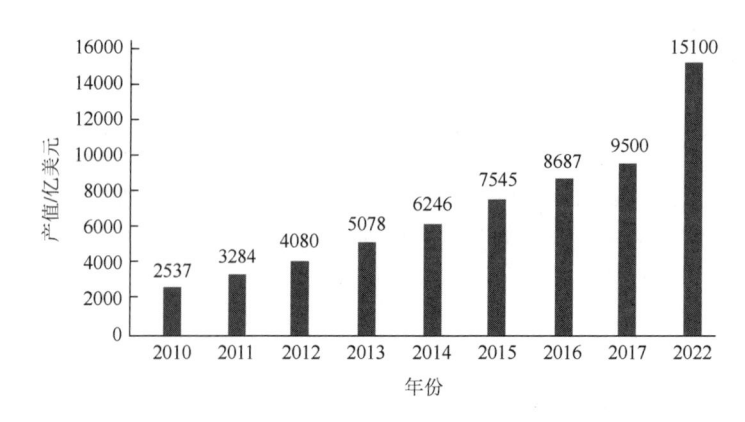

图2-11 2010～2022年全球智能制造产值规模统计情况

1. 信息化发展

随着信息技术的快速发展和应用，各行业的信息化建设成为发展的基石。对于机械制造业，信息化不仅提高了其设计、生产、管理的效率，也加强了其市场响应能力。通过信息化，中国机械制造业可与国际工业发展同步，抓住全球化所带来的各种机遇。

2. 网络通信技术应用

网络通信技术加快了企业制造过程和市场信息的集成度，使得产品从设计到交付的整个链条变得更加紧密。合理利用网络通信技术，中国机械制造企业可提高工作效率，同时加快技术交流和升级的步伐。

3. 虚拟化制造

虚拟化技术已成为机械制造领域的重要创新方向。通过虚拟化制造，不仅可以在数字化环境中模拟和检验产品，还能在不生成任何物理实体的情况下进行设计流程的调整和优化，从而降低实际生产中的成本和风险。

4. 集成化和智能化

智能化和集成化是制造业未来的发展方向。通过将不同生产环节智能化集成，制造业的柔性化、集成化和智能化将成为可能，这不仅提高了生产过程的自动化程度，还使得生产过程更加高效和灵活。

5. 绿色化发展

环境保护和可持续发展已成为全球制造业的一个重要议题。绿色生产模式要求在设计、材料选择、生产工艺、产品包装以及产品全寿命周期管理等各个环节都体现环保理念，并保证产品能够被回收利用。中国的机械制造业需要跟上这一趋势，实现环境保护与可持续发展相结合。

在这些领域的发展和技术的应用是不断变化和升级的。中国机械制造业要想在国际市场上取得实质性竞争力，就必须在这些方面不断探索和创新，同时加强生产过程中资源的合理利用和环境的保护工作。通过这些努力，可以推动中国从机械制造大国向机械制造强国的转变。

2.3.4　先进制造技术的重点发展方向

在全球化和环境变化的影响下，先进机械制造技术的发展正面临前所未有的机遇与挑战。中国作为一个快速发展的制造大国，确实需要确定几个关键的发展方向，以确保其制造技术的持续进步和可持续发展[19,20]。以下四个方向，不仅对中国是关键的，也对全球制造业具有指导性意义。

纳米制造技术是未来制造业的重要趋势。随着材料科学、量子物理等学科的进步，纳米技术在提高材料性能、开发新型器件等方面具有巨大潜力。中国应增加对纳米制造技术的研究、开发和应用，以抓住这一前景广阔的发展机会。

微机电系统（micro electro mechanical system，MEMS）是集成电路技术发展的一个

重要分支，广泛应用于传感器、执行器、微机电等领域。物联网、智能制造等的发展，对 MEMS 的需求日益增长，MEMS 的研发和应用，对提升国家在智能装备制造领域的竞争力具有重要意义。

超精加工技术是实现高精度、高质量产品制造的关键，在航空航天、精密仪器、高端装备制造等领域尤为重要。发展超精加工技术，提高数控机床系统的集成与应用能力，有助于提升制造产品的性能和附加值。

随着可持续发展理念的广泛接受，绿色、生态制造技术成为未来制造业的必然选择。通过采用环境友好的材料、能源和制造工艺，加强产品全寿命周期管理，实现资源的高效使用和环境的保护，对促进产业升级和实现绿色发展具有重要作用。

以上四个方向，均需要政府的支持、企业的积极参与和社会各界的共同努力。通过跨学科合作、政策引导和资金投入，中国的机械制造业可以在这些关键领域取得突破，进而推动产业的转型升级和经济的高质量发展。

2.3.5 先进加工技术中的质量智能监测与控制技术

先进机械制造技术领域中，加工质量的智能监测与控制技术正在变得越来越重要。这包括利用数据分析、机器学习、传感器技术、机器视觉、声学与振动分析以及实时监控系统来提高加工过程的效率和质量。通过这些技术的综合应用，制造领域能更好地预测和维护产品质量，同时降低生产成本并提升竞争力。随着技术的不断进步和集成，未来的智能制造系统将更加精细化操作和决策，最终实现高度优化的生产流程。

2.4 机械加工质量智能监测与控制技术

机械加工质量智能监测与控制技术通过集成机器学习与人工智能等前沿技术来分析和预测机械加工过程中产生的数据，目的在于优化产品质量。这种技术的应用可以有效地及时识别生产过程中可能出现的问题，并提供针对性的解决策略，能够显著提升生产效率并降低成本。在当今的机械加工行业中，智能监测与控制技术越来越成为质量控制和流程改进的关键工具，被越来越多地应用于日常生产中，以实现更加精确和高效的制造过程[21]。

2.4.1 机器视觉测量加工质量预测方法

机器视觉在质量预测方面提供了一种形象且高效的监控方式。如图 2-12 所示，目前基于机器视觉的加工质量预测技术涵盖了粗糙度、波纹度及颤振等多个识别领域，这些方法的构成及其特征如图 2-13 所示。在执行这类监测工作时，采用灰度图像已成为主流，而在特定的粗糙度识别场景中，彩色纹理图像也被证明是有效的分析工具。至于处理这些图像的算法，手动特征提取技术如灰度共生矩阵和直方图，以及深度学习等方法都已进行了广泛研究并得到实际应用。接下来的部分将对机器视觉在这些领域的发展进程进行详细讨论[22, 23]。

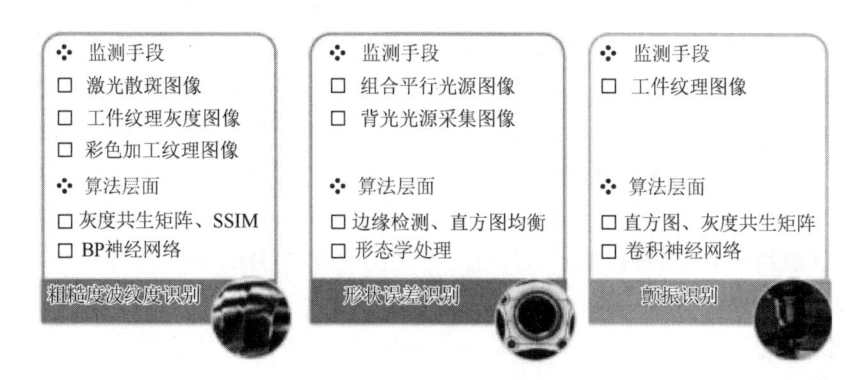

图 2-12 基于机器视觉测量的加工质量预测方法现状

SSIM 指结构相似性指数

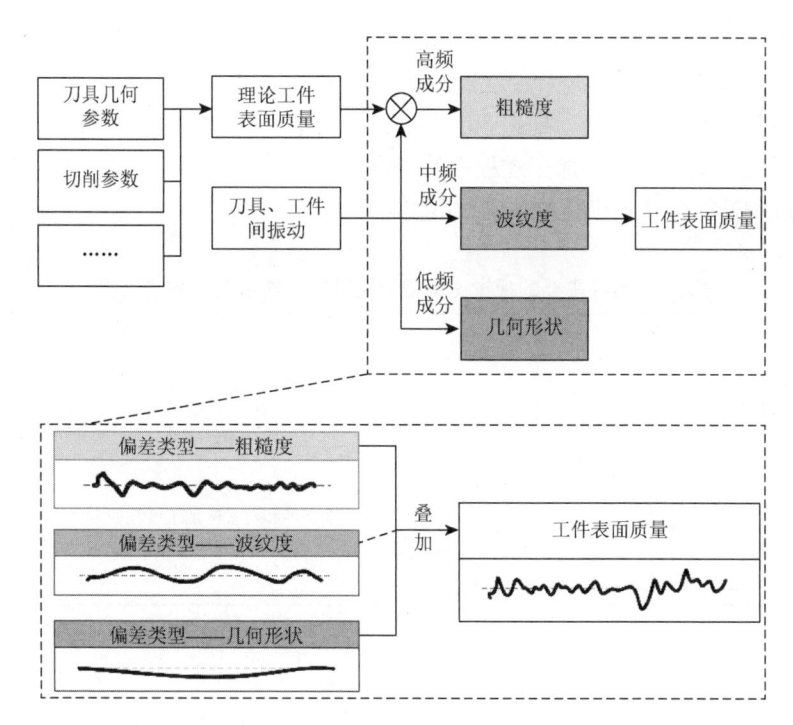

图 2-13 表面质量的各成分分析

机器视觉的加工质量监测方法主要依赖于工业相机在生产现场采集的图像，这些图像通过精心设计的算法和试验验证，用于提取工件的纹理和形状等重要特征。利用这些图像信息，可以在线或者在机器上实时对工件的粗糙度进行评估或预测。在执行加工质量评估时，一般会参考一系列常用的指标，如灰度共生矩阵的纹理特征和边缘检测算法等；而针对加工质量的预测研究则不够广泛[24]。

1. 基于机器视觉的粗糙度、波纹度识别

粗糙度和波纹度作为评估表面质量的关键指标，在描述金属加工表面特征及误差方面发挥着重要作用。最近几年，通过机器视觉技术对粗糙度和波纹度进行识别的研究得到了学术界的广泛关注。其中，一种基于图像纹理周期度量的非接触式表面粗糙度测量方法通过提取图像的纹理特征并与数据库中的标准样本进行比对，以最近似原则来估算表面粗糙度；另一种方法则利用图像质量评估算法，将梯度结构相似度和区域对比度考虑在内，结合区域对比度与梯度结构相似度的计算，快速评估磨削表面的粗糙度。研究人员还开发了一种基于图像纹理和 BP 神经网络的大尺寸表面粗糙度检测方法，以及针对彩色加工纹理图样的粗糙度识别方法来提高在变化环境光强下的识别精准度。此外，利用激光散斑图样的粗糙度纹理分析方法也被提出，用于精准测量粗糙度。在波纹度的测量领域，通过机器视觉技术进行磨削加工波纹度的测量也有所研究。研究人员设计和开发了机器视觉测量系统原型，并对其性能进行了评价和验证。此外，还开展了基于切削加工纹理的粗糙度在线监测系统的研究，其中包括伺服控制和碎屑检测设计，进一步丰富了这一领域的技术体系。相比于传统的光学测量方法，机器视觉测量不仅可以实现对小范围工件的精确测量，还能够适应实际加工环境下对切削过程的在线或在机监测。如表 2-3 所示的两种视觉测量方法的比较表明，机器视觉监测手段为制造业的自动化、大批量化生产提供了高效、快速的识别能力，并能通过纹理分析识别加工过程中的颤振现象。然而，如何提高这些间接监测方法的鲁棒性和准确性，仍是一个待解决的挑战[25]。

表 2-3　两种主要的视觉测量粗糙度等表面质量识别方法比较

测量方式	优点	缺点
光学测量（白光干涉仪、超景深三维显微系统）	①非接触式测量，对被测工件无损伤；②对区域的微观三维形貌准确测量	①单次检测区域较小；②设备测试、维护较为昂贵；③对检测环境要求高，容易受到现场加工环境的影响
视觉间接测量（基于机器视觉的加工纹理图样分析方法）	①满足批量化测试需求，进而实现在线或在机测量；②测试与监测过程自动化程度高，能够实现快速、高效反馈工件加工质量情况；③对颤振纹理识别效果较好	准确性和对实际加工过程的多变工况、光源设置差异等情形的鲁棒性有待优化

2. 基于机器视觉的形状误差识别

形状误差识别是机器视觉技术在制造领域的关键应用之一。这一领域的研究者针对机械零件的尺寸测量和精度分析的机器视觉技术进行广泛研究，涵盖了机器视觉的零件检测、微型组件的精密测量、轴类部件的直线度误差检测和复杂零件的尺寸测量等各个方面。研究进展不仅体现在测量技术本身的优化，还包括针对数据采集的硬件和图像处理算法的持续创新。这些技术为提高机械加工和组装过程的质量控制水平提供了重要工具。

在实施机器视觉系统进行形状误差识别时，适当的视场大小选择、分辨率调整以及硬件设备，如远心镜头、特定光源，均是至关重要的。此外，需要根据特定测量任务定制算法，如边缘检测、图像增强、亚像素边缘检测等。各种形状误差识别方法及其细节可以结合表 2-4 进行概览对比。

表 2-4 基于机器视觉的形状误差识别

识别任务	硬件设备	算法设计
零件检测技术	CCD 图像传感器	边缘检测、轮廓提取
组件精密测量与装配方法	基于双摄像机架构的自动装配系统	Canny 算子、Radon 变换、最小二乘拟合
零件尺寸测量	光源、相机与图像采集卡等	图像增强、图像滤波、边缘检测
直线度误差检测	LED 背光照明、CCD 相机、远心镜头	平滑去噪、亚像素边缘提取、模板匹配
径向跳动测量	相机标定试验台、背光源、摄像机	代数与几何椭圆拟合、亚像素边缘检测

注：CCD 指电荷耦合器件，LED 指发光二极管，Canny 算子指坎尼算子，Radon 变换指拉东变换。

总之，基于机器视觉的形状误差识别方法核心在于图像数据的高效处理及对特征的精确提取，以达到误差评估的目的。针对不同类型的测量任务，甄选最佳配套的技术和设备是实现高精确度检测的关键，能够显著提升生产过程中的工艺质量和效率。

3. 基于机器视觉的颤振识别

颤振是切削加工中的一个常见问题，可能导致工件表面质量下降和刀具寿命减少。多种切削加工流程，如车削、铣削和钻削等，都可能出现颤振。为了确保加工质量和效率，采取相应措施防止或控制颤振十分重要。

颤振的产生通常与切削参数设置不当有关，不合理的设置会导致自激振动频带内能量积聚，并在切削表面形成振痕。许多研究者因此投身于颤振的视觉识别方法研究。其中一部分研究利用直方图和灰度共生矩阵算法来提取工件表面纹理特征，分析粗糙度与颤振幅度的关系；其他研究则通过图像处理方法如腐蚀和膨胀来识别砂轮的工作状态；也有研究采取圆形拟合技术和灰度共生矩阵，量化颤振的严重性，并使用纹理图像中的局部梯度变化来识别颤振区域。

随着深度学习技术的进步，机器视觉系统获取的纹理图像可通过深度学习模型自动提取特征，从而实现颤振识别。一些研究已探索了高速铣削过程中颤振的识别，建立起深度卷积神经网络模型，提高对不同铣削和车削过程纹理中颤振情况的准确识别。也有针对薄壁零件铣削过程中颤振的专门研究，提出优化的网络模型进行颤振检测。此外，从传感器选择到特征提取，再到颤振的识别和抑制，都有学者对切削加工过程中的智能监控进行了全面的研究。

2.4.2 功率测量加工质量预测方法

1. 基于功率信号的方法

监测与预测切削加工质量与刀具磨损程度紧密相关，因此功率信号分析在加工质量监测方面发挥着重要作用。这种分析可以分为两类方法：一是直接测量主轴功率信号；

二是间接测量主轴电流来反映功率。采用功率传感器或同时测量电流和电压来直接获取的主轴功率信号方法,以及利用一个或多个电流传感器测量主轴电流从而反映功率信息的间接方法,都在减少设备影响和误差积累方面显示了其实用性,因而被广泛应用于工业生产场景。

在刀具监测和工件加工质量评估方面,主轴功率信号方法因其干扰小、成本低和准确性高的特点被越来越多的研究者青睐。研究人员采用小波变换、支持向量机、马拉特(Mallat)多分辨率分析小波算法等多种方法,来分解信号、提取特征,并建立预测模型。这些方法不仅能够监测刀具磨损,还能预测工件的加工质量。

最新的研究涉及利用希尔伯特-黄变换(Hilbert-Huang transform,HHT)分析功率信号,通过构建仿真模型和神经网络,更准确地预测刀具磨损状态和切削工具的剩余寿命。此外,三相功率传感器应用于实时监测,通过数据筛选、分析和学习,计算功率阈值区间,为铣削刀具的加工过程监测与预测提供了科学依据。

整体来看,主轴功率信号分析技术在机械加工质量监测领域内,通过各类信号处理和机器学习技术的应用,有效提升了生产效率,改进了产品质量,并确保了加工质量的稳定性。这证明了它作为机械加工过程监测的有效手段,对实现高质量生产有着重要的支持作用。

2. 基于电流信号的方法

主轴电流信号监测是切削加工质量评估中的一项关键技术,由于主轴电流信号能直接反映加工功率,并且容易被测量,它已成为预测加工质量的有效手段。不受噪声影响的特性使其在判定刀具磨损和加工状态方面表现出高度的稳定性和可靠性。近些年,采用主轴电流信号进行刀具磨损监测和加工质量预测的研究层出不穷。

研究者采取了诸多技术手段来处理主轴电流信号。例如,通过小波分解提取电流信号的特征量,并采用支持向量机等机器学习方法进行刀具磨损状态预测。此外,神经网络的应用能够综合分析多个加工参数,如电机电流、进给量和刀具转速等,以精确预测刀具磨损。还有研究者利用电流监测法综合遗传算法优化的神经网络模型,提高加工质量预测的准确度。

同时,主轴电流信号处理技术的发展也促进了信号分析方法的创新。一些研究者通过阶次分析和堆叠稀疏自编码器神经网络,从主轴电流杂波信号中提取特征,实现刀具磨损的分类和监测。此外,核极限学习机等先进的机器学习方法被应用于基于电流信号的刀具状态和加工质量监测中。最近的研究中,甚至有学者通过堆叠去噪自动编码器神经网络和在线顺序极限学习机,从数控机床主轴电流信号中实现对铣刀状态的识别和分类。

随着技术的不断进步,基于主轴电流信号的切削加工质量监测方法正变得越来越精细和高效。这些研究不仅提高了生产过程的效率,还提高了产品质量,为机械加工行业的发展做出了重要贡献。

2.4.3 振动测量加工质量预测方法

至今为止,不少研究人员已探究了振动信号与加工质量之间的联系,特别是在振动信号预测表面粗糙度方面的应用。然而，振动信号在加工质量的其他方面，如波纹度和形貌误差上的研究就显得相对较少。常见的加工质量预测方法包括时域分析、频域分析和时频域分析三种主要手段，典型的试验平台如图 2-14 所示。以不同粗糙度为例，在立式加工中心进行的时域和频域信号分析如图 2-15 所示。

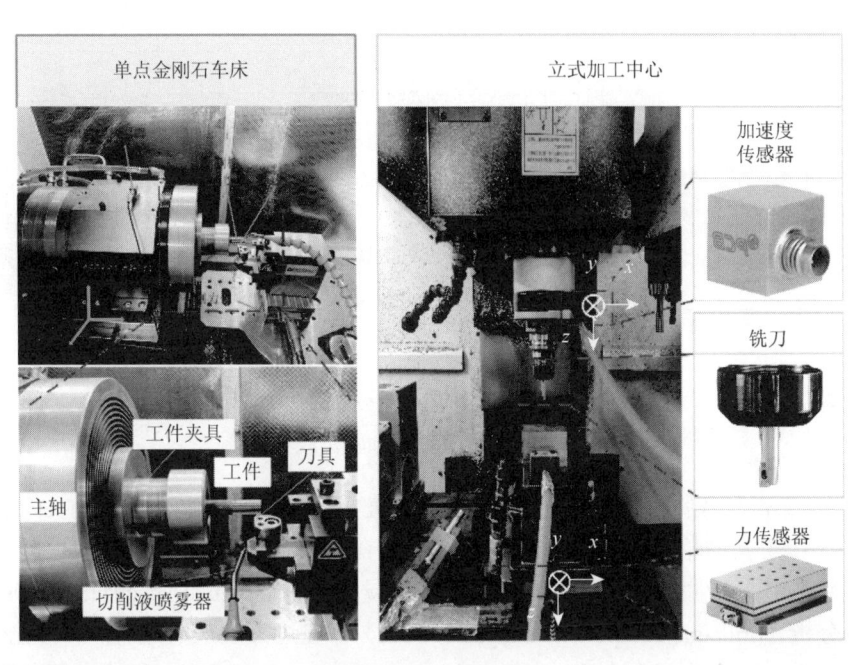

图 2-14 典型试验平台

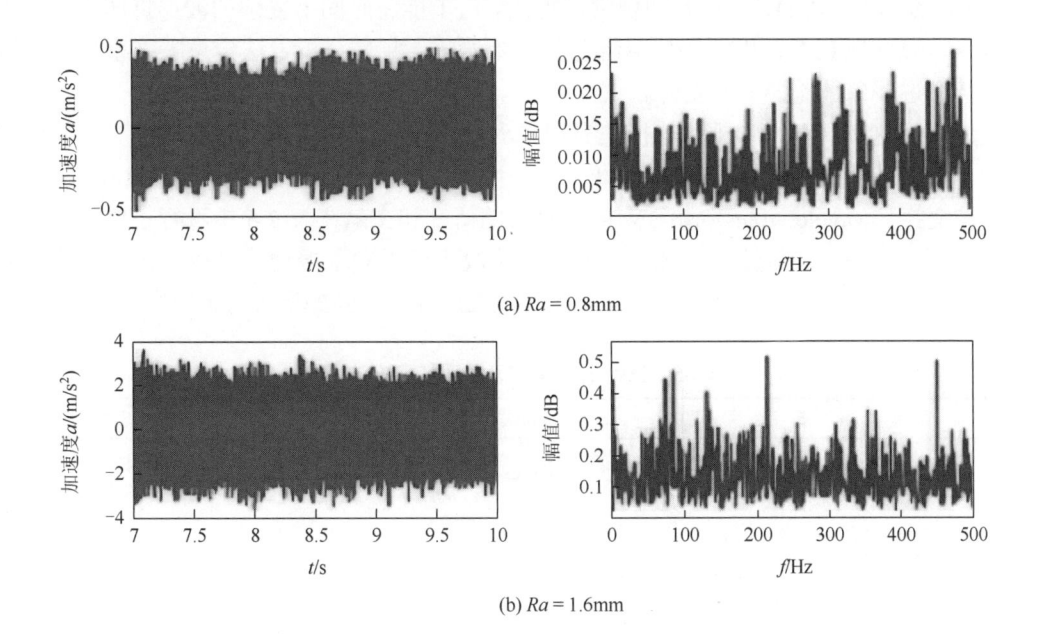

(a) Ra = 0.8mm

(b) Ra = 1.6mm

(c) $Ra = 3.2$mm

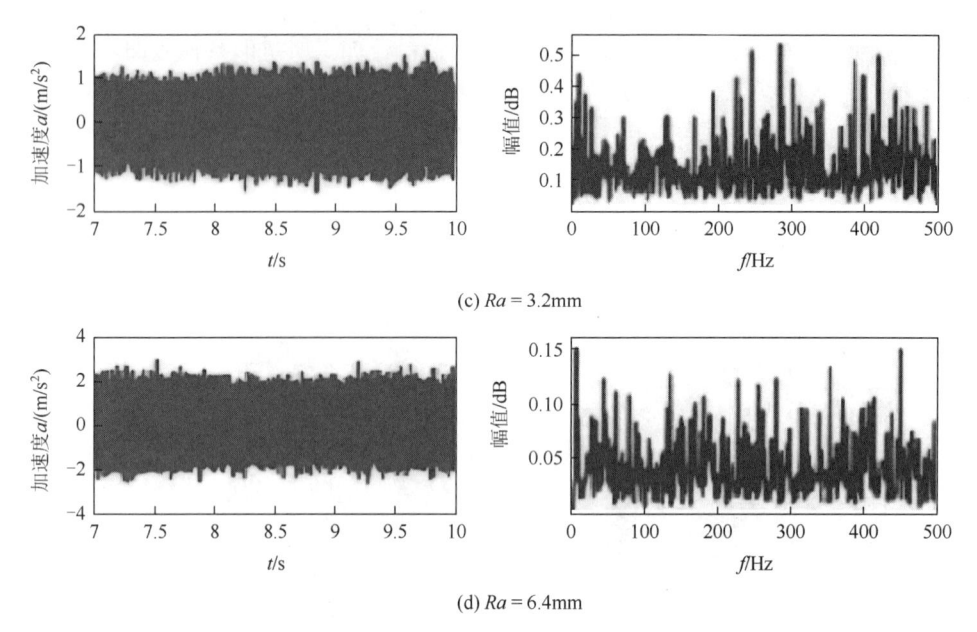

(d) $Ra = 6.4$mm

图 2-15 不同粗糙度下的时域/频域信号

  时域中经常采用的一种直接分析法为时域直接分析（time-domain direct analysis，TDA）法，由于其简单和低成本被广泛使用。但在某些情况下，TDA 获取信号中有用数据的效果并不理想。为此，研究人员通常采取如奇异谱分析（singular spectrum analysis，SSA）或主成分分析（principal component analysis，PCA）等先进方法来消减噪声、强化信号。

  在频域分析方面，快速傅里叶变换（fast Fourier transform，FFT）和功率谱密度（power spectrum density，PSD）分析是两种常用方法。FFT 能将时间上复杂的波形拆解为不同谐波分量，以获取频率、相位和功率信息。尽管如此，频域分析无法定位瞬态事件，这限制了其在过程参数监控中的能力。

  为解决这个局限，时频域分析法显得尤为重要，它在时域和频域中同时对信号进行分析。时频域分析中常用的方法有短时傅里叶变换（short time Fourier transform，STFT）和小波变换（wavelet transform，WT）。相关的研究和文献在表 2-5 中进行了整理对比，并在此基础上进一步讨论和阐述。这些分析手段不但巩固了振动信号在粗糙度评估中的应用，也为振动信号在预测加工质量上的其他维度开辟了新的研究方向[26-28]。

表 2-5 振动信号预测表面粗糙度方法[26-28]

作者	采用信号	方法	结果	数据集（工件数量）
Hessainiaz 等	(a_x, a_z) (v, f, d)	TDA	$R = 99.9\%$	训练集：27 测试集 = 训练集
Upadhayv 等	(a_x, a_y, a_z) (v, f, d)	TDA	$R_{\text{adj}}^2 = 93.2\%$ $\bar{e}_r = 3.5\%$	训练集：15 测试集 = 训练集
Salgadodr 等	(a_x, a_y, a_z) (v, f, d) 刀具参数	SSA	$\bar{e}_r = 5.74\%$	训练集：35 测试集：20

续表

作者	采用信号	方法	结果	数据集（工件数量）
Garciape 等	(a_x, a_y, a_z)	SSA	$R_{adj}^2 = 87.8\%$ $\bar{e}_r = 14.6\%$ $R = 92\%$	训练集：270 测试集：90
Kirbyed 等	(a_z) (v, f)	TDA	$\bar{e}_r = 5\%$	训练集：83 测试集：7
Risbodka 等	(a_x) (v, f, d)	TDA	$e_r^{max} = 5\%$	训练集：21 测试集：20
Plazaeg 等	(F_x, F_y, F_z) (a_x, a_y, a_z)	FFT	$R_{adj}^2 = 86.7\%$ $\bar{e}_r = 9.8\%$	训练集：52 测试集：12

注：R 为相关系数；R_{adj}^2 为调整决定系数；$\bar{e}_r$ 为平均绝对误差百分比；e_r^{max} 为最大相对误差。

1. 时域分析

时域分析是分析传感器信号的一种方法，该方法依据时域波形数据建立统计特征集，从而直接分析信号的动态、瞬态和稳态行为。在处理振动信号上，时域分析处理依赖于传感器捕获的离线数据，这些数据作为在线信号的辅助以提高预测的准确性。但是，离线数据的收集往往只在理想的处理条件下得以实施，如在实验室环境中，并且获取这些数据非常困难。除此之外，离线数据在实际工作中可能导致预测模型过拟合，尤其在工作环境频繁面临随机事件时，预测的准确性可能会大大降低。

对于建立在 TDA 和 SSA 方法上的监测系统，在预测工件表面粗糙度方面的表现存在差异。TDA 方法通常需要依赖离线数据来提升处理振动信号的效果，其预测精度在各种条件下都会有所不同，并且由于验证集规模的限制，模型的通用性也受到挑战。相对而言，SSA 方法虽然取得了不错的预测效果，但它过度依赖于互补性的离线数据源使得系统变得过于固定，缺乏适用于不同环境的可迁移性，并且在实时监测应用中受到计算成本的制约[29]。

时域特征分析通过对信号进行基本的数学统计来简化问题，在处理周期性稳定信号的情况下通常能够取得良好的结果。对于非线性和非平稳信号，仅用时域特征很难得到满意的结果，这就需要从频域角度进一步分析和提取信号的特征。

2. 频域分析

在加工过程中，收集到的时间序列信号需转换为频域信号以便进行频域特征分析。傅里叶变换是实现这一变换的常用方法，它可以将复杂的时间波形分解为一系列谐波分量，揭示信号的频率、相位和功率等关键信息。

研究表明，刀具与工件之间交互作用产生的振动频率和振动幅度对加工表面的粗糙度有显著影响，其中刀具的振动频率与主轴转速的比值是影响粗糙度的一个关键参数。径向振动对粗糙度的影响最为显著。通过分析刀具的振动频率分量及主轴工件系统的固有频率，能预测表面粗糙度。相关数学模型考虑了切削参数和机床振动等多种因素，有助于表面粗糙度的预测。此外，研究还关注超精密车削中刀具的多模态高频振动对表面粗糙度的影响，以及金刚石刀具造成的高频成分和阻尼器变化对最终加工表面的影响，为理解刀具振动与表面质量之间的关系及机床故障诊断提供了重要视角。

3. 时频域分析

在从原始信号中提取有用信息的过程中，时频域分析通过利用小波变换的多分辨率特性、时域局部性质以及去相关性，成为提取信号特征的常用方法。选择合适的小波对信号进行分析至关重要，Bior6.8 小波由于其良好的相关性特征被推荐用于表面粗糙度分析。通过结合统计参数、FFT 谱及小波包来构建特征集，并应用支持向量机分类器，研究表明可以获得约 81% 的表面粗糙度预测准确率。此外，选择具有正交性的母小波进行 3 级层次分解，结合 3 个正交振动分量的信息融合，也可获得良好的预测效果。然而，这种方法未能充分考虑提取最优统计特征量选择对人工经验的依赖，这增加了在线预测的成本。

在实际加工过程中，传感器所捕捉到的振动信号频率成分的变化会引起能量分布在不同频率范围内的变动，这些变化包含了与工件表面粗糙度相关的信息。通过小波分解技术，可以从各个频率范围提取出相应的能量值，并构建特征向量用于评估加工过程中工件表面的粗糙度，进而实现对加工质量的有效监测与预测。

2.4.4 机械加工质量智能监测与控制技术发展趋势

针对机械加工质量预测的特点，从以下四个方面简述加工质量智能监测与控制发展趋势，如图 2-16 所示。

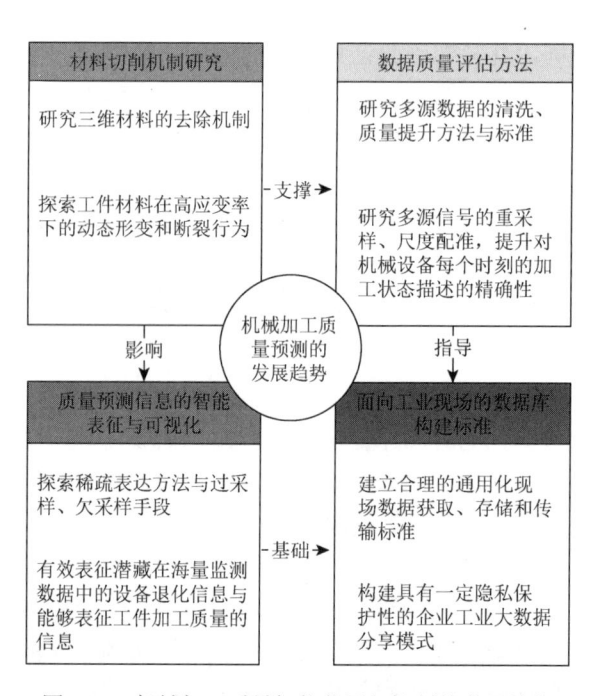

图 2-16 机械加工质量智能监测与控制的发展趋势

1. 材料切削机制研究

材料切削机制的研究是机械加工质量预测的核心环节之一,直接影响着工质的最终质量和加工效率。在这一领域,研究者重点关注两个方面。

1)三维材料的去除机制

材料的切削过程是一个复杂的动态过程,涉及多维力学和材料科学的交叉研究。三维材料的去除机制研究不仅能帮助人们理解材料在切削过程中的行为,还能为优化切削参数、提升加工精度提供理论依据。通过对材料去除过程中的切屑形成、摩擦与磨损等现象进行深入分析,能够进一步揭示影响材料加工质量的关键因素[30]。

2)材料特性在高应变率下的动态变化

现代机械加工工艺中,材料经常会经历高应变率和高温环境的挑战。材料特性在高应变率下的动态变化研究,旨在探索材料在极端条件下的形变和断裂行为。这类研究不仅可以为新材料的开发和应用提供数据支持,还能优化现有材料的加工工艺,从而提高工件的最终质量。

2. 数据质量评估方法

在数据驱动的智能制造环境中,数据质量评估方法的优劣直接决定了预测模型的可靠性和有效性。为了确保机械加工质量预测的准确性,研究者在以下两个方面做出了大量努力。

1)多源数据的清洗与标准化

制造过程中涉及的数据通常有多个来源,如传感器、测量仪器和生产管理系统。这些数据在收集和传输过程中,往往会受到噪声、丢包等问题的影响,从而准确性降低。因此,数据清洗与标准化处理显得尤为重要。通过对多源数据进行预处理,去除异常值和噪声,并对数据进行标准化,可以显著提升数据的质量,为后续的预测分析奠定基础。

2)数据质量的自动量化评估

随着智能制造技术的发展,生产现场产生的数据量呈指数级增长。为了有效利用这些海量数据,自动化的数据质量评估工具应运而生。通过利用机器学习算法,可以实时评估数据的质量,并在数据质量下降时自动发出警报。这一过程不仅提高了数据分析的效率,还增强了预测模型的鲁棒性和精度。

3. 质量预测信息的智能表征与可视化

质量预测信息的智能表征与可视化,是将复杂的数据分析结果转化为直观可操作信息的重要环节。在这个领域,研究者主要关注以下两个方面。

1)智能监测方法与可视化技术的集成

现代制造业中的检测方法日益智能化,通过集成多传感器数据和机器学习算法,可以实时监测加工过程中可能出现的质量问题。同时,通过可视化技术,将复杂的数据结果以图表或三维模型的形式展示给操作人员,使其能够直观地理解和分析质量问题的根源。这种集成方法不仅提高了质量预测的准确性,还显著提升了生产管理的效率。

2）基于过程数据的异常监测与缺陷预测

异常监测和缺陷预测是质量预测的关键任务。通过分析生产过程中的实时数据，智能算法能够识别出潜在的异常现象，并预测可能出现的质量缺陷。这种提前预警机制，可以帮助企业在问题发生之前采取纠正措施，从而减少废品率，提高生产效率。与传统的事后监测方法相比，基于智能算法的异常监测和缺陷预测更具有时效性和准确性，能够有效防止质量问题的蔓延，降低生产成本[28]。

4. 面向工业现场的数据库构建标准

在机械加工质量预测中，数据库的构建是支持整个预测体系的重要基础。随着工业自动化和智能化的发展，建立合理、适应多样化工业需求的数据库构建标准已成为行业发展的关键，以下是两个主要的构建方向。

1）合理化的通用化数据库结构

为了应对工业现场多变的需求，建立一个通用化的数据库结构至关重要。这样的结构应能够支持多种数据类型的存储与传输，涵盖从原材料数据、加工参数到设备状态信息的全方位数据记录。通用化数据库不仅有助于数据的一致性和可共享性，还能提高系统的扩展性，适应未来的技术升级和需求变化。

2）高效的数据存储与共享模式

工业现场产生的数据量庞大且更新频率高，因此如何高效地存储和共享这些数据成为一大挑战。通过引入先进的数据压缩技术和分布式存储系统，可以显著提高数据存储的效率。同时，基于云计算和物联网技术的数据共享模式，使得不同部门和企业间能够实时共享生产数据，促进协同制造和供应链管理。

第3章　数据采集与处理

　　机械加工是一个复杂的过程，是一种通过使用机床和切削工具对原材料进行切削、磨削、成型等工艺，以制造出符合设计要求的零件或产品的制造过程。这一制造方法包括切削过程、计算机数控技术的应用、材料选择、工艺规划以及追求精度和表面质量等要素。在机械加工中，刀具的状态对加工质量具有显著影响，刀具在使用过程中可能出现磨钝、断裂甚至意外掉落等问题。因此，准确辨识刀具状态对确保加工质量、提升加工效率以及降低加工成本至关重要。

　　加工过程中使用磨钝刀具将导致零件表面粗糙度变大，零件尺寸超出公差要求，若刀具发生破损、断裂等状况，甚至会使零件报废，严重时还会引起机床损坏，危及操作人员安全。过早更换刀具将会因未充分利用刀具实际寿命而造成制造成本增加；过度使用磨损严重的刀具将导致零件报废和机床意外停机时间增加，从而增加制造成本。目前对于正在进行机械加工刀具的磨损监测方法研究尚处于探索阶段，现有的研究方法主要有间接法和直接法。

　　间接法通过分析机械加工过程中的监测信号间接判断刀具状态，是目前数控加工刀具状态实时辨识的有效手段。在目前实际生产中，通常获取与刀具状态密切相关的传感器信号，并在此基础上通过信号处理或数据驱动的方式构建刀具磨损状态与采集信号特征之间的映射模型，使用模式识别方法间接地辨识刀具状态。间接法之所以受到重视，是因为这种方法可以实现连续测量，在刀具状态实时辨识中具有较大优势。间接监测常用的传感器信号有切削力信号、振动信号、电流信号、声发射信号、温度信号等。然而，在真实的加工环境中，刀具的磨损与其影响因素之间存在着复杂的非线性关系，这些关系在构建数学模型时往往会被简化。此外，工业环境固有的噪声干扰，相关信号会受到严重影响，导致难以精确地反映刀具在实际应用中的真实状态信息。

　　与间接法相比，直接法（通常指机器视觉系统）不受切削条件和工件材料的影响，在测量刀具磨损实际几何变化方面具有更高的精度和可靠性，并且便于对刀具的磨损形态进行整体了解。直接法具有以下优点。

　　（1）直接法为非接触式测量方式，避免了对检测物体的直接触碰，从而减少了可能对其性能造成的损害。

　　（2）该方法允许从远距离进行操作和控制，对无人生产系统来说更加友好和便利。

　　（3）相比于间接法所使用的传感器，如声发射传感器、振动传感器和力传感器等，直接法能够避免它们的局限性。例如，声发射传感器受限于声音的方向性且不易直接检测刀具磨损情况；振动传感器难以进行渐进式磨损监测；而力传感器则对机器振动较为敏感。

　　（4）间接法在监视加工过程中，往往需要融合多个传感器，这不仅增加了成本，也使得系统更为复杂，相较之下，基于机器视觉的直接法不仅成本更低，而且系统更为灵活和高效。

本章将以机械加工中的刀具等部件的磨损监测为对象，具体介绍间接监测与直接监测两种磨损监测方法，主要分为以下四个部分：基于传感器的监测信号采集分析、传感信号处理技术、基于机器视觉的图像数据采集分析、图像处理技术。

3.1 基于传感器的监测信号采集分析

在基于单传感获取的刀具状态监测（tool condition monitoring，TCM）研究中，切削力、振动、电流、声发射、温度等物理场信号被广泛使用。铣削过程刀具状态监测流程如图 3-1 所示。

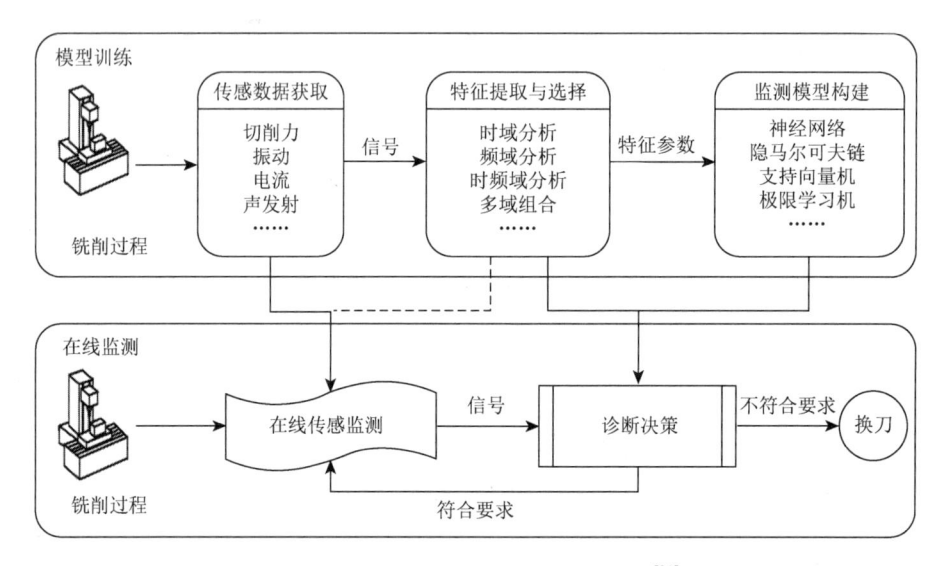

图 3-1 铣削过程刀具状态监测流程图[31]

表 3-1 汇总了常用的几类传感器的优缺点，在 TCM 领域，由于单传感获取方式受限于其固有的特性，如信号的敏感度、安装方式的差异以及成本考量，加之铣削过程所固有的复杂性和不确定性，其应用存在显著的局限性。鉴于此，为突破这些限制，多传感获取方式逐渐成为研究的焦点和趋势。

表 3-1 各主流传感器的优势及劣势[31]

传感器	优势	劣势
切削力	①对刀具状态变化的敏感性最高；②测量稳定性最好	①可测范围小，不适合高速工件的铣削测量；②对机床的结构刚度有影响；③商用测力计成本很高
振动	①成本低，易于安装；②具有类似切削力的周期性形状	①信号的过滤很困难且易于出错；②安装位置和冷却液等均会影响振动信号
电流	①安装几乎不影响加工操作；②安装成本低；③抗环境噪声能力强	①对刀具磨损的敏感性较差；②高频信号会因过滤而丢失；③受进给系统黏性阻尼和机械系统的摩擦影响

续表

传感器	优势	劣势
声发射	①没有机械干扰，灵敏度很高； ②对工具-工件接触的反应时间短	①难以处理铣削间歇性切削操作导致的脉冲冲击加载； ②采样频率非常高，数据量的处理和存储较为困难
温度	①对刀具状态变化的敏感性较高； ②不受外部环境噪声影响	①冷却液会降低温度对刀具状态的敏感性； ②安装较为困难； ③商用测温仪（如红外热像仪）成本较高

本节将从以下几个传感器监测信号并结合具体应用实例进行说明介绍。

3.1.1 切削力信号

刀具作为加工过程中与工件直接接触的关键工具，不可避免地会经历磨损和破损的现象。在铣削加工过程中，刀具作用于工件，使其形变并产生切削力。然而，刀具的磨损会导致一系列不利后果，包括切削力的波动和增大、切削温度上升、加工精度下降、尺寸偏差增大、表面粗糙度恶化，这些都将直接影响工件的质量，严重情况下甚至可能损坏设备和工件。

众多研究指出，切削力对刀具状态的变化极为敏感，因此它能够提供高精度的刀具状态估计。随着切削过程的进行，刀具磨损逐渐加剧，加工状态也随之发生变化。鉴于切削力与刀具磨损之间的紧密关系，以及切削力本身的稳定性和测量的便利性，目前主要使用切削力作为间接监测刀具磨损的方法。切削力的实时监测不仅具有显著优势，还能更方便地为系统数据输入提供支持。

切削力信号与刀具磨损密切相关，刀具磨损的增加会直接导致切削力的增加并使得切削力波动程度增大。切削力为切削加工研究提供了最稳定和最可靠的信号，其反映了加工过程的能量消耗，也直接影响加工系统的刚度。切削力信号在切削加工过程中表现出稳定性，并且易于采集，尤其是在测力传感器技术的成熟和性能优化下，切削力监测已经在工业应用中得到了广泛普及。随着测力传感器的持续发展和改进，切削力监测已经成为加工过程控制中的主流方法，有助于提升加工精度和稳定性。切削力信号和刀具状态、加工参数和加工质量密切相关，而且因为切削力在切削过程中易于测量，各种型号的测力仪也在不断推出。目前市场上常用的测力仪主要有两种：电阻应变式测力仪和压电式测力仪。

华家玘等[32]提出了一种基于切削力信号-几何信息-工艺信息的铣削加工刀具状态识别方法，用于单件小批量生产模式加工过程中的几何形状和切削参数不断变化的情形。采集加工过程中不同刀具状态的切削力信号，并对其做时域和时频域分析，提取切削力信号的特征量，与加工工艺信息和零件几何信息相关联，建立输入向量，构建基于 BP 神经网络的刀具状态辨识模型并训练，经测试表明模型的泛化误差小于 0.05。在实际加工中通过神经网络模型实现刀具状态的实时辨识。试验表明，该方法基本可以满足单件小批量生产模式下复杂零件的铣削加工刀具状态实时辨识，总体方案如图 3-2 所示。

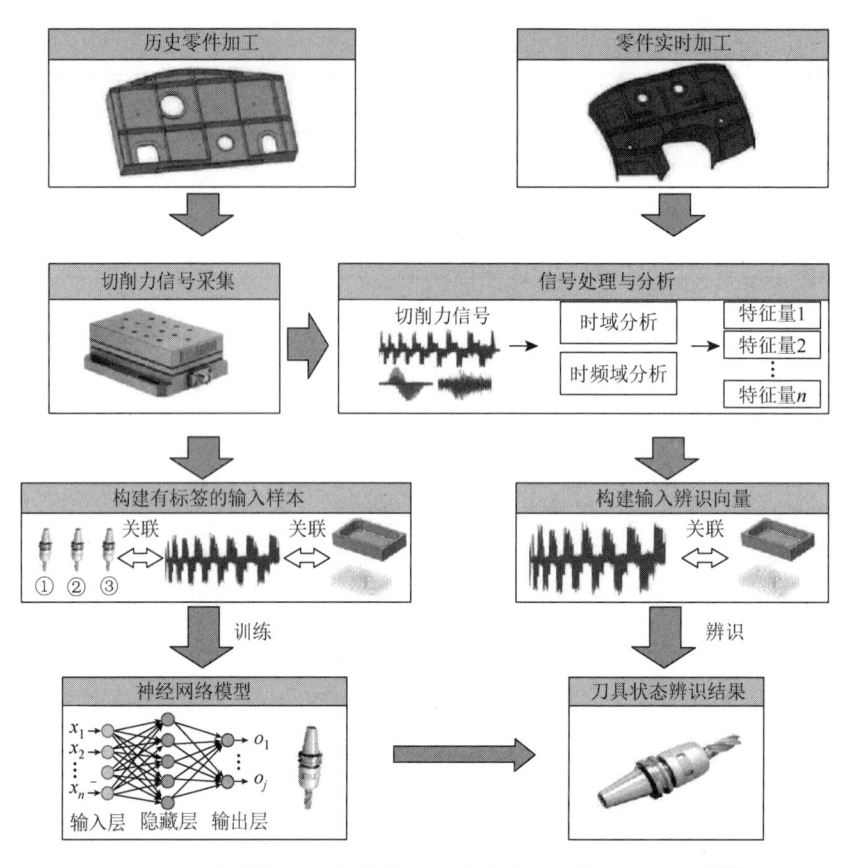

图 3-2 切削力信号-几何信息-工艺信息的刀具状态识别方法[32]

华家玘等[32]使用 Kistler^TM 9257B 压电式测力仪对切削力进行测量,并在 LabVIEW 平台上开发基于切削信号、几何信息、工艺信息的铣削加工刀具状态实时辨识系统,通过 LabVIEW 以 4000Hz 的频率采集加工过程中的切削力信号。对 1s 内采集的数据进行时域分析和小波分析,得到切削力信号在每一秒内的均值、方差、均方值、峭度系数以及小波分解重构后的均方值和方差。通过 MATLAB 和 LabVIEW 混合编程,将训练好的神经网络中权值等参数输入 LabVIEW 监测平台中,并构建包含上述特征量、加工工艺信息、零件几何信息的输入向量,输入神经网络模型中,实现刀具状态的实时辨识。

除此之外,袁敏等[33]对铣削力信号进行特征选择,将该过程模拟成果蝇觅食行为,采用 Fisher(费氏)辨别率遴选出主要的特征参数,进而采用神经网络对刀具磨损状态进行分类。Huang 等[34]采用压电式测力仪对端铣操作的刀具状态进行了监测。徐涛等[35]基于瞬时切厚建立了铣削加工过程的时域切削力仿真模型,依据刀具磨损和切削力正向相关关系生成模拟样本,用以训练 TCM 监测模型,降低监测成本。然而,切削力存在致命的缺点,其物理特性限制了所选工件的物理尺寸,对中大型工件的铣削不太适用。Koike 等[36]认为切削力是一种干扰,它干扰机床中的主轴和载物台的精确运动控制,会降低机床的刚性。同时,商用测力计因成本高不适合车间使用。

3.1.2 振动信号

振动信号监测同样是一种广泛应用的刀具磨损监测方法。在切削过程中，刀具与工件之间的直接接触会引发振动。随着刀具磨损程度的增加和磨损状态的变化，由摩擦引起的刀具振动会呈现出显著的差异。许多学者对采集到的振动信号进行了深入研究，特别是关注其共振峰频率的变化，发现这些变化与刀具的急剧磨损之间存在明确的对应关系。基于这一发现，振动信号可以用作监测刀具磨损状态的有效工具。此外，振动信号监测还具有一些显著的优势，如成本低、安装便捷，以及振动波形与切削力具有相似的周期性，这些优势使得振动信号监测在刀具状态监测研究中得到了广泛应用。

樊志刚[37]以铣削过程的刀具为研究对象，利用加速度传感器测量振动信号，对其磨损状态监测进行了深入的研究。他通过对目前相关领域的研究与分析，针对铣削过程中的振动信号频域和时频域进行分析，选取了能够反映刀具磨损状态的特征样本，并对其使用 t 分布随机邻域嵌入（t-distribution stochastic neighbor embedding，t-SNE）对样本进行可视化输出。在对 1D CNN（一维卷积神经网络）的组成结构和运算过程进行深入分析和讨论后，他提出了一种用于刀具磨损状态监测的 1D CNN 结构。随后，他通过训练样本集对模型参数进行了系统性分析，以确定最佳的参数设置。最终，通过与其他深度学习算法的对比试验，验证了该模型在刀具磨损监测中的有效性和准确性。大量研究已经证实了振动信号在刀具状态监测中的可行性和有效性，例如，Hsieh 等[38]研究表明，主轴振动加速度信号在适当的特征提取和分类器设计下能够区分微铣削不同刀具状态。Madhusudana 等[39]将三轴集成电子压电式（integrated piezoelectric，IEPE）加速度计安装在主轴壳体上采集面铣削振动加速度信号。Shi 等[40]采集手机壳抛光过程中的振动信号，通过对主轴振动信号进行分析，建立了基于深度学习算法的刀具状态识别模型。任振华[41]通过对在微切削平台上所采集振动信号的时域、频域和时频域提取能量、均方根值、峰度系数三类特征，搭建了模糊神经网络模型对刀具的磨损状态进行识别。Gao 等[42]采用激光测振仪采集铣削过程振动位移信号对面铣削过程进行刀具状态诊断，取得不错的诊断精度。陶欣等[43]分析了高速铣削加工过程中振动信号的形态分量特点和稀疏特性，通过提取振动特征进行刀具磨损状态监测。李宏坤等[44]证实了铣削力与刀柄摆动电涡流位移信号存在线性关系，并提取刀柄摆动位移信号的基频及其谐波信号作为铣刀状态的监测信号。然而，由于铣削过程的特点，振动信号的应用会受到限制，如振动信号的过滤很困难且易于出错[45]，而且安装位置和冷却液等均会影响振动信号。

3.1.3 电流信号

随着刀具磨损的逐渐加剧，切削力也增加，这导致机器电机的电流消耗相应提升，因此主轴电流或功率是间接监测刀具磨损的有效指标。电流传感器因其构造简单且易于采集机床主轴电流和功率信号而备受青睐。这种传感器不仅成本低廉，而且无须对机床进行大规模改造，其安装过程几乎不会干扰正常的加工操作。因此，它被广泛认为是车间环境中最为实用的传感器之一,具有高度的适用性和便利性。值得注意的是,主轴电流和功率信号相比于其他监测信号,更容易受到噪声干扰,分辨率较低,响应速度也相对较慢。特别是在精加工过程中,切削参数的细微调整以及刀具磨损的渐进增加对电流和功率信号的影响并不显著,机床的负载变化也不明显,这些因素都在一定程度上限制了其作为刀具磨损监测工具的精准度和灵敏度[46]。

桂宇飞等[47]采用希尔伯特-黄变换算法和机床主轴功率信号的监测方案,通过监测机床主轴功率信号监测刀具磨损,并通过试验证明其有效性和可行性。桂宇飞等提出了基于希尔伯特-黄变换和机床主轴功率信号的刀具磨损状态在线监测方法,并设计了六组试验用于研究切削用量、工件材料、加工方式等因素对该方法监测精度的影响。

图3-3(a)为某一侧铣过程中的希尔伯特边际谱,其中主轴转速为6000r/min,刀具为单刃铣刀,计算可得加工过程的刀刃通过频率为100Hz。边际谱中,在100Hz附近出现一明显峰值,说明利用刀刃通过频率确定信号的特征频率的方法具有一定的可行性。利用希尔伯特-黄变换构造刀具后刀面磨损系数的流程如图3-3(b)所示。

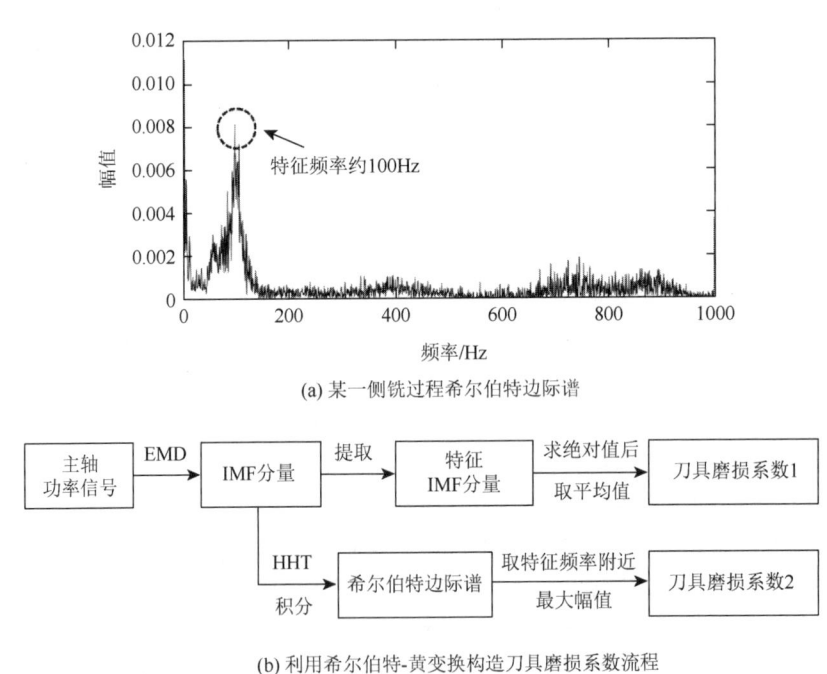

(a) 某一侧铣过程希尔伯特边际谱

(b) 利用希尔伯特-黄变换构造刀具磨损系数流程

图3-3 桂宇飞等利用希尔伯特-黄变换处理流程图[47]

EMD 指经验模态分解;IMF 指本征模态函数

试验数据清晰地显示,在不同加工工况下,通过结合希尔伯特-黄变换与主轴功率信号所构建的磨损系数,与刀具的实际磨损量呈现出显著的相关性。具体来说,其相关系数为0.85,最高可达0.98。这一结果表明,所研究的因素对该方法的监测精度影响较小,从而验证了该监测策略的有效性和可靠性。试验所用机床为沈机i5M1.4高速钻攻中心,功率信号采集系统示意图如图3-4所示。

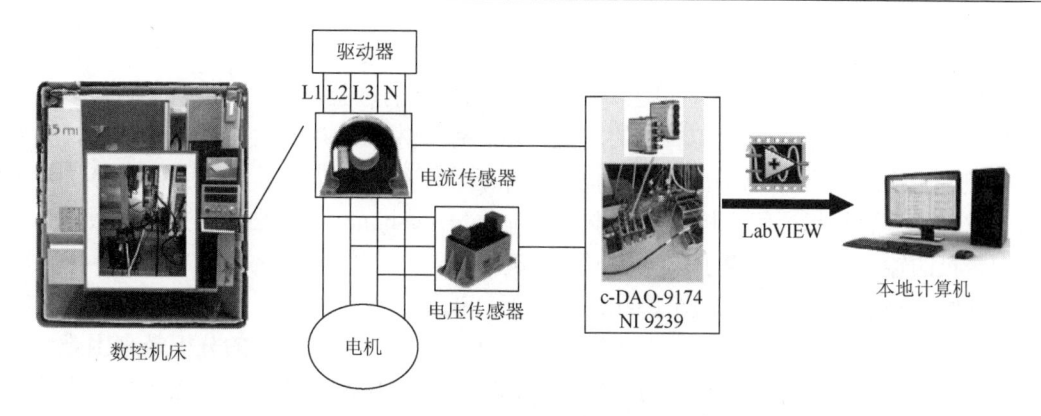

图 3-4 桂宇飞等的机床主轴功率信号采集系统[47]

不少学者也进行了电流信号的研究，Drouillet 等[45]通过比较不同传感器发现，电流传感器和电压传感器是用于实际工业 TCM 的切削力传感器相当好的替代品。Stavropoulos 等[48]的研究表明，相比于振动信号，电流信号与刀具磨损状态的相关性更强，抗环境噪声更好，能够提供更好的预测结果。Ammouri 等[49]将电流传感器分接到主轴电机和 X 驱动电机，通过采集两个电机的电流信号加以分析与处理。李康等[50]研究了伺服电机变频器输入电流与刀具磨损状态的相关性，并实现了基于变频器输入侧线电流的在线刀具磨损状态实时监测系统。然而，电流信号也存在缺点，即电流信号中包含了大量的噪声，导致信号较小的波动很难被监测出来，而且高频信号会因过滤而丢失；电流信号受到进给系统的黏性阻尼和机械系统摩擦的影响。此外，Lee 等[51]的试验表明，在高频条件下电流对切削力变化不敏感，这表明在高主轴转速下电机电流信号不太适合监测刀具状态。

3.1.4 声发射信号

声发射（acoustic emission，AE）信号是材料去除过程中因不可逆塑性形变释放大量能量而产生的应力波。声发射信号与刀具和工件的材料、加工参数、刀具磨损状态等密切相关，同时它没有机械干扰，且以远高于因加工引起的特征频率的频率进行传播，具有更优于力和振动信号的灵敏度，同样也适用于铣削刀具磨损的监测。

声发射信号频率在 50kHz～1MHz，由于刀具磨损时产生的信号是高频信号，同时加工过程中产生的振动信号、环境噪声等属于低频信号，因此采用声发射信号进行监测可以有效地避免其他信号的干扰。目前，国内外许多研究人员已经对其在刀具磨损监测中的应用开展了相关研究。关山[52]使用声发射信号作为输入，通过对其在时频域上采用多种方法提取多类特征，将多种特征进行融合实现了对车削加工刀具磨损状态的识别和分类。Ravindra 等[53]通过将变切削条件下所获取的声发射信号的多种特征与切削时间进行分析，发现切削过程中产生的不同声发射信号可对不同磨损状态的刀具切削进行划分。Quadro 等[54]通过对钻削过程中声发射信号的能量进行分析，发现随着刀具不断磨损，能量会逐渐增加。

Vetrichelvan 等[55]的研究表明，声发射传感器放置在刀架的顶面上可以有效地监测刀具月牙洼磨损。Mathew 等[56]对单齿、二齿和三齿面铣的试验表明，声发射信号可以非常有效地响应刀具断裂、刀具切屑等的变化。Ren 等[57]指出，声发射信号易于记录，且对工具-工件接触显示了非常短的反应时间，非常适合于微铣削刀具监测。张栋梁等[58]对刀具声发射信号进行相空间重构，提取出嵌入维数与 Lyapunov（李雅普诺夫）系数作为支持向量机的输入参数，获得了较高的识别准确率。

同时，声发射信号存在两个弊端：一方面，铣削过程中的间歇性切削操作，导致在每个单独的齿进入和离开工件时发生脉冲冲击加载，给声发射信号的分析带来困难；另一方面，声发射信号使用非常高的采样率（100kHz～1MHz），这导致高噪声且较大的数据集会有处理和存储困难的问题[59]。此外，声发射传感器对环境噪声高度敏感，增加了信号中有效特征信息提取的难度。

3.1.5 温度信号

在金属切削过程中发热是不可避免的现象，刀具尖端温度过高会损坏刀具，换句话说，在切削过程中，随着刀具磨损的加剧，切削温度逐渐升高，同时切削温度的提升又会增加刀具的磨损速率，故切削温度信号与刀具磨损密切相关。温度信号监测技术目前主要有热电偶和红外线监测方法，其中热电偶方法存在安装困难、响应慢的缺点，因此很难达到在线监测的要求[46]；而红外线监测方法因为切屑和切削液等因素，监测效果不稳定，有一定限制。邵芳[60]对刀具磨损机理进行了热力学分析，基于表面形貌分析等技术研究了刀具的黏结磨损。

刀具磨损速度取决于刀具的温度，大量研究人员对切削刃温度与刀具磨损之间的关系做了大量的研究。Kulkarni 等[61]提出了一种刀具加工热电偶方法，用于确定在涂层顶层和工件之间相互作用的热连接处产生的热电磁场信号。在研究中，Kulkarni 等观察到在切削刀具边缘的区域中产生高温，并且该温度对切削刀具的磨损速度和切屑与切削工具之间的摩擦具有控制影响。Korkut 等[62]开发了基于回归分析和 BP 神经网络的刀屑接触区温度预测方法，进而较准确地估计出刀具磨损状态。尽管温度方法曾被视为一种可能的监测手段，但学者对其可行性提出了质疑，这是因为切削温度的实际变化不仅受到工件和工具材料热性能的影响，而且在实际加工过程中，冷却液的使用会显著降低切削温度，从而削弱了加工温度与刀具状态之间的直接关联性。因此，温度方法作为刀具状态监测的手段，其有效性和准确性受到了限制。

3.1.6 多传感信号

单传感器监测方法往往会因为自身的缺陷和环境的干扰，导致采集的信号不全面，无法表现出和刀具磨损特别相关的特征。多传感器融合监测方法能够使多传感器信号优势互补，增加抗干扰能力和扩大信息覆盖面[46]。

在监测过程中，当一种信号的灵敏度出现损失时，多传感获取方式能够通过另一种信号的灵敏度来弥补这种损失，从而极大地增强了所获取数据中潜在磨损水平信息的丰富度。尽管多传感器系统带来了更多的冗余信息，但这实际上有助于降低测量的总体不确定性。通过综合多个传感器的数据，系统的分辨率和精度得以显著提升，进而提高了预测性能，并有效减小了噪声对监测结果的影响。Jauregui 等[63]对高速微铣加工过程的切削力和振动信号进行频域和小波包分解，用以估计微铣刀具磨损状态。Shankar 等[64]提出了基于切削力和声压信号的 TCM 方法，采用神经网络进行刀具磨损量预测，取得了不错的效果。Torabi 等[65]利用测力计、加速度计和声发射传感器采集球鼻端铣削过程的加工信号，并采用 C-均值聚类进行了刀具状态诊断。Torabi 等[66]将切削力、振动加速度和声发射等三类传感器应用于高速铣削过程进行刀具磨损识别。Wang 等[67]通过对三向切削力和三向加速度信号进行离散小波变换，将信号分解为多个尺度，然后用多尺度 PCA 确定正常刀具的阈值范围。徐彦伟等[68]提出了一种基于采集声发射和振动加速度信号的 TCM 方法，用小波包分解法提取两种信号的最佳特征频段作为识别刀具磨损的特征参量。

然而，目前基于多传感获取方式的刀具磨损的监测研究主要集中在传感器的种类和数量上：一方面，传感器的增加会提高生产成本和维护成本，维护难度也相应增大；另一方面，传感器越多对加工过程的干扰越大。更重要的是，冗余信息太多反而会影响决策精度[69]，少数关键的传感特征参数比使用所有传感特征参数更有效。但如何有效地选取少数关键的特征参数尚需进一步深入研究。

3.2 传感信号处理技术

在切削过程中，采集的信号往往受到机床振动和周围环境的显著影响，夹杂了大量的噪声干扰，直接使用未经处理的这些信号进行刀具状态的识别和监测，无疑会对结果的准确性和可靠性产生严重影响。因此，对采集到的信号进行处理和分析，以提取出真正有价值的状态识别信息，是整个监测流程中的核心环节。值得注意的是，监测模型的输入参数并非越多越好：一方面，过多的参数会大大增加模型的运算量，从而影响在线监测的实时性和效率；另一方面，不相关和冗余的特征不仅无法提供有价值的信息，反而可能干扰模型的判断，对监测模型的性能产生负面影响。因此，选择恰当的特征参数，不仅能够提高监测的准确性和鲁棒性，还能确保在线监测的及时性和有效性[37]。

时域方法通过时间维度提取与刀具磨损相关的特征信息，如时间序列分析［AR（自回归）、ARMA（自回归-移动平均）、TDA（时域分析）］和时域统计参数（均方根值、最大值/最小值、均值、标准差、峰度等）。频域方法则通过频率维度提取特征信息，将时域信号通过 FFT 转换为频域信号后，提取功率谱、峰峰幅值、齿通频率等[31]。然而，这些方法各自提供的特征信息视角单一，且假设信号是平稳的，处理铣削过程中的非平稳信号效果不理想。

3.2.1 时域特征参数

时域特征即通过统计学方法得到的反映信号随时间变化规律的特征值，包括均值、峰值、峰峰值、方差、均方根值、斜度和峭度等。时域特征分析最大的优势就是计算简便，部分特征值甚至可以通过硬件实现，非常便捷。选取如下 9 个时域统计特征参数作为候选特征参数：均值（average）、均方根（root mean square，RMS）、标准差（standard deviation）、峰度因子（crest factor）、形状因子（shape factor）、波形（waveform）、峭度（kurtosis）、偏度（skewness）和边际系数（margin factor），具体计算公式如表 3-2 所示。

表 3-2 时域候选特征参数集

特征参数	公式	特征参数	公式
均值 T_{avg}	$T_{avg} = \dfrac{1}{n}\sum\limits_{i=1}^{n} x_i$	波形 T_{wf}	$T_{wf} = n \cdot T_{rms} / \sum\limits_{i=1}^{n} \lvert x_i \rvert$
均方根 T_{rms}	$T_{rms} = \sqrt{\dfrac{1}{n}\sum\limits_{i=1}^{n} x_i^2}$	峭度 T_{ku}	$T_{ku} = \left[\sum\limits_{i=1}^{n}(x_i - T_{avg})^4\right] / (n \cdot T_{sd}^4) - 3$
标准差 T_{sd}	$T_{sd} = \dfrac{1}{n-1}\sqrt{\sum\limits_{i=1}^{n}(x_i - T_{avg})^2}$	偏度 T_{sk}	$T_{sk} = \left[\sum\limits_{i=1}^{n}(x_i - T_{avg})^3\right] / (n \cdot T_{sd}^3)$
峰度因子 T_{cf}	$T_{cf} = \max\{\lvert x_i \rvert\} / T_{rms}$	边际系数 T_{mf}	$T_{mf} = n^2 \cdot \max\{\lvert x_i \rvert\} / \left(\sum\limits_{i=1}^{n}\sqrt{\lvert x_i \rvert}\right)^2$
形状因子 T_{sf}	$T_{sf} = T_{rms} / T_{avg}$		

注：$x_i (i = 1, 2, \cdots, n)$ 表示采集的原始信号序列。

3.2.2 时域信号分析

在时域中，最常用的统计特征参数有均值、均方根、功率、振幅、峰度因子、方差、偏度、峭度等。另一种时域特征提取的思路是将刀具磨损状态作为时间的函数，对传感时序信号进行时间序列建模。主要的模型包括自回归（AR）、移动平均（MA）和自回归-移动平均（ARMA）等。时域分析的优势在于过程简单、计算量小，有利于实时监测，但时域分析假设所分析的信号是平稳的，且无法反映信号中那些周期成分的变化，同时时域分析还有普遍对工艺参数较为敏感的问题。

时域分析是对动态信号在时间上变化的表征，主要包含了动态信号的幅值变化、自相关和互相关分析等，主要对采集的信号与刀具磨损值以及原始信号与处理后信号间的相关性进行分析。Rao 等[70]在加工过程中切削力信号的基础上，对信号的变化进行分析并提取该信号的时域特征，发现基于切削力信号提取的时域特征能够实现对刀具磨损状态的监测。刘锐等[71]通过对铣削力信号的时域分析，提取出可有效监测刀具磨损状态的特征参数，这些参数能准确反映刀具磨损程度，从而实现精确监测。李锡文等[72]在研究中通过对主电机功率信号的分析，提取了多种时域特征来判断铣刀的磨损情况。然而，他们同时指出，单一的时域特征参数难以全面反映刀具的磨损状态，需要结合多种特征进行综合评估。

3.2.3 频域特征参数

频域方法是从信号的频率维度中提取与刀具磨损相关的特征信息，它提供了信号的频率结构和谐波分量等信息，能够很好地反映出传感信号中的周期成分。在刀具磨损状态的特征提取上，很多时候频域分析明显优于时域分析。该类方法将传感数据的时域信号通过 FFT 转换为频域信号，进而提取相关的特征参数，选取 8 个频域统计特征参数如下：功率谱均值、功率谱均方根、功率谱峰度因子、改进等效带宽、频率高低比、稳定比、偏度和峭度，具体计算公式如表 3-3 所示。

表 3-3　频域候选特征参数集

特征参数	公式	特征参数	公式
功率谱均值 F_{mps}	$F_{\text{mps}} = \dfrac{1}{n}\sum_{j=1}^{n} P_j$	频率高低比 F_{hlps}	$F_{\text{hlps}} = \left(\sum_{j=n/4}^{n/2} P_j\right) \Big/ \left(\sum_{j=1}^{n/4} P_j\right)$
功率谱均方根 F_{rms}	$F_{\text{rms}} = \sqrt{\dfrac{1}{n}\sum_{j=1}^{n} P_j^2}$	稳定比 F_{sr}	$F_{\text{sr}} = \left(\sum_{j=1}^{n} f_j^2 P_j\right) \Big/ \left(\sqrt{\sum_{j=1}^{n} P_j}\sqrt{\sum_{j=1}^{n} f_j^4 P_j}\right)$
功率谱峰度因子 F_{wr}	$F_{\text{wr}} = \max\{P_j\} \Big/ \sqrt{\dfrac{1}{n}\sum_{j=1}^{n} P_j^2}$	偏度 F_{sk}	$F_{\text{sk}} = \left[\sum_{j=1}^{n}(P_j - F_{\text{mps}})^3\right] \Big/ \left[\sum_{j=1}^{n}(P_j - F_{\text{mps}})^2\right]^{\frac{3}{4}}$
改进等效带宽 F_{meb}	$F_{\text{meb}} = \sqrt{\left(\sum_{j=1}^{n}(f_j - \bar{f})^2 P_j\right) \Big/ \left(\sum_{j=1}^{n} P_j\right)}$	峭度 F_{ku}	$F_{\text{ku}} = n\left[\sum_{j=1}^{n}(P_j - F_{\text{mps}})^4\right] \Big/ \left[\sum_{j=1}^{n}(P_j - F_{\text{mps}})^2\right]$

注：f_j 为原始信号序列对应的频率；P_j 为序列 f_j 的功率谱；$\bar{f}$ 为序列 f_j 的均值。

3.2.4 频域信号分析

由于频域分析能够很好地反映出传感信号中的周期成分，在刀具状态的特征提取上，很多时候频域分析明显优于时域分析，被广泛应用于 TCM 信号处理中。频域方法是从信号的频率维度中提取与刀具磨损相关的特征信息，它提供了信号的频率结构和谐波分量等信息。该类方法将传感数据的时域信号通过 FFT 转换为频域信号，进而提取功率谱、峰峰幅值、齿通频率等特征信息[31]。众多研究表明，频谱的能量分布规律与刀具的磨损状态存在明显的相关性[73, 74]。同时，频域分析方法对非平稳信号的分析能力有限，对铣削过程非平稳信号处理效果不够理想[75]。

通过傅里叶级数和傅里叶变换可将信号由时域转换到频域，信号的频域分析更为简单和深刻，它从信号的本质揭示信号的频率组成和各频率分量大小[37]。吴迪等[76]通过对车削过程所产生的振动信号进行分析，发现频域分析能够反映刀具的磨损情况。朱会杰等[77]使用字典学习对振动信号的频谱数据进行稀疏重构并提取特征，发现其能够有效地表征故障信息。

3.2.5 时频域特征参数

小波变换（WT）作为一种时频域分析方法，非常适合非平稳信号的处理，因此被广泛应用到信号处理过程中。考虑到小波变换只对信号的低频部分进行分解而忽略高频部分，不利于 TCM 非平稳振动信号等包含大量细节信息信号的分解的弊端，采用小波包变换（wavelet packet transform，WPT）来提取时频域的候选特征参数。小波包变换既可以对低频部分信号进行分解，也可以对高频部分信号进行分解，而且这种分解既无冗余，也无疏漏，所以对包含大量中、高频信息的信号能够进行更好的时频局部化分析。

小波变换是将一个原始信号分解成低频细节 A 和高频细节 D 两部分，再将分解的信号进行基于小波基函数的重构[78]。图 3-5（a）为小波变换的分解过程。一个小波 $\{\psi_{b,a}(t)\}$ 定义为由小波基函数 $\psi_{b,a}(t)$ 通过伸缩 a 和平移 b 产生的函数组：

$$\psi_{b,a}(t) = a^{-1/2}\psi\left(\frac{t-b}{a}\right) \tag{3-1}$$

式中，$a(a>0)$ 为尺度因子，$a<1$ 波形收缩，反之则波形伸张；b 为平移因子。信号 $x(t)$ 的连续小波变换（continuous wavelet transform，CWT）为

$$\text{CWT}_x(b,a) = a^{-1/2}\int_{-\infty}^{+\infty} x(t)\psi\left(\frac{t-b}{a}\right)dt = \langle x(t), \psi_{b,a}(t)\rangle \tag{3-2}$$

从内积角度来看，式（3-2）是将 FFT 中的基函数 $e^{i\omega t}$ 换成小波基函数 $\psi_{b,a}(t)$ 进行内积运算。因此，小波变换的本质其实是将信号 $x(t)$ 与小波基函数 $\psi_{b,a}(t)$ 进行内积运算，将 $x(t)$ 分解为不同频带的子信号，找出与 $\psi_{b,a}(t)$ 最相似的分量。

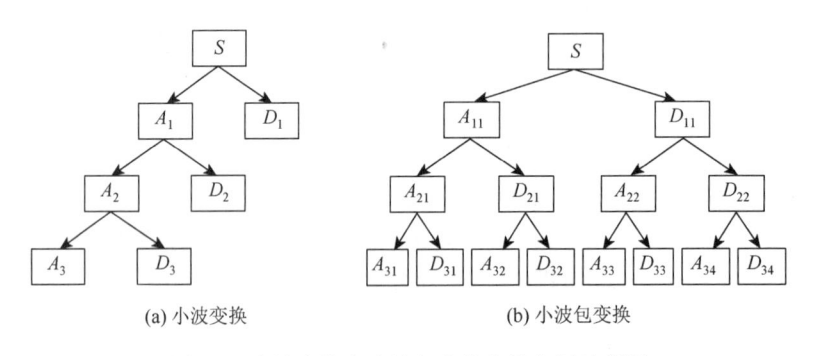

(a) 小波变换　　(b) 小波包变换

图 3-5　小波变换和小波包变换信号分解示意图

CWT 被认为是处理平稳和非平稳信号的有效工具。然而，CWT 包含大量的冗余信息，计算速度非常慢，不利于 TCM 信号的处理。因此，离散小波变换（discrete wavelet transform，DWT）被引入 TCM 应用中，Madhusudana 等[79]比较了几种特征提取方法，发现 DWT 比统计特征分析和经验模态分解（empirical mode decomposition，EMD）方法处理效果更好。尺度因子 $a=2^j$，平移因子 $b=k2^j$，信号 $x(t)$ 的 DWT 定义为

$$\mathrm{DWT}_x(j,k) = \left(\sqrt{2^j}\right)^{-1/2} \int_{-\infty}^{+\infty} x(t)\psi\left(\frac{t-k2^j}{2^j}\right)\mathrm{d}t \tag{3-3}$$

尺度函数和小波函数的双尺度关系生成公式为

$$\varphi(t) = \sqrt{2}\sum_{n=-\infty}^{+\infty} h_n \varphi(2t-n), \quad \psi(t) = \sqrt{2}\sum_{n=-\infty}^{+\infty} g_n \psi(2t-n) \tag{3-4}$$

式中，n 为整数；$h_n = 2^{-1/2}\langle \varphi(t), \varphi(2t-n) \rangle$ 为尺度系数；$g_n = 2^{-1/2}\langle \psi(t), \psi(2t-n) \rangle$ 为小波系数。DWT 通过成对抽取运算对信号 $x(t)$ 进行分解，式（3-4）的双尺度关系可以写为

$$\begin{cases} \varphi_{j-1,n} = \sum_{k\in\mathbf{Z}} \varphi_{j-1}, & \varphi_{j,k}\varphi_{j,k} = \sum_{k\in\mathbf{Z}} h_{k-2n}\varphi_{j,k} \\ \psi_{j-1,n} = \sum_{k\in\mathbf{Z}} \psi_{j-1}, & \varphi_{j,k}\varphi_{j,k} = \sum_{k\in\mathbf{Z}} g_{k-2n}\psi_{j,k} \end{cases} \tag{3-5}$$

式中，h_{k-2n} 和 g_{k-2n} 分别为低通滤波系数和高通滤波系数。式（3-5）表示分辨率 $j-1$ 下的 $\varphi_{j-1,n}$ 和 $\psi_{j-1,n}$ 可以由分辨率 j 下的 $\varphi_{j,k}$ 内积表示，从而信号 $x(t)$ 的 DWT 表达式如下：

$$a_{j-1,n} = \sum_{k\in\mathbf{Z}} h_{k-2n}a_{j,k}, \quad d_{j-1,n} = \sum_{k\in\mathbf{Z}} g_{k-2n}d_{j,k} \tag{3-6}$$

式中，$a_{j,k}$ 和 $d_{j,k}$ 分别为尺度因子和小波因子。

由图 3-5（a）和式（3-5）可以看到，DWT 仅对信号的低频部分做进一步分解，而对高频部分不再继续分解，使得分解结果低频部分信号的时间分辨率低而频率分辨率高，高频部分信号的时间分辨率高而频率分辨率低。所以，DWT 能够很好地表征一大类以低频信息为主要成分的信号，而不能很好地分解和表示包含大量细节信息的信号[31]。

为克服 DWT 丢失大量有效高频信息的弊端，WPT 被提出以提高高频信号的频率分辨率。WPT 在整个信号频带上进行多层频带划分，既继承了 DWT 时频局部化优点，又进一步分解了高频频带，提高了频率分辨率。因此，WPT 更适合应用于 TCM 的信号处理，图 3-5（b）为 WPT 的分解过程示意图。

3.2.6 时频域信号分析

为了克服时域和频域方法的不足，基于小波变换的时频域分析方法被广泛应用于铣削过程 TCM 的特征提取，如连续小波变换（CWT）、离散小波变换（DWT）、小波包变换（WPT）。在基于小波变换的 TCM 特征提取中，Sevilla-Camacho 等[80]采用 CWT 对振动信号进行特征提取，发现了正常刀具和破损刀具对应的振动特征模式不同。Benkedjouh 等[81]利用 CWT 对采集的多个物理场一维信号分别进行分解，进而采用盲源分离技术寻找小波系数与刀具磨损量之间的关联。Pechenin 等[82]采用 Haar（哈尔）小波变换对声发射信号进行分解，将分解后的小波系数作为特征参数。Wang 等[83]采用 WPT 分解来实现降噪和提取信号能量特征。Liu 等[84]对声压信号进行 WPT 分解，进而分析了声压信号小波系数与刀具磨损量之间的关联性。Hong 等[85]对传感信号进行 WPT 分解，并采用 Fisher

判别比选取与刀具磨损显著相关的小波系数。胡金龙等[86]对经过希尔伯特变换的铣削力信号进行 WPT 分解，提取了铣刀磨损过程中各个时段频带的能量，获取了能反映铣刀磨损状态变化的频段，进而判断铣刀的磨损状态。

经验模态分解（EMD）是一种自适应时频域分析技术，它依据信号自身的时间尺度特征将信号分解成若干个本征模态函数（intrinsic mode function，IMF，无须预先设定任何基函数，而分解出来的各 IMF 分量则包含了原信号的不同时间尺度的局部特征信号[31]。EMD 无须预设基函数的优点，逐渐在 TCM 领域得到应用。Shi 等[87]对加工过程的声压信号进行 EMD，从噪声中分离出刀具相关信息，并对刀具破损进行了诊断。Babouri 等[88]结合 CWT 和 EMD 对振动信号进行特征提取，先利用 CWT 对信号进行预处理，再采用 EMD 进行信号分解。然而，EMD 在提取复杂信号和弱特征信号时存在着模式混叠和计算效率低下等问题，虽然 Wu 等[89]提出了一种适用于微弱特征信号的基于噪声驱动的集成经验模态分解（ensemble EMD，EEMD），且 Wang 等在理论上证明了 EEMD 与 FFT 具有同等的计算效率[90]，但在 TCM 的特征提取方面表现并不突出[91]。

在对非平稳信号进行分析时，有时候单独的时、频域分析可能不能完全表征刀具磨损状态相关的信息，因此时频域分析被研究者提出，目前时频域分析已经成为提取特征的重要方法[37]。Kamarthi 等[92]通过对不同信号使用频域分析和小波分析进行对比试验，发现不同信号不一定适用于同种信号处理方法，振动信号对频域分析更加敏感，而小波分析对力信号的表征能力更强。孙惠斌等[93]提出了基于小波降噪和希尔伯特-黄变换的刀具振动信号特征提取方法，有效地保留了刀具磨损的相关非平稳特征。

3.2.7 多域组合分析

多域组合方法是通过选取多个领域（如时域、频域、时频域）的若干参数组成候选特征参数集，并采用某种特征选择或特征降维方法遴选或融合成少数对刀具磨损相关性较强的特征参数[31]。多域组合方法在 TCM 的特征提取方面已受到越来越多的关注，如 Liu 等[94]选取了切削力和振动信号的 138 个特征参数（包含时域参数、频域参数和小波分解的频带能量比）作为候选特征参数，用快速相关滤波方法遴选出包含 19 个特征的最小冗余特征集。Zhang 等[95]使用一个三向无线加速度计获取两齿端铣刀加工过程三个方向的振动信号，在每个方向信号中提取了 9 个时域、7 个频域和 32 个小波系数共 144 个特征参数，采用 Person（皮尔逊）相关系数得出 13 个与刀具磨损值显著相关的参数。Geramifard 等[96]通过计算多个传感信号的时域参数和小波系数，构建了 434 个候选特征参数，遴选了 Fisher 判别比值最高的 38 个特征（切削力参数 35 个，振动参数 3 个）。Wang 等[97]通过计算各个通道传感信号的 9 个参数（时域 6 个，频域 2 个，小波系数 1 个），构建了包含 54 个参数的基础特征集，采用核主成分分析降维成 11 个特征参数。肖鹏飞等[98]计算了加工过程中多维物理场信号的时域、频域若干统计特征参数以及小波包频带能量，采用相关系数和灰色关联度分析选取 38 个特征量进行刀具磨损状态监测。

多域组合方法的优势在于：能提供更多的与刀具磨损相关的候选特征参数，减少丢失重要参数的风险,这对提高 TCM 性能非常重要。该方法虽然会使候选特征参数集容量明显增大,但在模型训练阶段就会通过特征选择将特征集降至低维,而在线监测阶段只需要计算降维后的特征参数,几乎不会影响模型的运算速度。然而,目前在多域特征提取算法的研究中,大多数研究仅考虑了依赖性,即特征参数与刀具状态的相关性,而没有考虑刀具状态监测的全局诊断误差,导致 TCM 模型的预测精度不高[31]。

3.3 基于机器视觉的图像数据采集分析

作为机械加工过程的直接执行者,刀具磨损状态直接影响被加工工件的尺寸公差和表面粗糙度[99, 100]。由于视觉系统在几何形状测量的优越性以及相机等视觉系统硬件性能的提升,研究人员越来越关注搭建合适的机器视觉系统进行刀具磨损状态监测。

机器视觉是指通过图像采集装置将被摄取目标转换成图像信号,传送给专用的图像处理系统,并利用计算机对采集的图像或者视频进行处理,从而代替人眼的视觉功能,实现对客观世界三维场景的感知、识别及理解。近年来,机器视觉技术迅速发展,并得以广泛应用,基于机器视觉的刀具状态监测技术相比传统监测技术具有独特的优点[101]。图 3-6 是根据面铣刀的结构特点及安装方式设计的机器视觉监测系统,以实现面铣刀后刀面磨损区域的观测。

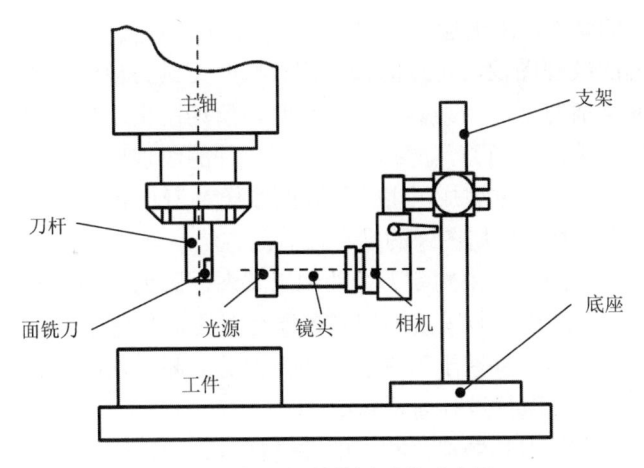

图 3-6 机器视觉监测系统示意图

3.3.1 机器视觉技术概述

机器视觉通过图像传感器获取外界的视觉信息,并利用复杂的算法进行数据处理,最终将这些信息转化为可操作的指令或决策。机器视觉不仅能够模拟人类视觉的基本功能,还能够在速度、精度和稳定性方面超越人眼,尤其在复杂环境下的实时监控和自动化监测中表现出色。机器视觉以计算机为中心,一般由光源、图像传感器(包括光学成像系统和光电转换装置)、图像采集装置以及图像处理系统组成。在实际应用中,往往根据不同的任务和应用目标,各视觉系统在构成方面会略有差异。图像处理与分析是机器视觉中的关键技术之一。图像处理与分析技术包括图像预处理、图像分割、特征提取、立体图像匹配、图像拼接等几个部分。图像预处理主要包括图像灰度变换、图像去噪和图像增强。图像特征提取指的是使用计算机提取图像信息,决定每个图像的点是否属于一个图像特征,特征提取的结果是将图像上的点分为不同的子集,这些子集往往属于孤立的点、连续的曲线或者连续的区域[102]。

早在1979年就有人提出了刀具磨损监测视觉系统的原型。经过众多研究人员长期以来的努力,基于机器视觉的刀具磨损监测技术得以迅速发展。基于机器视觉的刀具状态监测主要是通过视觉系统采集图像,然后通过图像处理技术对采集的图像进行分析与特征提取从而确定刀具的状态。通过对研究资料进行总结可以发现,根据所采集图像的对象来分,目前的基于机器视觉的刀具状态监测方法主要有三种:一是基于刀具表面图像的直接监测方法;二是基于被加工工件表面图像的间接监测方法;三是基于切屑图像的准直接监测方法[103]。

基于刀具表面图像的直接监测方法难以在切削过程中进行,这是因为刀具切削表面往往被工件或切屑遮挡,因此通常选择在刀具退刀时对刀具表面图像进行拍摄,该方法计算处理速度快,可实现非接触测量,并且所得的监测结果准确可靠,是比较理想可行的一种刀具状态监测方法。

基于被加工工件表面图像的间接监测方法依赖于切削原理,即工件表面的纹理特征可以反映刀具刃口的状态。由于加工过程中,工件表面形状是刀具表面形状的直接映射,通过分析工件表面的纹理图像,可以间接监测和判断刀具刃口的磨损或损坏情况。由经验得出的规律,通常情况下,当刀具比较锋利时,所切削出工件表面的纹理比较清晰,而且会具有某种规则性,而当刀具磨损后,加工工件的纹理则相对复杂,规则性也随之减弱,根据此原理,可以通过被加工工件的表面图像对刀具磨损状态进行监测[104]。

相对前两种方法,基于切屑图像的准直接监测方法是一种比较新的技术,但事实上,人们经常根据切屑形态的变化来判断刀具的加工状态,因为切屑形态变化规律中蕴含了刀具磨损状态信息,可通过实时采集的切屑图像对刀具状态进行在线监测[105]。

这三种方法中,以第一种基于刀具表面图像视觉监测方法的研究最为广泛,以下着重对该方法的国内外研究现状进行简要介绍。

刀具磨损测量技术是刀具磨损监测中的关键技术之一,同时也是刀具磨损监测的基础,近年来,众多学者在这方面进行了研究。Kim 等[106]对基于机器视觉的刀具磨损测量技术进行了研究,并采用正交试验方法对刀具磨损量进行了测量。Niranjan Prasad 等[107]采用立体视觉技术对刀具前刀面破损进行测量,从三维刀具图像中得到刀具的破损信息,该研究提供了刀具磨损几何量的可视化立体显示,同时采用神经网络对刀具寿命进行预测。杨吟飞等[108]研究了一种基于机器视觉的刀具磨损区域几何尺寸的测量方法,在人为指定的含有边缘的某一区域,通过一系列窗口对磨损区域的边缘进行跟踪以实现对磨损区域的测量。

刀具磨损测量技术快速发展使得基于机器视觉的刀具磨损监测应用到实际加工过程中成为可能。Castejón 等[109]对基于机器视觉的刀具磨损监测技术与监测系统进行了研究,着重对刀具磨损区域的几何形态进行了研究与分析,并提出了一种统计学习系统用于预测刀具寿命。Lanzetta[110]对刀具的不同磨损形式进行了分析与研究,从而在切削加工过程中对刀具的实际磨损情况进行区分与归类,然后获取各自的磨损量。熊四昌[111]研究了基于机器视觉的刀具状态监测技术,对刀具磨损形态及加工工件的表面纹理特征进行了研究与分析,提出了一种刀具磨损区域分割算法,并对该刀具磨损监测技术在车削过程中的应用进行了介绍。刘荣涛[112]以机器视觉图像处理技术为手段,对刀具后刀面磨损监测技术进行了研究,并建立了基于机器视觉的刀具后刀面磨损监测系统,以该试验系统采集刀具图像,通过图像处理方法提取刀具的磨损量。张悦[113]设计与搭建了一套基于机器视觉的刀具磨损监测系统,采用灰度梯度与灰度矩阵精确定位磨损带边缘,然后重建磨损图像并提取磨损量。

由此可见,基于刀具表面图像的视觉监测方法有其特有的优点,直接从刀具的磨损图像出发,对磨损量进行测量,具有很好的准确性,该方法是一种比较理想的刀具状态监测方法。本书通过机器视觉手段对铣削加工刀具磨损进行监测,采用基于刀具表面图像的视觉监测方法,以期获得准确可靠的刀具磨损监测效果。

3.3.2 相机

工业相机作为机器视觉系统中的重要组件之一,其主要将感光信号转变成电信号以实现成像。工业相机选型是基于机器视觉的刀具状态监测系统设计中的重要内容,其关系到机器视觉系统所采集到的图像质量。在相机选型过程中主要考虑的硬件参数包括相机分辨率、快门方式、曝光时间和采集帧率等。其中,相机分辨率由工业相机使用的芯片分辨率决定。相机分辨率越高,意味着相同视野范围情况下物体监测精度越高;曝光时间是指相机快门从开启到关闭的时间间隔,曝光时间的动态调整范围主要取决于相机的快门方式;采集帧率是指工业相机捕获及传输图像的速率。图 3-7 为 Baumer 公司的工业相机展示图。

(a) LX双网口相机　　　　(b) LX万兆网接口相机

图 3-7　Baumer 公司的工业相机展示图

根据不同工作条件对视觉测量系统的要求,相机需要在视场范围下具有较高的分辨率以保证刀具磨损监测精度。但是,过高的相机分辨率意味着相机的价格昂贵,图像处理的速度也会变慢,因此需要协调好视场和精度的关系,选择合适的机器视觉硬件系统参数，达到刀具磨损监测的目的，保证生产过程的顺利进行。在本节中，视场和精度之间的关系是由刀具和刀杆参数以及监测精度决定的。给定视场和监测精度后，相机的分辨率可以由式（3-7）确定：

$$R_a \geqslant R_i = \frac{\text{FOV}}{A_c} \tag{3-7}$$

式中，FOV 为目标的宽度或高度（mm）；A_c 为通过机器视觉系统进行目标监测所需的精度（mm）；R_i 为理想计算条件下工业相机采集图像的像素总数（pixel）；R_a 为实际工业相机采集图像的像素总数（pixel），由工业相机分辨率决定。

在加工过程中，刀具固定在刀杆上并随之旋转。因此，相机的视场由刀杆参数决定，如式（3-8）所示：

$$\text{FOV} = \sin\left(\frac{90}{n}\right) R_h \tag{3-8}$$

式中，n 为固定在刀杆上的刀具数量；R_h 为刀杆的直径（mm）。

根据人工经验、试验和国内外研究，刀具磨损监测精度 $A_c = 50\mu\text{m}$ 为可以达到的有效的刀具磨损监测效果。因此，可以将 $A_c = 50\mu\text{m}$、刀杆尺寸和刀具数量代入式（3-7）和式（3-8）得到相机分辨率理想计算结果，在实际选择相机分辨率时，选择超过理想分辨率的相机即可。除此之外，相机需要具有较高的帧率以满足刀具磨损状态在线和实时监测的要求。为了保证拍摄图像的清晰，相机的帧率和主轴转速的关系如式（3-9）所示：

$$\frac{S_n \times \pi R_h}{60} < \frac{\text{FOV}_m}{\sigma} R_f \tag{3-9}$$

式中，S_n 为主轴转速（r/min）；FOV_m 为沿机床主轴旋转方向的视野大小（mm）；σ 为动态图像中允许出现刀具的数量；R_f 为相机的帧率。

3.3.3 镜头

在机器视觉系统中，镜头的作用是通过光束调制将观测目标成像到相机光敏面上的关键组件。镜头的质量特性直接影响机器视觉系统的最终成像效果。工业镜头是由一组折射率不同的透镜或非球面镜片构成的。由于镜片的选用材质和加工精度等客观因素，构成的镜头会出现成像误差，即畸变，主要影响最终成像的形状。因此，为了提高刀具磨损形状的测量精度，需要在满足放大倍数前提下尽可能选取畸变小的镜头。图 3-8 为 Edmund 公司的工业镜头展示图。

在机器视觉检测中镜头的选择至关重

图 3-8　Edmund 公司的 HEO 系列 M12 成像镜头

要，直接关系到获取图像的质量，随着现如今工业智能化的发展，工业摄像头的种类也不断得到发展和扩充。人们可以根据不同的检测需求，选择符合检测环境和被测物体的工业摄像头。常见的工业摄像头有以下几种，即广角镜头、标准镜头、长焦镜头、远心镜头和自动变焦镜头等，其中表 3-4 为常用的几种镜头类型以及其相应的特点和用途。

表 3-4 常用工业镜头分类

类型	特点	用途
广角镜头	焦距 24～35mm，视角和景深较大，图像易产生畸变	一般用于短距离检测，被测物体存在大面积缺陷的情况
标准镜头	焦距 45～75mm，锐利、紧凑、轻便，与人眼透视接近，便于真实还原被测物体	一般用于大批量人眼易识别的常规检测
长焦镜头	焦距 150～300mm，视角和景深较小，拍摄距离长，畸变大，对焦慢和画质差	一般用于对远距离大体积物体的甄别和筛选
远心镜头	拍摄图像的放大倍数恒定不变、无畸变且不存在视差问题	一般用于被测物体不处于同一平面的紧密检测
自动变焦镜头	焦距可随工作距离变化而自动变化，但图像质量较差	一般多用于自动化检测大小不等的被测物体

在镜头选择中应注意的有焦距、分辨率、景深、工作距离和视场角等关键因素。

（1）焦距（f）：从图 3-9 中可以看到焦距一般是指镜片光心到观测点中光的聚焦点的距离，通常用来当作衡量反射光源的聚焦和分散的指标。

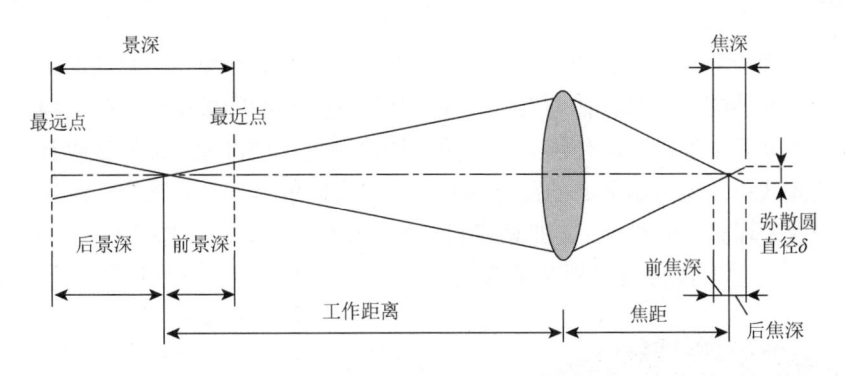

图 3-9 工业镜头成像示意图

（2）分辨率：一般用来衡量被测物体可被观测到的最小特征尺寸。分辨率的精度主要取决于其设计结构以及组成元器件的材料和加工精度。

（3）景深：如图 3-9 所示，景深是在保持一定分辨率的前提下，物体可被检测最远点位置和最近点位置之间的距离，其主要影响因素有焦距、光圈和物距等。

（4）工作距离：从图 3-9 中可以看出工作距离是被测物体表面到镜片光心的距离，在选型过程中工作距离一般可以调节外部支架和焦距。

（5）视场角：指镜头能够看到的最大范围，一般用角度 θ 表示。在视场选型中一般根据式（3-10）进行选择：

$$\theta = 2\arctan\left(\frac{d}{2f}\right) \quad (3\text{-}10)$$

式中，θ 为视场角；d 为物体成像对角线长度；f 为成像焦距。

针对独特的使用环境，可选用双远心镜头作为机器视觉监测系统的镜头，双远心镜头采用了一种独特的光路设计，且具有无透视误差、近乎零失真度、高分辨率、放大率一致和较长景深的优点，其光路设计如图 3-10 所示。但是，双远心镜头的缺点是该镜头需满足平行光进出，这意味着多大的拍摄视场就需要多大面积的平行光进入双远心镜头。进而，双远心镜头中镜片面积与拍摄视场呈正比关系，因此双远心镜头体积通常都比较大。

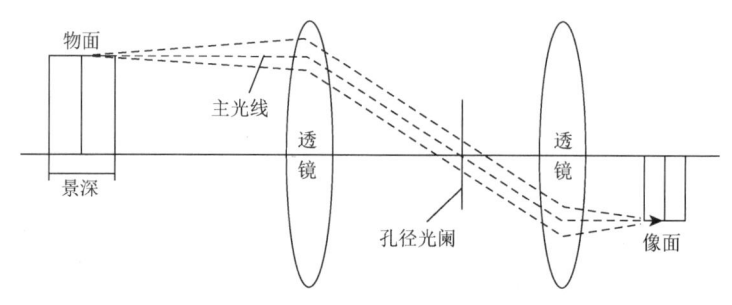

图 3-10 双远心镜头光路设计原理图

3.3.4 光源

在机器视觉检测中，光源的选择至关重要。良好的照明效果可以显著减少后续图像处理的工作量，并能够使被测物体中人们关注的特征在采集的图像中更加鲜明地展现出来。在机器视觉中光源主要起到的作用有：①照亮被检测物，使得镜头能够接收到从被测物体表面反射的光线；②增大所关心的部分和其他部分之间的差异，有效降低图像整体的复杂性对后期图像处理算法的要求；③抵消来自外界环境的干扰，提高整体系统的效率和精度。

获取良好质量的图像是机器视觉检测过程中的重要一环，它直接影响着图像处理的效率和检测结果的准确性[114]。一个光源系统的好坏主要从它的对比度、鲁棒性、使用寿命、使用成本和光照均匀性等方面来判断。光源的选型直接影响到捕获图像的成像质量，在光源设计时，需要综合考虑光源类型、布置方式以及与镜头匹配等多种因素。图 3-11 为维视智造 AFT-RL5428-29W 环形光源实物图。

图 3-11 AFT-RL5428-29W 环形光源实物图

在机器视觉检测中最常见的几种光源有 LED 灯、卤素灯和荧光灯等，它们各自的特点如表 3-5 所示。

表 3-5 不同光源的特点

类型	寿命	优点	缺点
LED 灯	10000~30000h	响应速度快，可调波长改变颜色	散热性能差，变频效果不好
卤素灯	1000h	亮度高	响应速度慢，没有亮度和色温变化
荧光灯	1500~3000h	扩散性好，适合大面积且均匀照射	亮度较暗并且响应慢

选择机器视觉的光源时，还要考验打光方式，在面对不同的检测环境和被测物体时就需要不同的打光方式，现在一般用的光源有穹形光源、同轴光源、环形光源、背光源、条形光源和点光源等，它们各自的应用场景如表 3-6 所示。

表 3-6 各种形式光源的适用范围

光源种类	适用范围
穹形光源	主要应用于检测球形、不平坦金属面、镜面和曲面物体的缺陷，如小滚珠、玻璃瓶、塑料表面和铝制容器等
同轴光源	主要应用于过滤反射光，常用于检测高亮度金属、玻璃等材料表面细节，能够有效地突出其表面的细节问题
环形光源	主要应用于检测各种集成电路、表面光滑划痕、物体尺寸大小、刻印标签、平面等的质量
背光源	主要应用于不透明物体的整体轮廓破损检测中，抑或透明物体中出现斑点、裂缝等问题时
条形光源	主要应用于包装文字检测，抑或反光率低的物体检测中，其本质上起到的是补光作用
点光源	主要应用于各种芯片检测、点定位和液晶晶片基底校正等

3.4 图像处理技术

由于通过图像采集系统获取的图像存在一定的局限性，在进行图像分析之前还需要对图像进行相应的预处理。图像的预处理主要是将图像像素通过一系列的数学模型运算进行重新分配和组合的一个过程，其主要目的是通过一系列的操作将后期图像处理中感兴趣的细节部分凸显出来，增强与其他部分的对比度。同时，还需尽量去除在拍摄和传输过程中产生的一些噪声干扰，进一步提高图像的质量。图 3-12 为柳国栋[115]研究盘铣刀磨损时的预处理流程图，其中包括刀具图像灰度化、图像滤波处理和图像分割后框定出检测区域。

3.4.1 图像的灰度处理

在机器视觉检测中，相机捕捉的图像通常以彩

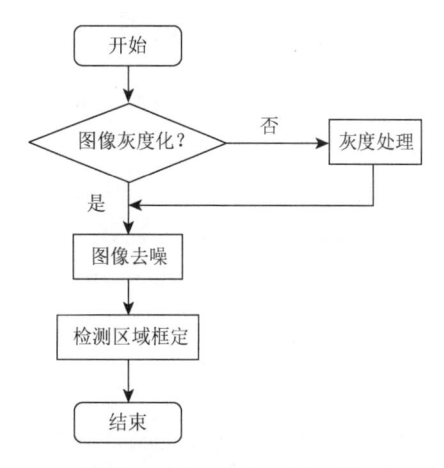

图 3-12 盘铣刀磨损预处理流程图

色形式呈现。然而，这些彩色图像在后续的图像处理过程中，由于其包含的色彩信息丰富，会显著增加数据运算的复杂度，进而提高整体图像处理的难度。因此，为了提高处理效率和突出检测细节，通常在图像处理的初期阶段，技术人员会将这些彩色图像转换为灰度图像。灰度图像不仅能够简化数据处理流程，减少运算量，而且由于其对比度更大，更能凸显出检测中的关键细节。图 3-13 为研究盘铣刀磨损时的盘铣刀片灰度化示意图，其中图 3-13（a）为盘铣刀片的 RGB 图像，图 3-13（b）为由 RGB 图像经过灰度化处理后形成的具有 256 等级的灰度图像，相较于 RGB 图像其略去了图像的色彩，保留了图像的主要细节部分。

(a) 盘铣刀片彩色图像　　　　　(b) 盘铣刀片灰度图像　　　　　(c) 灰度变化图像

图 3-13　盘铣刀片图像灰度化示意图[115]

在低灰度区域得到增强后则进一步希望将图像高灰度区域的背景进行去除，于是将原本的映射值进行裁剪，将灰度直方图中 0~100 级的图像进行伽马变换后（$\gamma=0.6$）均匀映射到 0~255 级图像中，形成了如图 3-13（c）所示灰度变化图像，从图中可以看出，经过变换后的灰度图像相较于灰度处理前图像背景部分的细节基本已经去除，图像缺损部分与完好部分的对比度也有了明显增强。

3.4.2　图像的去噪处理

在图像的成像、采集及传输过程中，会受到设备振动、光照、轴承套的油污、锈迹和摄像机本身因素等的影响而出现图像噪声，这些会造成采集到的图像质量下降，导致监测结果不可靠。因此，在对图像进一步处理前，先进行滤波处理，使得这些噪声不会对后续的缺陷监测产生影响。本节从图像噪声的来源、图像处理中常见的噪声种类及常见的去噪模型三个部分来介绍图像的去噪技术。

1. 图像噪声的来源

图像噪声的来源主要分为以下两个方面：在图像的采集过程中，采集摄像头构成的材料属性不同、电子元器件和电路结构分布安排存在差异、设备工作环境不尽相同等会引入各种不同的噪声，如热噪声、光子噪声、电流噪声和光响应非均匀性噪声等。同时，图像在传输过程中其数据会经过多种传输介质和存储设备，由于传输介质和存储设备的精确性无法做到百分之百,因此在传输过程中难免出现误差。上述两种情况都会造成一定的噪声污染。

2. 图像处理中常见的噪声种类

在图像处理中常见的噪声一般分为以下四种:高斯噪声、椒盐噪声、乘性噪声和泊松噪声[116]。

1) 高斯噪声

高斯噪声一般是指噪声的概率密度函数服从正态分布的一种噪声[63],其产生的主要原因为打光不均、监测环境昏暗以及电路结构过于紧密造成电子元器件之间相互干扰。

2) 椒盐噪声

椒盐噪声会造成图像中随机出现一些明暗相间的噪声点,而产生椒盐噪声的原因一般是图像切割,其产生于图像记录、传输信道和解码处理等环节中。

3) 乘性噪声

乘性噪声一般指多种信号同时传输,在传输信道中相互干扰叠加形成的一种噪声模式。

4) 泊松噪声

泊松噪声顾名思义其概率密度函数为泊松分布,这是一种随机产生的噪声形式。

3. 图像处理中常见的去噪模型

在图像处理中针对受噪声污染而降质的图像一般有两种改善方法:一种是考虑图像降质的原因,补偿降质因素,使得改善后的图像尽量逼近原始的图像,这种方法的例子有最小二乘约束复原、逆滤波器等,当图像的信噪比较高时这种方法能获得较好的效果,但其算法较复杂。另一种是不考虑降质原因,只针对图像中倒角的特征进行选择性突出,衰减掉其中的次要信息,例子有平滑滤波、中值滤波等方法,它可滤掉一定的噪声,但如果选择不恰当,就会造成图像模糊化。针对上述噪声,采用三种不同的滤波方式进行对比试验,其分别为中值滤波、均值滤波和高斯滤波。

1) 中值滤波

中值滤波是一种基于统计排序理论、可以有效抑制噪声的非线性空间滤波技术,它的基本思想是用像素点邻域内灰度值的中值来取代该像素点的灰度值,在去除噪声的同时保护好信号的细节。

中值滤波具体的算法步骤为:先在原始图像 $f(x,y)$ 中将当前像素点 (x,y) 作为中心,用一个 $m \times n$ 掩模取得 (x,y) 与其所在 $m \times n$ 大小的邻域内所有像素点的灰度值,再将这些灰度值从小到大排列,将其中的中值赋值给中心 (x,y),依次遍历原始图像得到新的图像 $g(x,y)$。这种方法使得拥有不同灰度值的点更加接近周围点的灰度值,因此相比于 $f(x,y)$,$g(x,y)$ 的噪声点会减少很多。中值滤波的数学描述如式(3-11)所示:

$$g(x,y) = \text{Median}[f(i,j)], \quad (i,j) \in S \tag{3-11}$$

式中,S 为以 (x,y) 为中心点的邻域模板的大小,其中 $S = mn$,n 和 m 分别为该邻域的长和宽。S 可以为十字形、方形和圆形等。

2）均值滤波

均值滤波一般有几何均值滤波和算术均值滤波两种，其主要是将邻域内所有像素的均值作为中间像素。它可以有效去除高斯噪声带来的干扰，几何均值滤波相比于算术均值滤波可以在达到同等效果的同时保留较多的图像细节，其数学表达式如式（3-12）所示：

$$g(x,y) = \prod_{(i,j)\in S} f(i,j)^{\frac{1}{mn}} \qquad (3-12)$$

均值滤波对高斯噪声非常有效，它能够除掉图像中的高频成分和锐化细节，但也会使边缘图像变模糊。

3）高斯滤波

高斯滤波是将邻域内所有像素点根据不同的位置赋予不同的权重值，靠近中心点(x,y)的权重值大，随着远离中心点权重值迅速减小。高斯滤波相比于均值滤波得到的去噪效果更加自然，其数学表达式如式（3-13）所示：

$$g(x,y) = \frac{1}{2\pi\sigma^2}\exp\left(-\frac{x^2+y^2}{2\sigma^2}\right) \qquad (3-13)$$

式中，σ为标准差，标准差的取值可根据实际需要进行设定，一般默认为0.5或0.8。

图3-14为利用以上三种模型去噪后所得图像，图3-14（a）为中值滤波去噪后图像，图3-14（b）为均值滤波去噪后的图像，图3-14（c）为高斯滤波去噪后的图像。

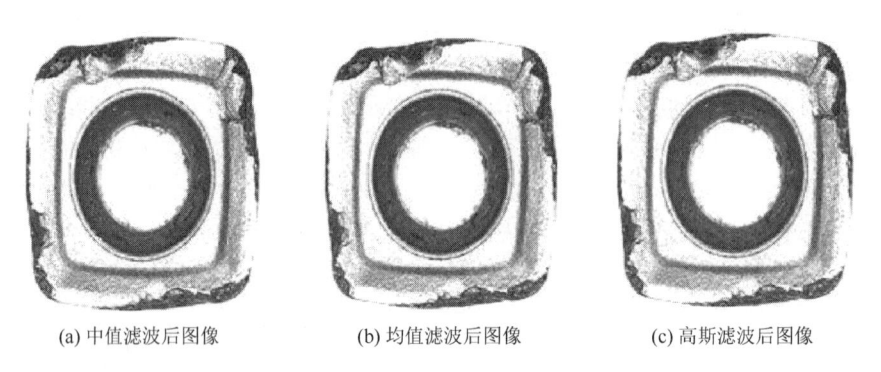

(a) 中值滤波后图像　　(b) 均值滤波后图像　　(c) 高斯滤波后图像

图3-14　去噪处理后的铣刀片图像[115]

3.4.3　图像检测区域的框定

1. 图像的阈值分割

原始图像经过预处理，得到了比较适合的用于缺陷检测的图像，但图像的研究应用中，一般只对图像中的某些部分倒角，此称为目标或前景，其他部分称为背景。图像分割就是把图像按像素灰度、纹理或颜色等分成各具特性的区域且提取出倒角目标的过程。

阈值分割是图像分割中最常用、最简单的方法，非常适用于目标与背景占据着不同灰度级范围的图像。阈值分割可以极大地压缩数据量，并简化分析步骤，因此它是进行图像分析、特征提取等复杂操作之前的一个必要预处理过程。

灰度阈值分割是基于区域的分割技术，它将每个像素点灰度值与一个指定的阈值 T 比较，根据是否超过该阈值将此像素点归于目标点或者背景点，阈值分割后的图像为二值图像。这里需事先指定阈值 T，若图像中某个像素点的值大于阈值，则将该点灰度值置为 255，否则置为 0。可见，阈值的选取是关键，阈值选择过低或过高都将影响目标点与背景点的划分，阈值若取得过低，则会使背景点被误判成目标点；阈值取得过高，又会使过多的目标点被误判成背景。

1）直方图阈值分割法

直方图是图像像素灰度值的函数，它的横坐标表示灰度值，纵坐标表示具有该灰度值的像素点个数。当采集到的图像的目标灰度与背景灰度相差较大时，图像的灰度直方图会呈现明显的双峰，如图 3-15 所示。

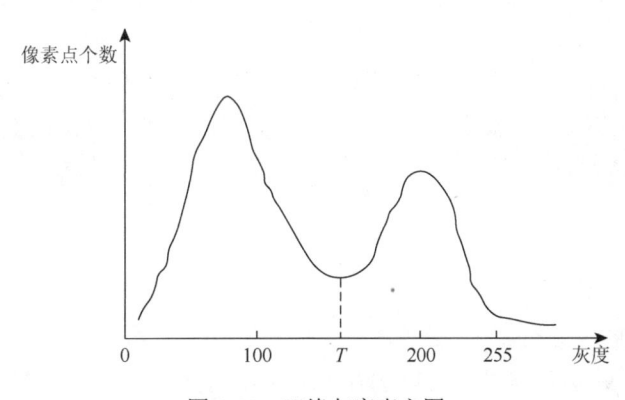

图 3-15 双峰灰度直方图

此时由于在两个峰值之间的目标边缘处的像素点数较少，形成了两峰之间的波谷，这时，可以选择波谷处的灰度值为阈值，将图像二值化，这时就可以较好地将目标与背景分割开。这种阈值分割方法简单，但对两峰值间相差较大、有平且宽的谷底的图像不适用。

2）OTSU 阈值分割法

OTSU 阈值分割法又称最大类间方差法，主要是一种根据图像部分灰度值与整体灰度值之间的关系，使图像在阈值分割后，图像前景和背景两类灰度值之间方差达到最大，其表达式如（3-14）所示：

$$g = \omega_1 \times (\mu - \mu_1)^2 + \omega_2 \times (\mu - \mu_2)^2 \tag{3-14}$$

式中，g 为前景和背景整体灰度值之间方差；ω_1 为目标区域与整体像素点比值；ω_2 为非目标区域与整体像素点比值；μ 为灰度的平均值；μ_1 为前景区域灰度平均值；μ_2 为背景区域灰度平均值。

3）人工选择法

除去上面介绍的几种自动阈值分割方法，人工选择阈值是阈值分割中较简单的一种。人工选择法是通过人眼的观察，人工选出合适的阈值；也可以在人工选出阈值后，根据分割效果不断地进行交互操作，从而选择出最佳的阈值。

2. 检测区域形态学处理

在对铣刀图像进行检测之前一般需要对检测区域进行截取，截取图像一方面可以减少检测过程中图像背景对检测结果的干扰，另一方面可以快速精准得到检测过程中感兴趣的部分以减少检测过程中的运算量，提升检测效率。图 3-16（b）所示在对阈值分割后的反向二值图像用矩形框框选时可以看出，矩形框框选的大多为破损部分细节，未对图像整体进行有效的框选。因此，想对图像整体进行有效的框选，需要先对图像内部细节部分进行形态学处理，其本质就是利用图像的膨胀和腐蚀操作将细节部分去除。

(a) 阈值分割后的反向二值图像　　　　(b) 用矩形框对图像进行框选

图 3-16　反向二值图像框选

1）图像的膨胀

根据图像处理的实际需求，可以选择不同的结构元素，并沿着图像边缘移动这些元素的中心。通过这种方式形成的新外部边界可以作为图像的新边界，从而使原本断裂的部分融合成一个整体。

2）图像的腐蚀

图像的腐蚀与膨胀相反，将结构元素中心沿图像边缘运动，并将其形成的内部边界作为图像新的边界，这样可以有效断开图像间的细微连接部。

3）图像闭运算

图像闭运算的主要目的是在不增大图像原有面积的情况下对图像之间的空隙进行填充，其具体流程是先膨胀再腐蚀，其表达式如式（3-15）所示：

$$A \cdot S = (A \cdot S) \ominus S \tag{3-15}$$

4）图像开运算

图像开运算是在不改变图像原有面积的情况下对图像之间细小的连接部分进行去除，它的操作流程与闭运算相反，其表达式如式（3-16）所示：

$$A \cdot S = (A \ominus S) \cdot S \tag{3-16}$$

图 3-17 为图像开/闭运算的结果，图 3-17（a）为 OTSU 阈值分割法阈值分割后反向二值图像，OTSU 阈值分割法保留了图像磨损部位大量信息，有效勾勒出图像边界点，并

且保留了大量杂质点图像。在对 OTSU 阈值分割法阈值分割后的反向二值图像做开/闭运算时，内部杂质点进行膨胀连接成片很容易得到去除内部细节的效果。文献[115]的形态学处理选用的结构元素为圆形，为充分对其内部进行填充，将其半径设为 100 个像素点，对图 3-17（a）进行闭运算后可得到图 3-17（b）。将图 3-17（a）和（b）对比后可以看出经过闭运算后的图形完美去除了图像内部细节并保留了图像外部轮廓。

(a) OTSU阈值分割法阈值分割后反向二值图像　　(b) 形态学处理后的二值图像

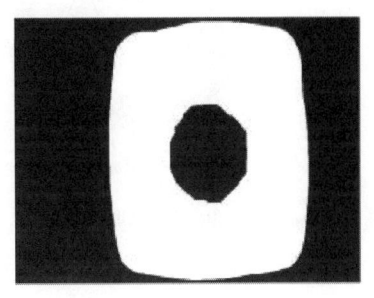

图 3-17　图像的形态学处理[115]

3. 图像检测部分框选

在得到形态学处理结果后利用特征提取中连通区域的最小矩形将图像检测部分进行框定，如图 3-18（a）所示，从图 3-18（a）中可以看出经过形态学处理后的图形进行矩形框定连通区域时，可以完美地对整个被测物体的图像进行框选。在完美框选图像后以线框为边界对检测图像进行截取。在截取完成后考虑到铣刀刀片实际上是 7×7 正方形刀具，由于摄像头在拍摄过程中选取的分辨率为 4032×3024，输出图像呈现为长方形。为了保证后续图像分析过程的准确，在截取图像时将图像的长宽像素比例改为 1∶1，得到如图 3-18（b）所示的调整后的截取图像。

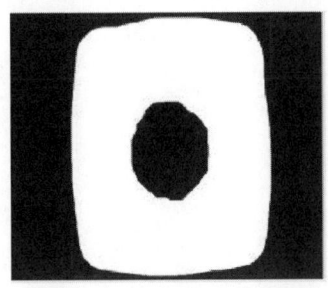

(a) 矩形线框框定检测部位图　　(b) 截取检测部位并调整图像比例

图 3-18　框定检测部位[115]

利用上述所得线框对高斯滤波后的原图像进行截取得到如图 3-19（a）所示的图像，图 3-19（a）所示的图像只是将图像外部背景区域通过截取的方式进行去除。将框选的正方形区域中心部位 6×6 的正方形区域像素改为 255 级使之与背景像素一致。形成如图 3-19（b）

所示的中部置白图像，这样做的好处是可以减少后期图像分析过程中中部杂质点对分析结果的影响，并且还可以减少分析运算量，提升检测效率。

(a) 根据框图截取原图像　　　　　(b) 将原图像中间部分置白

图 3-19　截取原图像检测部分

第4章 考虑各部件的机床性能评估

4.1 引　　言

　　机床的加工质量与机床性能是一一相关的。机床的性能直接影响加工精度、工作效率和工作可靠性等方面，而加工质量则直接反映了机床的工作性能。因此，要想获得高质量的加工成果，就必须对机床的性能进行全面的优化和控制。

　　导轨、丝杠和刀具是数控机床进给系统中的三个重要组成部分，它们分别承担着机床运动精度、传动性能和加工精度等方面的重要任务。本章将从以下几个方面探讨导轨、丝杠和刀具对机床性能的影响。

　　1. 导轨对机床性能的影响

　　导轨在数控机床进给系统中扮演着至关重要的角色，它负责承担机床的运动精度和稳定性等任务。如果导轨的加工质量不良，就会导致机床的加工精度下降，从而影响加工质量。此外，导轨的磨损也会对进给系统的摩擦特性造成影响，进而影响加工质量和机床性能。因此，要想获得高质量的加工成果，就必须保证导轨的加工质量，及时更换和补充导轨润滑油，以保证机床的正常工作。

　　2. 丝杠对机床性能的影响

　　丝杠是进给系统中的重要部件之一，它承担着将机床主轴的旋转运动转化为工作台或工件的直线运动的任务。如果丝杠的传动性能不良，就会导致工作台或工件的运动不稳定，从而影响加工精度和工作效率。此外，丝杠的磨损也会对进给系统的摩擦特性造成影响，进而影响加工质量和机床性能。因此，要想获得高质量的加工成果，就必须保证丝杠的加工质量，及时更换和补充润滑油，以保证机床的正常工作。

　　3. 刀具对机床性能的影响

　　刀具是机床加工过程中必不可少的工具，它承担了机床切削任务中的重要部分。如果刀具的加工质量不良，就会导致加工精度下降，从而影响加工质量。此外，刀具的磨损也会对机床的工作性能和加工精度造成影响。因此，要想获得高质量的加工成果，就必须保证刀具的加工质量，及时更换和补充刀具润滑油，以保证机床的正常工作。

　　综上所述，要想获得高质量的加工成果，就必须从多个方面入手，从机床结构、刚度、润滑环境等方面进行优化和控制，以确保机床的正常工作和提高加工质量。

4.2 导轨对机床性能的影响

4.2.1 导轨对重心驱动机构动力学性能的影响

重心驱动方式一般在移动组件重心与驱动力方向距离较大的 Y 轴和 Z 轴上采用,每个轴有两套平行安装的滚珠丝杠,支撑部件采用滚动直线导轨副结构。在滚珠丝杠和螺母接触处,循环运动的螺母包含很多围绕丝杠螺纹分布的滚珠接触点,所有接触力产生一个沿滚珠丝杠轴向的合力和运动,如果丝杠设计得很好,那么径向力的合力或弯曲应该很小。

本节以 MCH63 精密卧式加工中心 Y 轴采用重心驱动方式进行分析,对模型做以下基本假设。

（1）滑块、主轴箱及其承载的 Y 轴部件作为一个刚性整体,滑块与导轨之间为弹性接触。

（2）弹性形变满足小位移假设,运动组件的实际运动可视为刚体运动与弹性形变的叠加。

（3）驱动力方向与 Y 轴运动方向平行,且忽略滑块与导轨之间阻尼力与摩擦力的影响。

以机构处于静止状态时运动组件重心 O_1 的位置为坐标原点 O,建立惯性坐标系 $O\text{-}XYZ$, X、Y、Z 方向分别与机床 X 轴、Y 轴和 Z 轴方向平行,于是得到简化的 Y 轴运动组件模型如图 4-1 所示。其中, A_1、A_2 分别为驱动力的作用点, B_1、B_2、B_3 和 B_4 分别为 4 个滑块的中心点。设 $A_i(i=1,2)$ 和 $B_j(j=1,2,3,4)$ 与重心 O_1 在 X、Y、Z 三个方向上的距离分别为 l_{Ai} 和 l_{Bj}、s_{Ai} 和 s_{Bj}、h_{Ai} 和 h_{Bj},机构总质量为 M, A_1 和 A_2 处的驱动力分别为 F_1 和 F_2。机构在滑块 B_j 处的受力示意图如图 4-2 所示,滑块与导轨在 X 方向和 Z 方向的接触刚度分别为 K_H 和 K_V。

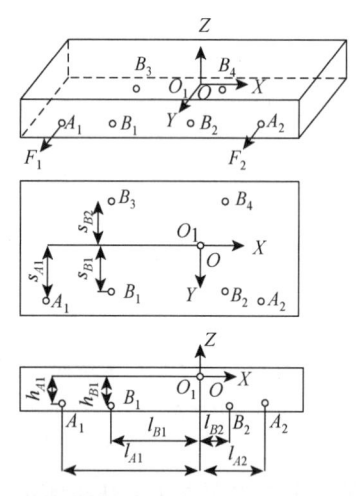

图 4-1 箱中箱结构简化的 Y 轴运动组件模型

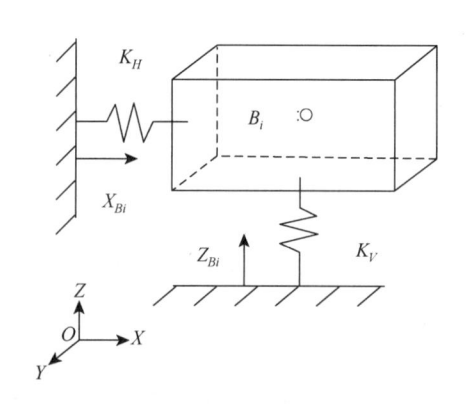

图 4-2 滑块受力示意图

第 4 章　考虑各部件的机床性能评估

显然，简化的 Y 轴运动组件模型是一个刚体的空间运动模型，具有 6 个自由度。取重心 O_1 为基点，以 O_1 为原点建立各坐标轴与惯性坐标系 $O\text{-}XYZ$ 平行的平移坐标系 $O_1\text{-}X_1Y_1Z_1$。则点 O_1 相对于惯性坐标系的坐标 X、Y、Z，以及刚体相对于平移坐标系的转角 α、β、γ 可作为确定刚体位置的 6 个广义坐标。取组件绕 X_1、Y_1、Z_1 的转动量分别为 I_x、I_y 和 I_z，则可得到系统的动能为

$$T = \frac{1}{2}M(\dot{x}^2 + \dot{y}^2 + \dot{z}^2) + \frac{1}{2}(I_x\dot{\alpha}^2 + I_y\dot{\beta}^2 + I_z\dot{\gamma}^2) \tag{4-1}$$

由几何关系可得每个滑块在 X 和 Z 方向的位移分别为

$$\begin{cases} x_{B1} = x + s_{B1}\sin\gamma + h_{B1}\sin\beta \\ x_{B2} = x + s_{B2}\sin\gamma + h_{B2}\sin\beta \\ x_{B3} = x - s_{B3}\sin\gamma + h_{B3}\sin\beta \\ x_{B4} = x - s_{B4}\sin\gamma + h_{B4}\sin\beta \end{cases} \tag{4-2}$$

$$\begin{cases} z_{B1} = z - s_{B1}\sin\beta - h_{B1}\sin\alpha \\ z_{B2} = z + s_{B2}\sin\beta - h_{B2}\sin\alpha \\ z_{B3} = z - s_{B3}\sin\beta + h_{B3}\sin\alpha \\ z_{B4} = z + s_{B4}\sin\beta + h_{B4}\sin\alpha \end{cases} \tag{4-3}$$

根据假设，α、β、γ 均为微小角位移，则 $\sin\alpha \approx \alpha$，$\sin\beta \approx \beta$，$\sin\gamma \approx \gamma$，所以式（4-2）和式（4-3）变为

$$\begin{cases} x_{B1} = x + s_{B1}\gamma + h_{B1}\beta \\ x_{B2} = x + s_{B2}\gamma + h_{B2}\beta \\ x_{B3} = x - s_{B3}\gamma + h_{B3}\beta \\ x_{B4} = x - s_{B4}\gamma + h_{B4}\beta \end{cases} \tag{4-4}$$

$$\begin{cases} z_{B1} = z - s_{B1}\beta - h_{B1}\alpha \\ z_{B2} = z + s_{B2}\beta - h_{B2}\alpha \\ z_{B3} = z - s_{B3}\beta + h_{B3}\alpha \\ z_{B4} = z + s_{B4}\beta + h_{B4}\alpha \end{cases} \tag{4-5}$$

系统的势能可表示为

$$U = \frac{1}{2}K_H\sum_{i=1}^{4}x_{Bi}^2 + \frac{1}{2}K_V\sum_{i=1}^{4}z_{Bi}^2 \tag{4-6}$$

利用拉格朗日方法，得到系统的动力学方程为

$$\frac{\mathrm{d}}{\mathrm{d}t}\left(\frac{\partial L}{\partial \dot{q}_j}\right) - \frac{\partial L}{\partial q_j} = Q_j, \quad j = 1,2,\cdots,6 \tag{4-7}$$

式中，L 为拉格朗日函数，$L = T - U$；q_j 为广义坐标，$q_1 = x$，$q_2 = y$，$q_3 = z$，$q_4 = \alpha$，$q_5 = \beta$，$q_6 = \gamma$；Q_j 为广义坐标方向上的广义力，有

$$\begin{cases} Q_1 = 0 \\ Q_2 = F_1 + F_2 \\ Q_3 = 0 \\ Q_4 = -(F_1 + F_2)h_{A1} \\ Q_5 = 0 \\ Q_6 = F_1 l_{A1} - F_2 l_{A2} \end{cases} \quad (4\text{-}8)$$

又由于滑块对称布置，可得到以下假设条件：

$$\begin{cases} l_{B1} = l_{B3} \\ l_{B2} = l_{B4} \\ s_{B1} = s_{B2} = s_{B3} = s_{B4} \\ h_{B1} = h_{B2} = h_{B3} = h_{B4} \end{cases} \quad (4\text{-}9)$$

结合式（4-8）和式（4-9）可得简化的系统运动微分方程为

$$\begin{cases} M\ddot{x} + 4K_H x + 4K_H h_{B1}\beta = 0 \\ M\ddot{y} = F_1 + F_2 \\ M\ddot{z} + 4K_V x + K_V(-2l_{B1} + 2l_{B2})\beta = 0 \\ I_x \ddot{\alpha} + 4K_V s_{B1}^2 \alpha = -(F_1 + F_2)h_{A1} \\ I_y \ddot{\beta} + 4K_H h_{B1}^2 \beta + 2K_V(l_{B1}^2 + l_{B2}^2)\beta + 2K_V(l_{B2} - l_{B1})z = 0 \\ I_z \ddot{\gamma} + 4K_H s_{B1}^2 \gamma = F_1 l_{A1} - F_2 l_{A2} \end{cases} \quad (4\text{-}10)$$

式（4-10）由状态方程变换到 s 域可得到由驱动力引起的轴位置响应为

$$\begin{cases} y(s) = \left(F_1(s) + F_2(s)\right)\dfrac{1}{Ms^2} \\ \alpha(s) = -\left(F_1(s) + F_2(s)\right)h_{A1}\dfrac{1/I_x}{s^2 + 4K_V s_{B1}^2/I_x} \\ x_{B3} = \left(F_1(s)l_{A1} + F_2(s)l_{A2}\right)\dfrac{1/I_z}{s^2 + 4K_H s_{B1}^2/I_z} \end{cases} \quad (4\text{-}11)$$

由式（4-11）可以看出，在两驱动力相等的条件下，当 $h_{A1} \to 0$ 且 $l_{A1} - l_{A2} \to 0$ 时，$\alpha \to 0$ 且 $\gamma \to 0$，即当驱动力的合力接近被驱动部件的重心时，绕 X 轴和 Z 轴旋转的位置响应趋近于零。也就是说，理想的重心驱动机构将能够抑制各轴进行驱动时产生的回转振动和弯曲，从而实现稳定驱动。

由上面分析可以看出，对重心驱动机构性能具有重要影响的主要设计参数包括滑块与导轨在法向和切向上的接触刚度 K_V 和 K_H、滑块与重心在 Y 方向上的距离 $s_{Bj}(j = 1, 2, 3, 4)$、滑块与重心在 X 方向上的距离 $l_{Bj}(j = 1, 2, 3, 4)$、驱动力作用点与重心在 X 方向上的距离 $l_{Ai}(i = 1, 2)$，以及驱动力作用点与重心在 Z 方向上的距离 $h_{Ai}(i = 1, 2)$ 等。

在前文进行重心驱动机构理论分析前的模型基本假设中，为了理论推导方便，假设了导轨滑块之间没有阻尼与摩擦的影响。而实际情况，导轨滑块之间是有阻尼力的，导轨滑块之间的刚度值与阻尼值统称为导轨滑块结合面的动力学参数。

4.2.2 箱中箱结构动力学建模

本节将在时域内利用虚拟样机技术，通过建立 MCH63 精密卧式加工中心箱中箱结构双驱动和单驱动力学模型，分别对应重心驱动机构的驱动力与结构重心的间距两种极端工况，即两驱动力关于重心对称分布与只有单一驱动力两种工况。模拟机床真实加工工况，仿真单、双驱动两种模型在其他动力学条件相同的情况下，箱中箱结构在机床加工工况下的动力学性能。

1. 多体动力学研究方法

数控机床的结构动力学建模是对数控机床进行动力学分析和动态设计的基础。只有建立起既能确切代表实际机床结构的动力学特性，又便于分析计算的动力学模型，才可能对数控机床的动态性能进行详细的分析计算，达到动力学分析和动态设计的预定目标。目前在机床的动力学建模中最常见的模型有集中参数模型、分布质量模型和有限元模型三种。集中参数模型是将结构的质量用分散在有限个适当点上的集中质量来置换，结构的弹性用一些没有质量的当量弹性梁来置换，结构的阻尼假设为迟滞型的结构阻尼，结合部位简化为集中的等效弹性元件和阻尼元件。但这种方法比较粗糙，不可能很好地逼近结构的动力学特性，于是有人提出分布质量模型，将构件看成质量均匀分布。随着计算机技术的发展，有限元模型得到了广泛的应用。有限元模型的基本过程首先是将机床离散成有限单元，即划分单元；接着对单元进行分片插值，选定有限元的逼近模式；然后构造单元的刚度矩阵、惯性矩阵、等效节点力列阵，集合单元的各特征矩阵为总刚度矩阵、总惯性矩阵，从而构成整个结构的有限元方程组。

多体动力学研究方法分多刚体动力学研究方法和多柔体动力学研究方法。

刚体动力学建模的基本对象主要是刚体系统，故这种建模方法有着一定的局限性。刚体系统是由刚体所组成的连续系统，刚体就是指在力的作用下不变形的物体，特点表现为其内部任意两点的距离都保持不变。刚体是一个理想化的系统模型，实际物体在力的作用下均会产生不同程度的形变。但是许多物体的形变十分微小，对研究物体的平衡问题不起主要作用，可以略去不计，这样就可使问题大为简化。刚体动力学建模方法就是利用已成熟的刚体动力学知识，主要是达朗贝尔-拉格朗日原理对刚体系统进行数学建模。

多刚体系统动力学是多柔体系统动力学的基础。但是，多柔体系统与多刚体系统有着完全不同的动力学性质，其研究方法也有着本质的区别。多柔体系统动力学问题的复杂性，使得多柔体系统在诸如动力学建模理论与方法、系统仿真、试验研究等方面要涉及诸如连续介质力学、结构动力学、计算数学、图论、现代控制理论、计算机软硬件技术、试验力学等众多学科领域，这就推动了许多相关学科的进一步发展和相互交叉渗透。作为研究应用工具的计算机技术的进步更加快了该学科的发展，更具实际应用价值。可以说，多柔体系统动力学研究已成为当今力学研究中最有活力的分支之一。

2. 多刚体系统动力学研究方法

对于由多个刚体组成的复杂系统,理论上可以采用经典力学的方法,即以牛顿-欧拉方程为代表的矢量力学方法和以拉格朗日方程为代表的分析力学方法。这些方法对于单刚体或者少数几个刚体组成的系统是可行的,但随着刚体数目的增加,方程复杂度成倍增长,寻求其解析解往往是不可能的。计算机数值计算方法的出现,使得面向具体问题的程序数值方法成为求解复杂问题的一条可行途径,即针对具体的多刚体问题列出其数学方程,再编制数值计算程序求解。对于每一个具体的问题都要编制相应的程序进行求解,虽然可以得到合理的结果,但过程重复烦琐,于是寻求一种适合计算机操作的程式化的建模和求解方法变得非常迫切。在 20 世纪 60 年代初期,在航天和机械领域,分别展开了对多刚体系统动力学的研究,并且形成了各具特色的不同派别的研究方法。

最具代表性的几种方法是凯恩(Kane)方法、旋量方法、罗伯森-维腾堡(Roberson-Wittenburg)方法和变分方法等。

1) 凯恩方法

凯恩方法是在 1965 年左右形成的一种分析复杂系统的方法,利用广义速率代替广义坐标描述系统运动,直接使用达朗贝尔原理建立动力学方程,并将矢量力与达朗贝尔惯性力直接向待定的基矢量方向投影以消除理想约束反力,兼有矢量力学和分析力学的特点,既适用于完整系统也适用于非完整系统。

2) 旋量方法

旋量方法是一种特殊的矢量力学方法(或牛顿-欧拉(Neuton-Euler)方法,简称 N-E 方法),其特点是将矢量与矢量矩合为一体,采用旋量的概念,利用对偶数作为数学工具,使 N-E 方程具有简明的表达形式,在开链和闭链空间机构的运动学和动力学分析中得到广泛运用。

3) 罗伯森-维腾堡方法

罗伯森与维腾堡于 1966 年提出一种分析多刚体系统的普遍性方法,简称 R-W 方法。此方法的主要特点是利用图论的概念及数学工具描述多刚体系统的结构,以邻接刚体之间的相对位移作为广义坐标,导出适合任意多刚体系统的普遍形式的动力学方程,并利用增广体概念对方程的系数矩阵做出物理解释。R-W 方法以十分优美的风格处理了树结构多刚体系统,对于非树系统,则通过铰切割或刚体分割方法将非树系统转变成树系统进行处理。

4) 变分方法

变分方法是不同于矢量力学或分析力学的另一类分析方法,其基本原理是高斯最小约束原理,波波夫和里洛夫从这一原理出发开发了两种不同风格的计算方法。该方法有利于结合控制系统的优化进行综合分析,而且由于其不受铰约束数目的影响,适用于带多个闭环的复杂系统。

上述几种方法构成了早期多刚体系统动力学的主要内容,借助计算机数值分析技术,可以解决由多个刚体组成的复杂机械系统动力学分析问题。

3. 多柔体系统动力学研究方法

多柔体系统动力学近年来快速发展的主要推动力是传统的机械、车辆、军械、机器人、航空，以及航天工业的现代化及高速化。传统的机械装置通常比较粗重，且动作速度较慢，因此可以视为由刚体组成的系统。而新一代的高速、轻型机械装置，要在负载自重比很大、动作速度较高的情况下实现准确的定位和运动，这时其部件的形变，特别是形变的动力学效应就不能不加以考虑。粗略地讲，多刚体动力学所侧重的是"多体"这一方面，研究各个物体刚性运动之间的相互作用，即其对系统动力学行为的影响；多柔体动力学则侧重"柔性"这一方面，研究物体形变与其整体刚性运动的相互作用或耦合，以及这种耦合所导致的独特的动力学效应。形变运动与刚性运动的同时出现及其耦合正是多柔体系统动力学的核心特征。从计算多体系统动力学角度看，多柔体系统动力学的数学模型首先应该和多刚体系统与结构动力学有一定的兼容性。当系统的柔性形变可以不计时，即退化为多刚体系统。当部件间的大范围运动不存在时，即退化为结构动力学问题。在多体系统动力学系统中，刚体部分无论是建模、数值计算、模拟，前人都已做得相当完善，并已形成了相应的软件。但对多柔体系统的研究才开始不久，并且柔体完全不同于刚体，出现了很多刚体动力学中不曾遇到的问题，如复杂多体系统动力学建模方法的研究、复杂多体系统动力学建模程式化与计算效率的研究、大形变的复杂多体系统力学研究、方程求解的 Sti 数值稳定性的研究、刚柔耦合高度非线性问题的研究、刚体-柔体-液压-控制组合的复杂多体系统的运动稳定性理论研究。

推导多柔体系统动力学控制方程的基本原理和方法与一般的力学问题一样，可分为三类。

第一类为牛顿-欧拉（N-E 方法）。

第二类为以拉格朗日方程为代表的分析力学方法，还有其他力学原理，如哈密顿原理、虚位移原理和虚速度原理等。尽管拉格朗日方法推导公式烦琐，但在多柔体系统动力学中有着重要的应用。基于达朗贝尔原理，引入偏速度、偏角速度，导出动力学方程的方法习惯上称为凯恩方法。它避开了动力学函数的微分运算，适合于计算机符号推导和编程，但是它不直观。对于不复杂的系统，人们宁肯采用较直观的虚功形式的达朗贝尔原理，甚至直接采用 N-E 方法。还应指出，由达朗贝尔原理得出的方程可以很方便地同多刚体动力学和有限元技术相衔接。

第三类方法是基于高斯（Gauss）原理等具有极小值性质的极值原理。这个方法开辟了一个不必建立运动微分方程的新途径，可直接应用优化计算方法进行动力学分析。

4. 箱中箱结构单、双驱动刚柔耦合模型的建立

为了便于分析 MCH63 的重心驱动技术的动力学优势，这里将利用虚拟样机技术，通过三维建模软件 SolidWorks、动力学分析软件 RecurDyn 及有限元分析软件 ANSYS 搭建动力学仿真平台，分别建立其箱中箱结构 X、Y 方向进给传动系统的单、双驱动多体动力学模型。为提高模型的精度，有些部件在加工过程中产生的形变对机床整机振动的影响则不可忽略。将丝杠、螺母、电主轴、铣刀处理成柔体，建立刚柔耦合多体动力学模型进行动力学仿真，仿真流程如图 4-3 所示。

RecurDyn 是由韩国 FunctionBay 公司基于递归算法开发的多体动力学仿真软件。它采用相对坐标系运动方程理论和完全递归算法，适合求解大规模及复杂接触的多体动力学问题。借助于多柔体动力学（multiflexible body dynamics，MFBD）分析技术，RecurDyn

可以更加真实地分析出机构运动中部件的形变、应力及应变。它还具有接触分析能力，有丰富的接触类型来满足工程上快速求解复杂问题的需要。它不仅可以模拟刚-柔和柔-柔接触碰撞问题，而且可以考虑柔体的大形变和非线性行为，拓展了结构动力学分析软件的应用领域。目前该软件已广泛应用于航空航天、军事装备、工程机械、汽车、铁道、船舶机械及其他通用机械等行业。

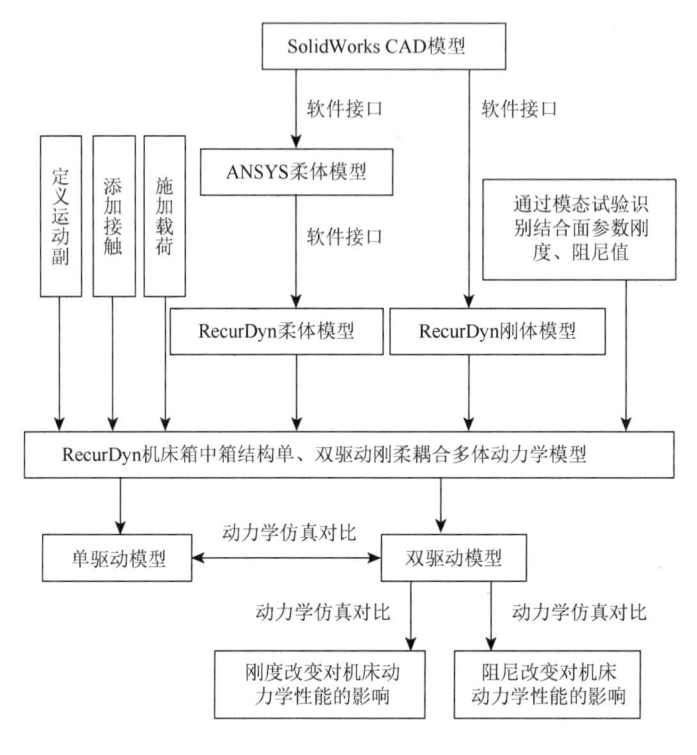

图 4-3 动力学仿真流程图

首先在 SolidWorks 中建立机床三维 CAD 模型，然后以 parasolid 格式导入 RecurDyn，将第 3 章中得到的导轨滑块结合面特性参数刚度、阻尼值作为接触参数导入 RecurDyn 中，定义导轨滑块结合面的接触，各部件的材料属性如表 4-1 所示。

表 4-1 箱中箱部件材料属性

名称	材料	弹性模量/10^5MPa	泊松比	密度/(kg/m³)
主轴箱	HT300	1.3	0.27	7350
立滑板	HT300	1.3	0.27	7350
滚珠丝杠	GCr15	2.08	0.3	7800
滑块	马氏体不锈钢	1.93	0.31	7750
导轨	马氏体不锈钢	1.93	0.31	7750
电机座	HT300	1.3	0.27	7350
轴承座	HT300	1.3	0.27	7350
主轴	GCr15	2.08	0.3	7800

在 RecurDyn 中定义材料属性添加运动副施加载荷和运动。机床双驱动进给系统拓扑结构如图 4-4 所示，图中 1、2、3、4 分别表示固定副、旋转副、丝杠螺母副、平移副。单驱动进给系统与双驱动进给系统的区别是 X、Y 方向只有单电机驱动单丝杠传动。单、双驱动结构的主要区别如图 4-5 和图 4-6 所示。

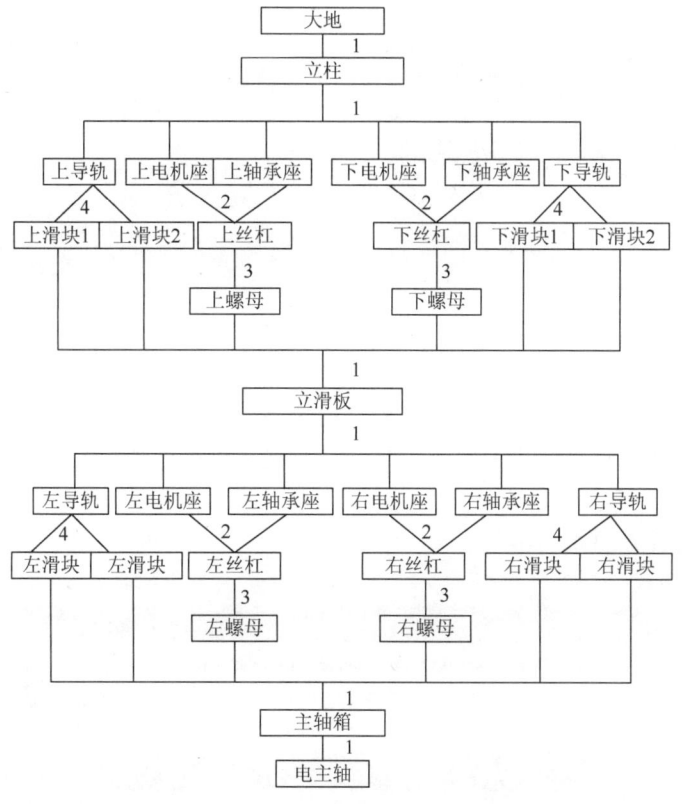

图 4-4　双驱动结构箱中箱拓扑结构

图 4-5　单驱动结构示意图　　　　图 4-6　双驱动结构示意图

5. 导轨滑块接触参数定义

在机床箱中箱进给系统中共有 4 根导轨, 8 个滑块; 每个滑块和相应的导轨建立 9 个接触, 其中 1 个为法向接触, 其他 8 个为切向接触, 总共建立了 72 个接触。导轨和滑块的接触面结构如图 4-7 所示, 添加完后的视觉效果如图 4-8 所示。

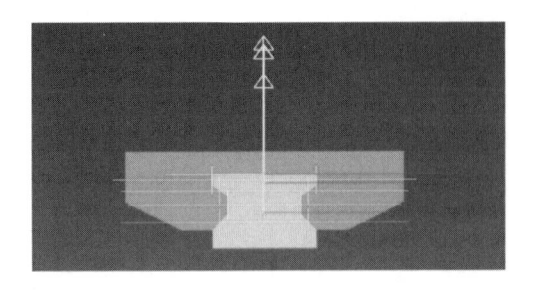

图 4-7　导轨滑块接触面示意图　　　　图 4-8　导轨滑块接触的添加

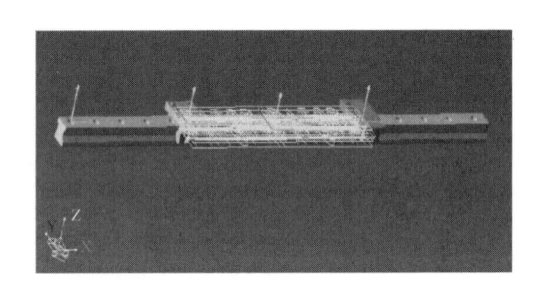

线性接触的定义关键在于刚度、阻尼、扭转刚度和扭转阻尼等参数的选取, 这直接影响机械多体系统的仿真结果。第一种方法是直接采用经验值, 另一种是通过参数识别试验来获取。

接触参数设置界面如图 4-9 所示。

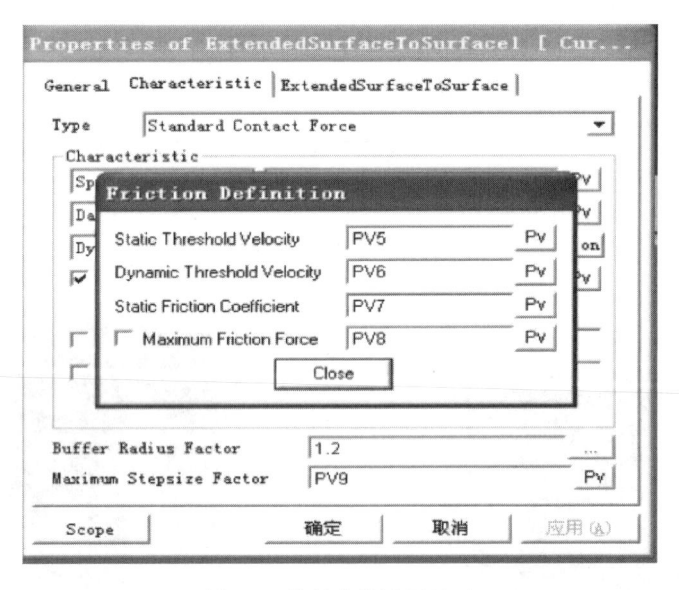

图 4-9　接触参数设置界面

关于参数的设置, 由于采用的是导轨和滚珠滑块, 摩擦系数都比较小, 对系统的影响相对较小, 摩擦系数设为零, 主要考虑接触刚度系数和阻尼系数对机床进给系统的影响。按表 4-2 所示定义法向刚度、法向阻尼值、切向刚度与切向阻尼值。

第 4 章 考虑各部件的机床性能评估

表 4-2 接合面刚度、阻尼值

方向	接触刚度/(10^8N/m)	接触阻尼/(N·s/m)
法向	5.05	1829
切向	1.45	836

下面主要介绍最大浸入深度的设定。如图 4-10 所示,为 1、2、3 三个小球和板 4 之间接触时的受力示意图。第一种情况下,如果设定的最大浸入深度为 d_1,而小球 1 的实际浸入深度 a 小于 d_1,那么计算它们之间的接触力。第二种情况下,如果设定的最大浸入深度为 d_1,而小球的实际浸入深度 b 大于 d_1,这时程序将不再计算其接触力。第三种情况,如果设定的最大浸入深度为 d_2,而小球 3 在图示位置,则当成接触计算,而且当前的浸入深度为 c,按照接触力计算方程 $f_n = K\delta^{m1} + C\frac{\dot{\delta}}{|\dot{\delta}|}|\dot{\delta}|^{m2}\delta^{m3}$ 计算将会产生一个很大的接触力,若此时设置的最大浸入深度为 d_1,则小球 3 位置已远远超过 d_1,则不再计算其接触力。另外,根据接触力方程来分析,若设定的模型的接触刚度过小将会造成物体实际浸入量大于最大浸入量从而使模型仿真时发生真正的穿透现象,而且最大浸入量设置不合理也会导致计算量很大,数据处理速度慢。经多次试验后发现最大浸入深度设置为 1mm 左右比较合适。

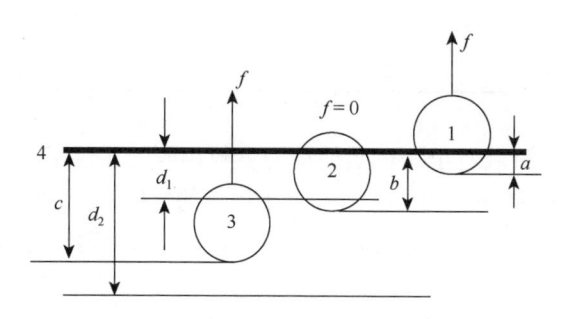

图 4-10 最大浸入深度设定原理图

4.2.3 箱中箱结构动力学仿真分析

在 4.2.1 节中已经分析了影响重心驱动机构动力学性能的设计参数,在频域对其中的导轨滑块拓扑结构,即导轨间距和同一导轨上两滑块间距对重心驱动的动力学性能的影响进行仿真分析。本节将在时域中对驱动力作用点与重心在 X 方向上的距离,以及导轨滑块结合面参数刚度、阻尼值进行动力学仿真分析。

对于驱动力作用点与重心在 X 方向上的距离对重心驱动机构动力学性能影响的分析,本节将结合机床实际加工工况,取极端情况。驱动力作用点对称分布情况即箱中箱双丝杠传动动力学模型,不对称分布情况即箱中箱单丝杠传动动力学模型。

对以上得到的箱中箱结构单、双驱动刚柔耦合多体动力学模型添加运动和受力。定义运动:X、Y 轴理论进给速度为 100mm/s,刀具所受切削力 $F(t) = 3000\sin(5\pi t)$N,设定仿真时间为5s。对 X 轴进给速度和铣刀 Z 轴振动幅值分别进行单、双驱动模型的仿真对比，对比曲线如图4-11和图4-12所示，速度幅值和振动幅值如表4-3所示。

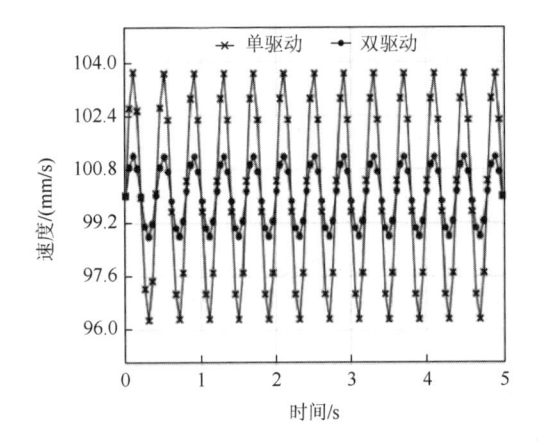

图 4-11　单、双驱动 X 轴进给速度对比

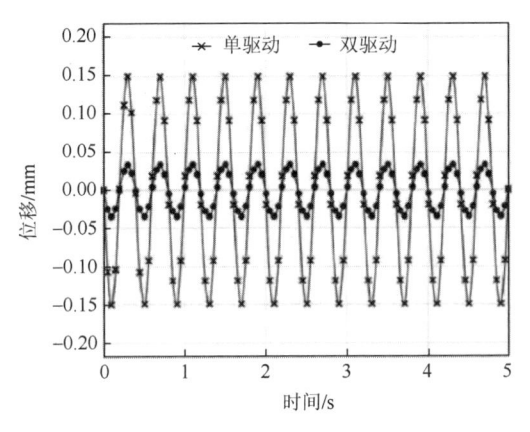

图 4-12　单、双驱动铣刀 Z 轴方向振动对比

表 4-3　单、双驱动速度幅值和振动幅值对比

驱动形式	X 轴进给速度幅值/(mm/s)	铣刀 Z 轴振动幅值/mm
单驱动	103.6	0.15
双驱动	101.2	0.034

从上面的仿真结果可以看出，在其他动力参数相同的条件下，采用双驱动形式实现"重心驱动"的 MCH63 精密卧式加工中心对比传统的单驱动形式，其进给速度波动量和铣刀振动量都有明显的改善，从而验证了重心驱动机构两驱动动力对称分布的必要性。

1. 刚度值对机床箱中箱结构动力学性能的影响

在阻尼值一定的条件下，改变刚度值，仿真对比结合面刚度值改变对箱中箱结构双驱动形式动力学性能的影响。阻尼值取 1000N·s/m，刚度值在 $1\times10^4 \sim 1\times10^{10}$N/m，平均取 7 个值，定义 X、Y 轴运动速度为 100mm/s，刀具所受切削力为 $F(t)=3000\sin(5\pi t)$N，仿真时间为 5s，仿真得到刚度值改变对 X 轴进给速度和铣刀 Z 轴方向振动幅值的影响，如图 4-13 所示。

2. 阻尼值对机床箱中箱结构动力学性能的影响

在刚度值一定的条件下，改变阻尼值，仿真对比导轨滑块结合面阻尼改变对双驱动形式机床动力学性能的影响，刚度值取 1×10^8N/m，阻尼值在 400～1600N·s/m，平均取 7 个值，定义 X、Y 轴运动速度为 100mm/s，刀具所受切削力为 $F(t)=3000\sin(5\pi t)$N，仿真时间为 5s，仿真得到阻尼改变对 X 轴进给速度和铣刀 Z 轴方向振动幅值的影响，如图 4-14 所示。

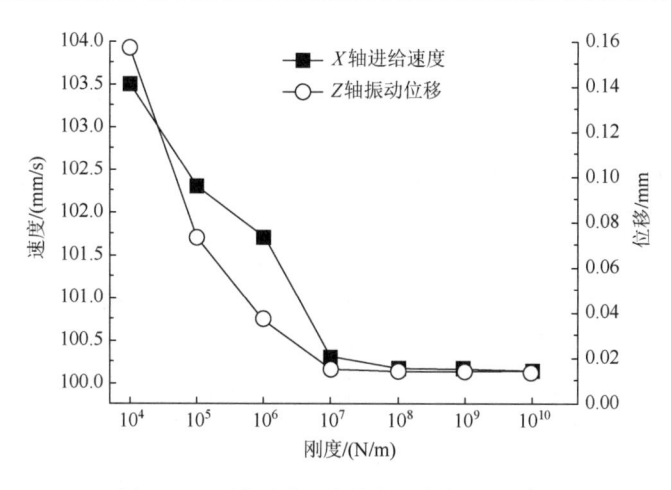

图 4-13　刚度改变对机床振动的影响折线图

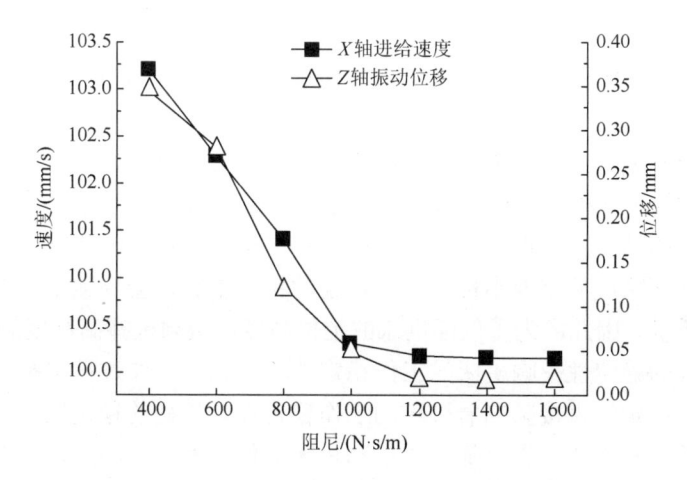

图 4-14　阻尼改变对机床振动的影响折线图

根据前两节分析可知，驱动力作用点与重心之间的距离，以及导轨滑块结合面动力学参数刚度、阻尼值是影响重心驱动机构动力学性能的重要设计参数。仿真结果显示，在同样动力学条件下，双驱动箱中箱结构比单驱动箱中箱结构进给速度波动小，铣刀振动位移小，表明驱动力作用点与重心对称的必要性。导轨滑块结合面动力学参数刚度越大，阻尼越大，机床箱中箱结构进给速度波动越小，铣刀振动位移越小。当刚度阻尼值达到一定数值时，机床箱中箱结构进给速度波动与铣刀振动位移趋于稳定。

导轨对机床性能有很大的影响，从以下几个方面说明。

（1）精度：导轨直接决定了机床的运动精度。高精度导轨可以提供更好的定位稳定性和重复性，从而使机床能够实现更高的加工精度。导轨的平整度、平行度和垂直度等参数都会对机床的精度产生影响。

（2）刚性：导轨的刚性决定了机床的抗形变能力。高刚性导轨可以有效地抵抗振动和形变，确保机床在高速运动和重负荷下仍能保持稳定。较低的刚性则可能导致机床产生振动和形变，降低加工质量和稳定性。

（3）平滑性：导轨表面的光洁度和润滑情况直接影响机床的平滑性和噪声水平。光滑的导轨表面可以减少摩擦和磨损，提高机床的工作效率，并延长其使用寿命。同时，适当的润滑可以减少摩擦阻力，降低噪声产生。

（4）寿命：导轨的材料和制造工艺直接决定了其使用寿命。高质量的导轨通常具有较长的寿命，维修和更换的频率低，能提高机床的可靠性和生产效率。

（5）维护：导轨的维护保养也是影响机床性能的重要因素。定期清洁和润滑导轨，保持其表面的平整度和光洁度，可以延长导轨的使用寿命并确保机床正常运行。

总体而言，高质量的导轨可以提高机床的加工精度、稳定性，并延长其寿命，降低噪声水平和维护成本。因此，在选择机床时，导轨的质量和性能应着重考虑。

4.3　丝杠对机床性能的影响

数控机床是现代生产制造的常用设备，丝杠作为进给系统的重要传动部件，对机床的性能有很大影响。丝杠发生磨损后，传动系统机械性能降低，伺服参数若不对应调整，会严重影响加工产品质量。

丝杠是数控机床进给系统中的重要组成部分，它负责将机床的运动控制信号转化为机械运动。在数控机床中，丝杠的精度和稳定性对机床的性能有着重要的影响。

首先，丝杠的精度影响机床的定位精度。定位精度是指机床能够准确地定位工件的位置，是机床加工精度的重要指标之一。丝杠的精度不高，会导致工件的定位不准确，从而影响加工质量。因此，为了保证机床的定位精度，必须选择高精度的丝杠。

其次，丝杠的稳定性影响机床的工作稳定性。机床在工作过程中会产生各种振动和形变，而丝杠的稳定性直接影响着机床的工作稳定性。丝杠的稳定性不好，就会导致机床产生剧烈的振动和形变，影响加工质量和机床的使用寿命。因此，在选择丝杠时，需要考虑其结构稳定性和材料强度等因素。

再次，丝杠的尺寸和质量也对机床性能产生影响。丝杠的尺寸越大，传动效率越高，但是过大的尺寸会导致丝杠的转动惯量增大，从而影响机床的动态响应性能。同时，丝杠的质量也会影响机床的传动性能。丝杠的质量过大，不仅会增加机床的重量，还会增加机床的惯性矩，影响机床的动态响应性能。

最后，丝杠的材质对机床性能也有一定影响。常用的丝杠材质有不锈钢、铜、铝等，不同的材质会影响丝杠的耐腐蚀性、强度和硬度等特性。对于某些需要长时间在高温环境下工作的机床，需要选择具有高温适应性的高强度材料。

综上所述，丝杠是数控机床进给系统中不可或缺的组成部分，它对机床的性能和寿命有着重要的影响。在选择和使用丝杠时，需要注意其精度、稳定性、尺寸、质量和材质等因素，以保证机床的加工质量和较长的使用寿命。

4.3.1　进给系统动力学建模及丝杠磨损的影响分析

丝杠磨损会引起滚道表面形貌改变，使得丝杠副的传动性能变化，从而影响进给系统的运动。在分析丝杠磨损对进给系统动态特性的影响前，需要建立合理的动力学模型。本节通过进给系统的组成及运动的相关分析，推导伺服控制系统和机械传动系统的数学模型，搭建并简化 Simulink 仿真模型，分析工作台运动精度的影响因素和丝杠磨损的影响，并建立相应的试验平台。

1. 数控机床进给系统的组成

数控机床是现代生产制造中的常用设备，其主轴和工作台的运动都离不开进给系统。机床进给系统包括数控系统、伺服驱动装置、传动机构、执行单元、反馈单元等主要部件。进行数控加工时，操作人员编写的程序 G 代码经数控系统解码、插补运算后转换为相应的指令信息，下发至伺服驱动装置。伺服驱动装置会对比反馈单元信息与指令信息，不断调整电机的旋转。电机轴的转动经传动机构转化成执行单元的运动，最终达到控制机床运动的目的。目前数控机床多以滚珠丝杠副作为传动机构，用联轴器来连接电机轴和丝杠，机械传动系统结构组成如图 4-15 所示。

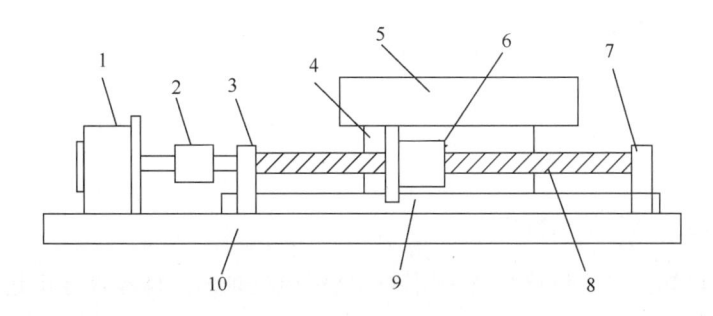

图 4-15 机械传动系统结构组成

1. 伺服电机；2. 联轴器；3. 左轴承组；4. 导轨滑块；5. 工作台；6. 丝杠螺母；7. 右轴承组；8. 滚珠丝杠；9. 导轨；10. 底座

直驱式的进给系统导轨和轴承部件都采用滚动滑动，大大减少了运动时工作台和导轨间、丝杠和轴承间因接触产生的摩擦，提高了进给系统的传动效率。使用小惯量联轴器连接电机轴和丝杠，改善了因几何装配误差引起的精度不良问题。

2. 伺服控制系统数学模型建立

为达到要求，机床控制系统常采用三环串联式控制结构。伺服系统三环串联式控制环路如图 4-16 所示。

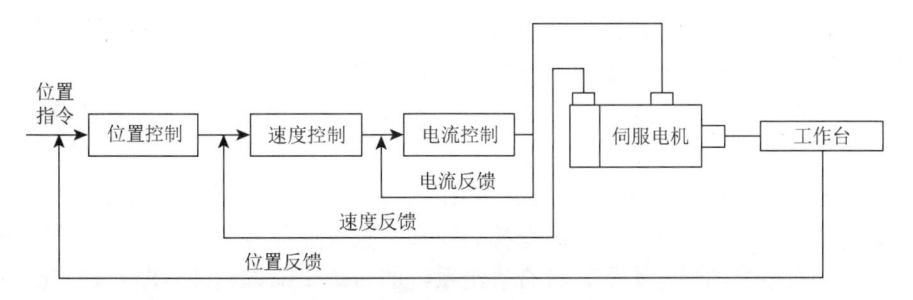

图 4-16 伺服系统三环串联式控制环路

最里面是电流环,置于伺服驱动装置内部;中间部分是速度环,通过编码器监测电机的实时转速,并与指令速度进行比较来调整电机轴的运动;最外环是位置环,通过光栅尺测量工作台的实际位置,并采用负反馈 PID(比例-积分-微分)控制来调整电机转角。

伺服系统的速度环一般采用 PI(比例-积分)控制,编码器检测速度与指令速度的差值经 PI 控制器调节后输出至电流环。速度环的数学模型为

$$u(t) = K_p \left(e(t) + \frac{1}{T_i} \int e(t) \mathrm{d}t \right) \quad (4-12)$$

式中,K_p 为速度环增益;T_i 为速度环积分时间常数;$e(t)$ 为 t 时刻指令速度与实际速度的差值;$u(t)$ 为 t 时刻 PI 控制器的输出,输入到电流环路中。

位置环采用比例控制,工作台实际位移和指令位移的差值经比例放大后输出到速度环,位置环的数学模型为

$$\omega(t) = K \cdot \varepsilon(t) \quad (4-13)$$

式中,K 为位置环增益;$\varepsilon(t)$ 为 t 时刻指令位置与实际位置的差值;$\omega(t)$ 为 t 时刻比例控制器的输出,输入到速度环路中。

3. 机械传动系统数学模型建立

由图 4-15 可知,机床进给系统采用联轴器将电机轴与滚珠丝杠连接起来,使得电机能带动丝杠旋转,控制工作台的运动。机床进给系统的摩擦力矩平衡方程为

$$T_l = T_a + T_f + T_c \quad (4-14)$$

式中,T_l 为滚珠丝杠的输入摩擦力矩;T_a 为进给系统的总惯性力矩;T_f 为进给系统的总摩擦力矩,包括导轨滑块和直线导轨、滚珠与滚道、丝杠与轴承接触面等多种摩擦;T_c 为工件加工产生的等效切削力矩。

伺服进给系统的总惯性力矩为

$$T_a = J \frac{\mathrm{d}\omega_m}{\mathrm{d}t} \quad (4-15)$$

式中,ω_m 为电机转速;J 为进给系统的总转动惯量,包括工作台等直线部件的等效转动惯量及丝杠、丝杠螺母、联轴器等旋转部件的转动惯量。

伺服系统在控制电机驱动工作台运动的过程中,由于机床零件本身加工误差、零件间配合误差和摩擦等因素的存在,丝杠转速或工作台运动速度并不是恒定的,速度的偏差经伺服系统反馈调节引起电机驱动电流变化,使得丝杠输入摩擦力矩发生改变。图 4-17 为进给系统空运行状态下丝杠的实时摩擦力矩和实时转速信号,图 4-17(a)中加速过程较匀速过程存在明显的惯性力矩,符合进给系统的转矩平衡方程;由图 4-17(b)可知,在匀速进给阶段,电机的转速并不稳定,在一定范围内变化,速度偏差经系统的反馈调

节后会对电机输出摩擦力矩产生影响，所以匀速运动阶段丝杠摩擦力矩是变化的，而摩擦力矩变化会对工作台产生冲击，进而影响工作台的运动。

对滚珠丝杠副传动系统的结构进行适当简化，丝杠及其螺母都视为刚性件，丝杠螺母副看成弹簧阻尼系统，不考虑滚珠与丝杠滚道之间的间隙。简化后的机械传动系统动力学模型如图4-18所示。

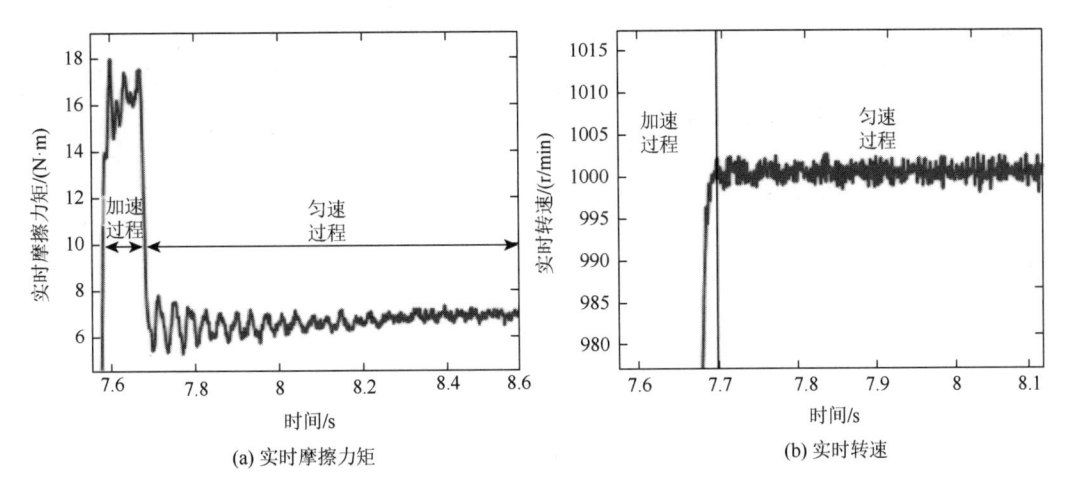

(a) 实时摩擦力矩

(b) 实时转速

图4-17 空运行状态下丝杠的实时摩擦力矩和实时转速

图4-18中，T_f为机械传动系统的总摩擦力矩，J为机械传动系统的总转动惯量，ω_m为滚珠丝杠的旋转速度，K为丝杠螺母处轴向刚度，c为丝杠螺母处阻尼，x_t为工作台的实际位移，x_m为滚珠丝杠的等效位移，M_t为工作台的质量。

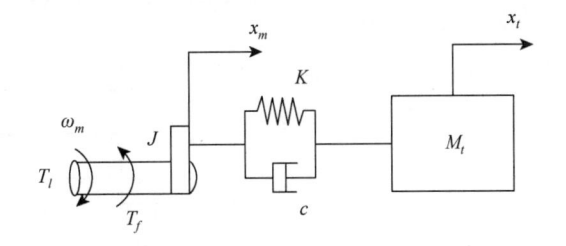

图4-18 滚珠丝杠副传动系统简化模型

所以对于工作台，有

$$F_t = M_t \ddot{x}_t + c(\dot{x}_m - \dot{x}_t) + K(x_m - x_t) \quad (4\text{-}16)$$

式中，F_t为工作台的冲击力，不考虑能量损失，则有

$$F_t = \frac{2\pi}{P} T_t \quad (4\text{-}17)$$

对于丝杠的转矩平衡，有

$$T_l = J \frac{d\omega_m}{dt} + T_t + T_f \quad (4\text{-}18)$$

从上述动力学方程可以看出，进给系统的摩擦力矩、转动惯量、轴向刚度等都会对工作台的运动产生影响。滚珠丝杠磨损后，丝杠滚道表面形貌变化，滚珠与丝杠滚道的接触特性发生改变，同时滚道表面粗糙度的变化也会对进给系统的摩擦造成影响，这些都会影响工作台的运动。

4.3.2 丝杠磨损状态下进给系统仿真分析

1. 进给系统的仿真模型搭建

Simulink 是 MathWorks 公司旗下一款可视化的仿真软件，通过不同功能模块的组合可以搭建相应的线性系统或非线性系统，采用一定的求解算法完成系统的仿真分析。结合前文建立的数学模型，利用 Simulink 软件搭建机械传动系统的仿真模型如图 4-19 所示，仿真模型中的工作台振动子系统如图 4-20 所示。

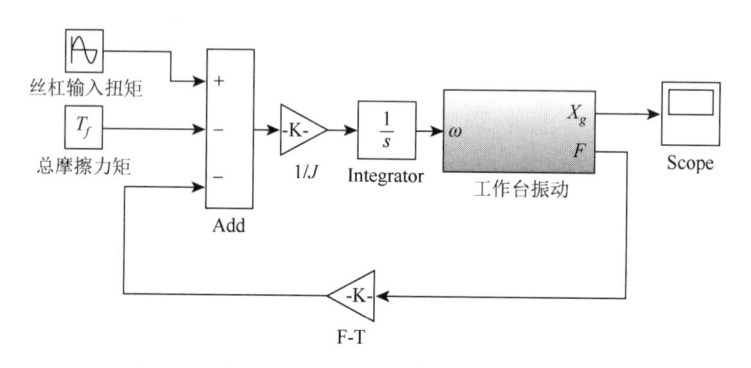

图 4-19 滚珠丝杠机械系统仿真模型

Integrator：积分器；Add：加法器；Scope：示波器

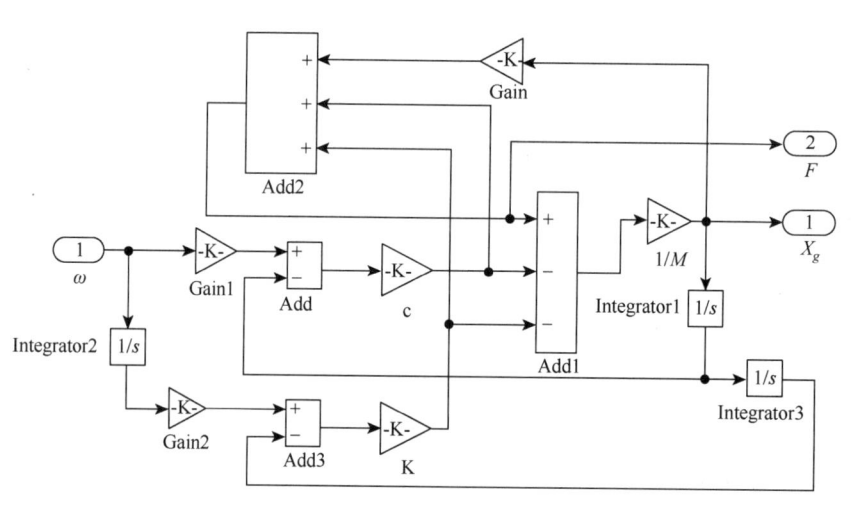

图 4-20 工作台振动子系统

Gain：运算放大器

在实际生产加工过程中，工厂操作人员一般通过调节伺服控制系统的位置环增益来改善丝杠磨损引起的加工问题，不会对速度环、电流环参数进行调节。本节侧重于研究丝杠磨损对滚珠丝杠副传动系统动力学特性的影响，这里忽略伺服控制系统速度环和电流环的调控作用,并对 Simulink 仿真模型进行简化,将滚珠丝杠机械系统输入由丝杠输入摩擦力矩转化为数控系统的位置指令,简化后的 Simulink 仿真模型如图 4-21 所示,机床运动的性能不仅与伺服控制系统参数有关,还与机械传动系统中的摩擦特性、转动惯量、轴向刚度等有关。

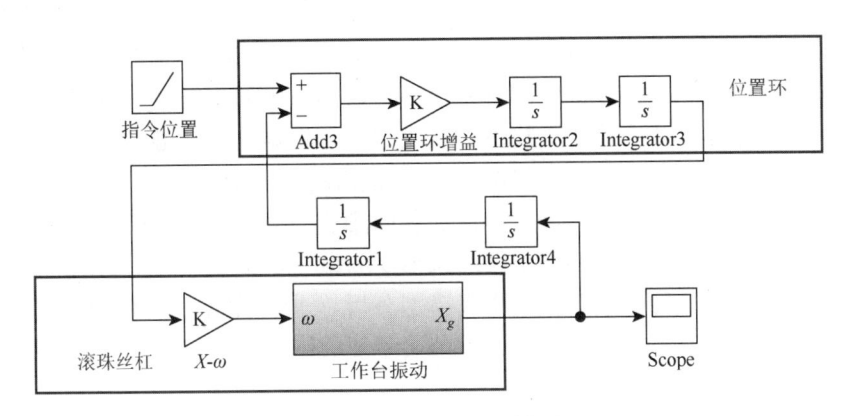

图 4-21 工作台振动模型

2. 丝杠磨损状态下的运动分析

有学者利用有限元软件搭建了滚珠和滚道接触的力学模型,仿真求解的接触形变量与赫兹接触理论计算的形变结果一致,并设计试验验证了理论的正确性。赫兹接触理论指出滚珠与滚道的点接触在外部载荷 Q 的作用下会变成面接触,接触面在法线垂直面上的投影为椭圆,假设长轴与短轴长度分别是 $2a$ 与 $2b$,如图 4-22 所示。

由赫兹接触理论推导得到滚珠和滚道在载荷作用下沿接触面法线方向的弹性形变量为

$$\delta = \frac{K(e)}{\pi m_a} \sqrt[3]{\frac{3}{2}\left(\frac{1-\mu_1^2}{E_1} + \frac{1-\mu_2^2}{E_2}\right) Q^2 \sum \rho} \quad (4\text{-}19)$$

式中,$K(e)$、m_a 由 $\varphi(\rho)$ 决定;μ_1、μ_2 分别为滚珠、丝杠滚道的泊松比;E_1、E_2 分别为滚珠和滚道的弹性模量;Q 为接触体所受外部载荷;$\sum \rho$ 为滚珠和滚道接触的主曲率和。

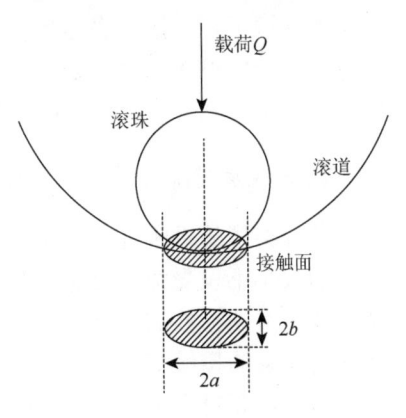

图 4-22 滚珠与滚道间的接触形变

滚珠与丝杠滚道间的接触曲率为

$$\sum \rho_s = \frac{4}{d_b} - \frac{2}{td_b} + \frac{2\cos\beta\cos\lambda}{d_0 - d_b\cos\beta} \quad (4\text{-}20)$$

滚珠与螺母滚道间的接触曲率为

$$\sum \rho_n = \frac{4}{d_b} - \frac{2}{td_b} - \frac{2\cos\beta\cos\lambda}{d_0 + d_b\cos\beta} \quad (4\text{-}21)$$

式中,d_b 为滚珠直径;d_0 为公称直径;t 为滚道的曲率比;λ 为螺旋角;β 为接触角。因

螺母滚道、丝杠滚道在滚珠的接触法线上存在相互作用力，故螺母相对于丝杠在轴向方向上会有弹性形变，其轴向形变量为

$$\delta_a = \frac{(\delta_n + \delta_s)\cos\lambda}{\sin\beta} \qquad (4\text{-}22)$$

式中，δ_n、δ_s 分别为滚珠在螺母滚道和丝杠滚道处的接触形变。轴向刚度是轴向载荷和轴向形变量的比值，结合式（4-22）可知，滚珠与滚道的接触角、滚道的曲率比等结构参数会影响丝杠螺母处的轴向刚度。滚珠丝杠磨损后，滚道表面形貌发生显著变化，导致滚珠与滚道间的接触角、曲率比等结构参数发生变化。根据赫兹接触理论，丝杠螺母处的轴向接触刚度也随之改变。此外，接触表面磨损使滚道表面更加粗糙，进而影响进给系统的摩擦特性。丝杠磨损引起的摩擦特性和轴向刚度的变化，导致机械传动系统和伺服控制参数之间的匹配度下降，伺服系统的调节能力减弱，降低了进给系统的传动性能，对工作台的运动造成负面影响。根据仿真模型分析，进给系统的摩擦特性、转动惯量和轴向刚度对传动性能有着较大的影响。本节将主要关注丝杠磨损引起的丝杠螺母处轴向刚度变化对工作台运动的影响。

本节介绍了进给系统机械传动系统的组成，建立了伺服控制系统和机械传动系统的数学模型，利用 Simulink 工具搭建并简化了动力学仿真模型，分析得到丝杠磨损主要引起进给系统的摩擦特性和轴向刚度变化，并利用仿真模型探究了轴向刚度对工作台运动的影响。

4.3.3 丝杠磨损对进给系统摩擦特性的影响分析

丝杠磨损后，滚道表面形貌发生改变，导致滚珠与滚道间的摩擦状态也发生改变，而进给系统的摩擦力矩也随之改变。这里的摩擦力矩包括导轨和工作台间、丝杠与螺母间、各轴承内部等。丝杠磨损引起摩擦特性改变，从而影响进给系统的运动。

1. 宏观滑动阶段的摩擦分析

各种类型的机床进给系统零件间的润滑作用对含润滑作用的摩擦来说非常重要。摩擦力的大小不仅受两接触面相对运动速度大小的影响，还受接触面几何形貌、零件材料特性和润滑油特性的影响。丝杠磨损改变了滚道表面形貌，使得滚道表面更加粗糙，而滚珠与滚道的接触变化对进给系统的摩擦特性造成影响。在研究丝杠磨损对摩擦特性的影响前，需要对进给系统的摩擦特性进行建模分析。摩擦特性的研究一般分为预滑动阶段和宏观滑动阶段，本节主要从宏观滑动阶段研究丝杠磨损对进给系统摩擦特性的影响。

宏观滑动阶段的摩擦包括三个阶段：边界润滑、混合润滑和流体润滑。当外力超过静摩擦力阈值时，接触面开始相对滑动，相对速度较小，润滑油还不足以分开两接触面，此时处在边界润滑阶段，润滑油还未能发挥作用，接触面的表面凸峰直接接触；速度提升后，润滑油开始进入接触面的承载区域，接触形式逐渐由固-固接触变为固-液接触，负载由润滑油膜和部分表面凸峰支承，此时处在混合润滑阶段，润滑膜的特性仍受表面粗糙峰和运动方向的影响，局部还是存在边界润滑，这个阶段的摩擦表现出非线性；随着速度进一步提升，两接触面间充满润滑油，油膜厚度与相对速度正相关，负载完全由润

滑油膜承载，此时处在流体润滑阶段，摩擦主要和润滑油黏度和接触面相对速度有关，摩擦与相对速度几乎呈线性关系。

LuGre 模型是目前应用最为广泛的摩擦力模型，该模型通过描述摩擦接触面间弹性鬃毛形变的平均量来模拟摩擦的动态行为。如图 4-23 所示，将两接触面看成充满弹性鬃毛的刚性表面，接触面发生相对位移后，接触面上的鬃毛发生不同程度的形变，接触面间的摩擦力就是鬃毛弹性形变产生回复力的合力。

LuGre 模型的数学表达式为

$$T_f = \sigma_0 z + \sigma_1 \frac{\mathrm{d}z}{\mathrm{d}t} + \sigma_2 v \tag{4-23}$$

式中，σ_0 为鬃毛刚度系数；σ_1 为微观阻尼系数；σ_2 为黏性摩擦系数；v 为两接触面间相对速度；z 为鬃毛的平均形变量，计算公式为

$$\frac{\mathrm{d}z}{\mathrm{d}t} = v - \frac{\sigma_0}{g(v)} z |v| \tag{4-24}$$

$g(v)$ 可用下述公式表示：

$$g(v) = T_{f_c} + (T_{f_s} - T_{f_c}) \mathrm{e}^{-(v/v_s)} \tag{4-25}$$

式中，T_{f_c} 为库仑摩擦力；T_{f_s} 为最大静摩擦力；v_s 为临界速度。当两接触物体相对运动速度保持恒定时，有 $\frac{\mathrm{d}z}{\mathrm{d}t} = 0$，代入式（4-23）～式（4-25）中联立可得，宏观滑动阶段进给系统摩擦模型为

$$T_f = T_{f_c} + (T_{f_s} - T_{f_c}) \mathrm{e}^{-(v/v_s)} + \sigma_2 v \tag{4-26}$$

该模型即斯特里贝克（Stribeck）模型，在速度偏小时，摩擦与速度关系呈非线性；在速度偏高时，摩擦与速度关系几乎是线性的。Stribeck 模型曲线示意图如图 4-24 所示。

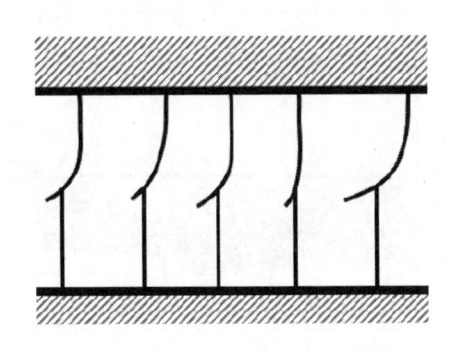

图 4-23 LuGre 模型中的接触鬃毛 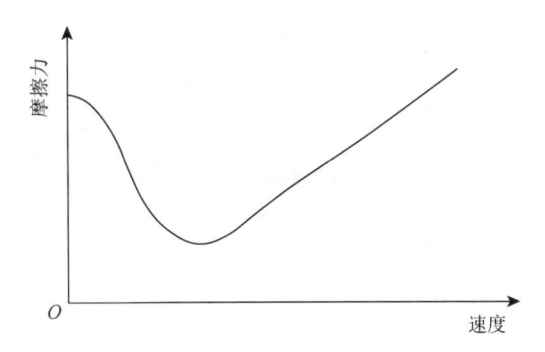　　图 4-24 Stribeck 模型曲线示意图

2. 丝杠磨损对摩擦的影响分析

工作台在不同位置时，丝杠、导轨上的受力分布是不同的，不同位置上进给系统的摩擦存在差异。实际加工生产时，由于加工零件的差异，工作台在丝杠不同区域的运动不同，丝杠在不同位置上的磨损程度也不同，而丝杠磨损引起的滚道表面形貌变化不一，滚珠与滚道间接触变化会使进给系统的摩擦特性改变。试验台所用丝杠因保存不当，在

150~290mm 位置区间上滚道表面发生严重锈蚀,如图 4-25 所示。图 4-25 (a) 是丝杠的未锈蚀区域,图 4-25 (b) 是丝杠的锈蚀区域,可以看到丝杠未锈蚀区域的滚道表面光滑,可视为未磨损区域,而锈蚀区域的滚道表面上有许多金属锈斑,分布不均匀,丝杠存在滚道表面损伤,可视为丝杠磨损。

(a) 未锈蚀区域　　(b) 锈蚀区域

图 4-25　丝杠的未锈蚀区域和锈蚀区域比较

令工作台以不同的速度在丝杠上运动,为避免反向间隙和工作台启停对摩擦产生影响,取丝杠 50~450mm 区间内的信号进行研究,摩擦力矩随位置的变化如图 4-26 所示,可以看出不同位置上摩擦力矩的差异较大,图中 2400mm/min 和 6400mm/min 速度对应的摩擦力矩变化幅值占比分别有 26%和 16%,即工作台位置变化引起的摩擦力矩变化不可忽略。对比图 4-26 (a) 和 (b) 可以看出,因丝杠中部区域滚道发生了锈蚀,摩擦力矩随着位置的变化趋势不一样。当工作台远离电机、运动速度较低时,进给系统的摩擦力矩是逐渐增大的;而当运动速度较高时,摩擦力矩先减小后增大。

(a) 低速运动时摩擦力矩变化趋势　　(b) 高速运动时摩擦力矩变化趋势

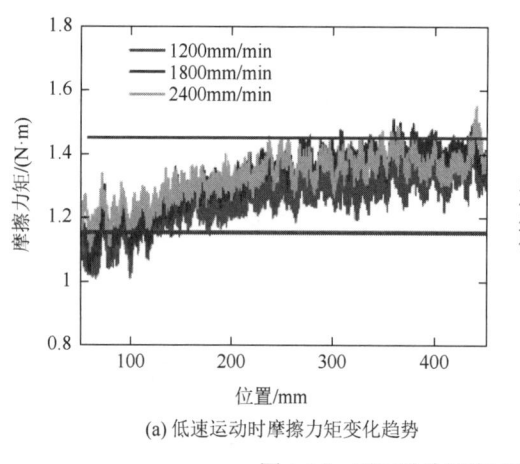

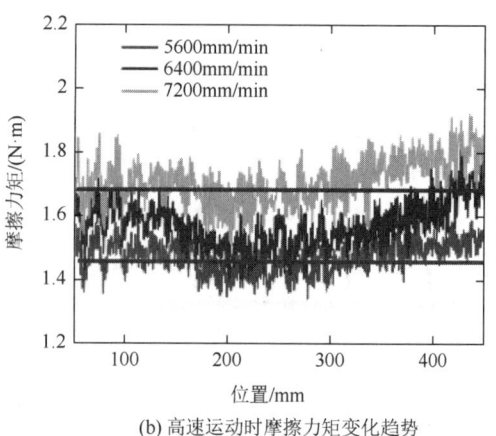

图 4-26　不同进给速度下摩擦力矩与位置的关系

为得到丝杠磨损对进给系统摩擦特性的影响,在丝杠 0~480mm 整个行程进行 60~20000mm/min 不等速度组试验两次,丝杠两端预留一定距离以避免丝杠加减速运动的影响,取丝杠有效行程 50~450mm 的信号进行分析,将采集的丝杠输入摩擦力矩按位置划分为若干段,并分别进行统计均值,得到未磨损区域和磨损区域进给系统摩擦力矩曲线如图 4-27 所示。图 4-27（a）绘制的是未磨损区域的摩擦力矩曲线,可以看到远电机端（400～440mm）和近电机端（50～90mm）的摩擦曲线存在差异,说明不同位置上进给系统的摩擦特性存在差异;图 4-27（b）绘制的是磨损区域的摩擦曲线,丝杠磨损后,进给系统的摩擦力矩曲线出现明显分段。对比图 4-27（a）和（b）,可以看到速度在 5000mm/min 以下时,未磨损区域的摩擦力矩随速度先减小后增大,临界速度后摩擦力矩随速度增长速率稳定,与 Stribeck 摩擦模型曲线相近,而磨损区域的摩擦力矩表现出强烈的非线性,即临界速度后摩擦力矩随速度增长速率是变化的,不再满足 Stribeck 摩擦模型曲线变化趋势;当速度在 5000mm/min 以上时,丝杠的未磨损区域和磨损区域摩擦力矩随速度增长趋势一致,与速度几乎呈线性关系,表明丝杠磨损在中低速阶段对摩擦的影响较大。为确定丝杠磨损引起的摩擦力矩变化不是因试验随机误差造成的,绘制两次试验过程中丝杠磨损区域的实测摩擦力矩曲线。如图 4-28 所示,可以看出两次试验的摩擦力矩变化曲线基本相同,在速度 5000mm/min 以下时,曲线表现出强烈的非线性,说明丝杠磨损引起进给系统摩擦力矩的变化是可重现的,并不是因试验随机误差引起的偶然现象。

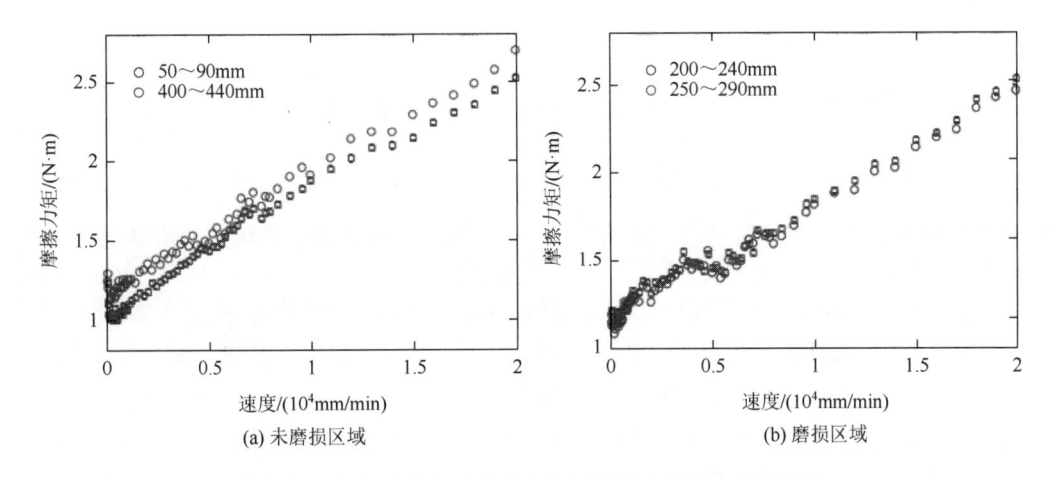

图 4-27　丝杠未磨损区域和磨损区域的实测摩擦力矩比较

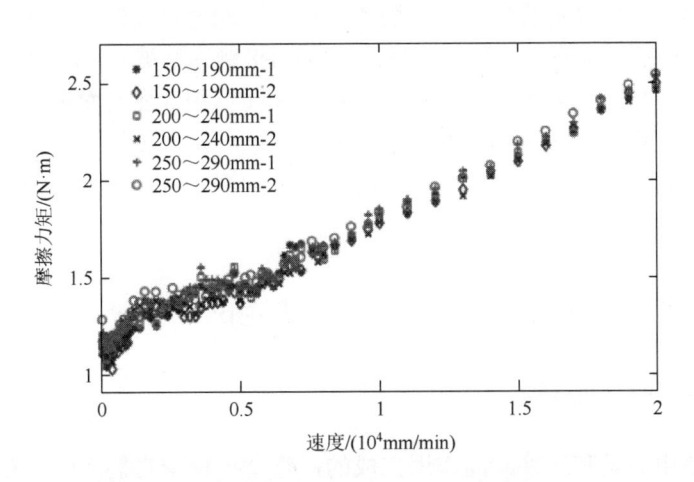

图 4-28　丝杠磨损区域两次试验的实测摩擦力矩

在滚珠丝杠副的机械传动结构中，滚珠与丝杠滚道的接触为高副，接触部分满足雷诺方程的使用条件，根据哈姆罗克-道森（Hamrock-Dowson）最小油膜厚度公式，推导出滚珠与滚道间的最小油膜厚度计算公式为

$$H_{\min} = 3.63 V^{0.68} G^{0.49} F_w^{-0.073} (1 - e^{0.68k}) \quad (4\text{-}27)$$

$$h_{\min} = H_{\min} R_o \quad (4\text{-}28)$$

式中，$H_{\min}$ 为滚珠与滚道间无量纲油膜厚度的最小值；$h_{\min}$ 为滚珠与滚道间实际油膜厚度的最小值；R_o 为滚珠与滚道接触点法向曲率半径；V 为接触无量纲速度参数，计算公式如下：

$$V = \frac{\eta_0 v_s}{2 E' R_0} \quad (4\text{-}29)$$

其中，η_0 为传动系统所用润滑油的黏度；E' 为等效弹性模量；v_s 为滚珠与滚道间接触速度和，其大小与丝杠转速有关，即丝杠转速越大，接触速度和越大。

式（4-27）中，G 为材料参数，其表达式为 $G = \tau E'$，τ 为润滑油的黏压系数；k 为椭圆率；F_w 为载荷相关参数，有 $F_w = \dfrac{Q}{E' R_0^2}$，$Q$ 为接触载荷。

由式（4-27）和式（4-28）可知，丝杠滚道的结构参数、传动系统所用润滑油的黏度、丝杠的转速、滚珠与滚道间的接触载荷等会影响油膜厚度，又因丝杠转速是影响接触处油膜厚度的关键因素之一，油膜厚度随丝杠转速提升而增加，而滚道表面的相关结构参数对油膜厚度影响不大。学者多用膜厚比 $\varLambda = \dfrac{h_{\min}}{\sqrt{\sigma_1^2 + \sigma_2^2}}$ 判断进给系统的润滑状态，式中 σ_1 和 σ_2 对应两接触面表面粗糙度的均方根值。当 $\varLambda < 1$ 时，滚珠丝杠副接触为边界润滑；当 $1 < \varLambda < 3$ 时，滚珠丝杠副接触为混合润滑；当 $\varLambda > 3$ 时，滚珠丝杠副接触为弹流润滑。

在工作台低速运动时，滚珠与滚道间的油膜厚度较小，润滑油无法分开接触面，进给系统尚处在边界润滑阶段，此时接触面的表面形貌对摩擦特性影响较大。丝杠锈蚀后，滚道表面形成锈斑，接触面更加粗糙，摩擦系数变大，而在低速时滚珠与滚道粗糙峰直接接触，丝杠锈蚀引起摩擦力矩增大。随着工作台运动速度加快，滚珠与滚道间的最小油膜厚度增加，即润滑油进入滚珠与滚道间，固-固接触逐渐被固-液接触替代。油膜厚度的增加减少了接触面粗糙峰的直接接触，降低了表面形貌改变对摩擦力矩的影响，即摩擦力矩增长速率变缓。当滚珠与滚道间的油膜增加到一定厚度后，锈蚀引起的滚道表面形貌变化对摩擦特性的影响大大降低，此时丝杠副的摩擦特性主要与润滑油的黏度、接触处的相对速度和压力等有关。

4.4 刀具对机床性能的影响

4.4.1 刀具磨损基本原理

切削加工是由刀具和工件共同作用完成的，整个过程中它们之间相对运动相互挤压摩擦，将多余的工件表层材料剔除。同时在挤压和摩擦的过程中，刀具本身材料也被逐

渐磨耗或脱落，这就是刀具磨损。对于不同的刀具材料、工件材料、切削参数、切削环境和切削方式，刀具的磨损机理也截然不同，主要与摩擦副的物理性能、力学性能及化学性能等有关。大量试验研究表明，在加工过程中刀具磨损的基本原理可以归结为以下几个方面：

（1）磨粒磨损。切削过程中，工件材料或切屑中可能存在硬质颗粒（如石英、氧化铝等），这些颗粒会与刀具表面发生接触并产生摩擦。长时间的摩擦作用会导致刀具表面的物质被磨掉，形成刀具磨粒磨损。

（2）黏着磨损。某些工件材料在高温下容易软化并与刀具表面发生黏附，形成焊接现象。当工件与刀具分离时，焊接点会被拉开，导致刀具表面的物质被剥离，形成刀具黏着磨损。

（3）切削刃磨损。在切削过程中，刀具表面受到工件的冲击和剪切力，造成刀具切削刃的局部形变和磨损。这种磨损常见于刀具的前沿和侧面，导致刀尖变钝、形状不规则，影响切削质量。

（4）热磨损。在高温切削中，由于摩擦和塑性形变的作用，刀具表面会因过热而软化或熔融。这种热效应会导致刀具表面的材料被移除或重新分布，形成热磨损。

（5）化学反应磨损。某些工件材料与刀具材料之间可能发生化学反应，如氧化反应、碳化反应等，会导致刀具表面的物质被消耗或转化而形成磨损。

磨损是个复杂的过程，随着切削的进行，刀具磨损逐渐加重，在刀具磨损初期阶段到剧烈阶段过程中，会呈现出不同的磨损机理或多种磨损机理共同作用。

刀具磨损是一种不可避免的现象，但可以通过选择合适的刀具材料、涂层和刀具几何形状等方式来延缓磨损的速度，提高切削效率和刀具寿命。此外，合理的切削参数、冷却润滑和及时的刀具维护保养也能有效降低刀具磨损程度。

1. 磨粒磨损

磨粒磨损指的是当外界硬质颗粒或者对磨表面上的硬突起物或粗糙峰在摩擦过程中引起表面材料脱落时产生的现象。磨粒磨损是最常见的磨损形式之一，严重地影响了机械零件的使用寿命。目前对于磨粒磨损大多采用试验的方法分析磨损率和摩擦因数，而数值模拟作为新的研究方法，具有成本低、快捷和考虑因素多等特点，在磨损研究中具有优势。为了在研磨中更好地利用磨粒磨损，以提高加工效率、减少零件表面的磨粒磨损、延长机器使用寿命，有必要对磨粒磨损特性进行模型化分析，如图 4-29 所示。

图 4-29 磨粒磨损示意图

2. 黏着磨损

黏着磨损是一种重要的磨损形式，通常发生在材料表面间的接触摩擦过程中，其基本原理包括表面接触、黏附、剪切和磨损等过程，下面将详细介绍黏着磨损的原理。

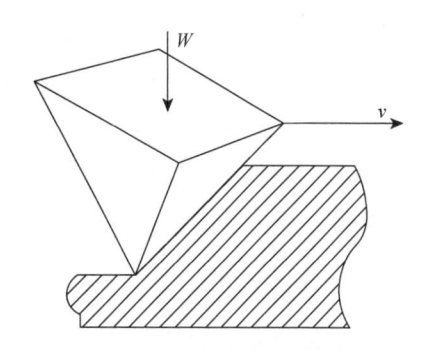

1）表面接触

当两个材料的表面接触时，它们的分子之间会产生微小的吸附力，使得它们紧密贴合在一起。这种表面接触为后续的黏着磨损奠定了基础。

2）黏附

在表面接触的基础上，由于分子间的吸附力，两种材料表面间形成了微弱的结合力，使得材料表面产生了一定的黏着效应，即材料之间的黏附。

3）剪切

在实际的摩擦过程中，由于外界作用力的影响，两种材料表面间会发生相对滑动或相对运动，进而破坏黏附力，使得材料表面出现局部的剥离或剪切现象。

4）磨损

在材料表面发生剪切现象的过程中，由于局部结合力的破坏，在材料微观范围内产生了磨损，表现为表面颗粒的剥落、局部凹坑的形成等现象，即材料表面的磨损。

总体来说，黏着磨损是由材料表面间的黏附效应导致的，而后续的剪切和磨损过程则是由外界作用力的影响所致。在工程实践中，了解黏着磨损的原理有助于针对性地选择材料、改善表面处理工艺、设计合理的润滑方式等，从而延长材料的使用寿命，提高工程设备的可靠性和安全性。

3. 切削刃磨损

切削刃磨损是指刀具在加工过程中由于摩擦、热量和化学反应等因素，刀具表面逐渐失去原有形状和尺寸的过程。切削刃磨损主要包括以下几种原理。

1）机械磨损

切削刃在加工过程中受到工件材料的摩擦和冲击，导致切削刃表面的微观结构发生变化，形成划痕、疲劳裂纹及切削刃的结构剥落，最终导致切削刃的磨损。

2）热磨损

在高速切削过程中，刀具与工件接触区域会产生高温，导致刀具表面的温度升高。高温会引起刀具材料的软化和氧化，造成切削刃的硬度下降，增加切削刃的磨损速度。

3）化学磨损

在切削加工过程中，切削刃与工件材料之间会发生化学反应，如氧化反应、腐蚀反应等，导致刀具表面的化学成分发生变化，形成氧化物和化合物进而造成刀具的磨损。

切削刃的磨损会降低切削质量，增加加工能耗，缩短刀具使用寿命，因此在实际加工中需要根据不同的切削条件和工件材料选择合适的刀具材料和刃形，以延长刀具的使用寿命，并采取有效的刀具管理和维护措施，减少刀具的磨损。

4. 刀具磨损理论的研究

扩散磨损是刀具与工件中的元素，在高温作用下，相互扩散而造成的刀具磨损。在高温作用下元素活跃，使刀具与工件间元素的固体相互渗透，刀具材料和工件材料接触面的化学元素由于浓度差而相互扩散，改变了二者的化学成分，从而影响到它们的力学性能。Fick扩散理论很好地揭示了刀具扩散的机理。

1) Fick 第一定律

德国学者阿道夫·菲克（Adolf Fick）在 1858 年提出扩散理论：对于各向同性的介质，在单位时间内通过垂直于扩散方向单位截面积的物质流量与该截面处的浓度梯度成正比。并在导热方程的基础上建立了扩散定量公式。

如图 4-30 所示，在 Δt 时间内，沿 X 方向通过截面 A 所迁移的物质的量 Δm 与 x 处的浓度梯度成正比，如式（4-30）所示：

$$\Delta m \propto \frac{\partial C}{\partial x} A \Delta t \tag{4-30}$$

即

$$\frac{dm}{A \Delta t} = -D \left(\frac{\partial C}{\partial x} \right) \tag{4-31}$$

根据式（4-31）引入扩散通量概念，则有

$$J = -D \frac{\partial C}{\partial x} \tag{4-32}$$

式中，J 为扩散通量，即在单位时间内通过垂直扩散方向的单位截面处的扩散物质流量（$m^{-2} \cdot s^{-1}$）；D 为扩散系数，D 值越大扩散速度越快，式（4-32）中负号表示扩散方向与浓度梯度方向相反；C 为扩散组元的体积浓度，即单位体积物体中扩散物质的原子数（m^{-3}）；$\frac{\partial C}{\partial x}$ 为浓度梯度，是扩散组元浓度沿扩散方向的变化率。

式（4-32）即 Fick 第一定律。

Fick 第一定律表示一维扩散体系，将其推广到三维扩散体系中，得到

$$J = -D \left(D_x \frac{\partial C}{\partial x} i + D_y \frac{\partial C}{\partial y} j + D_z \frac{\partial C}{\partial z} k \right) \tag{4-33}$$

其中，i、j、k 分别为三个不同方向的单位矢量；D_x、D_y、D_z 分别为 X、Y、Z 方向的扩散系数。

Fick 第一定律用于揭示稳态扩散问题，如图 4-31 所示。稳态扩散是指扩散过程中各点浓度不随时间而改变，金属切削过程中刀屑之间元素扩散过程为非稳态扩散，Fick 第一定律不能完全解释这种情况。因此，对于非稳态扩散，Fick 建立了 Fick 第二定律。

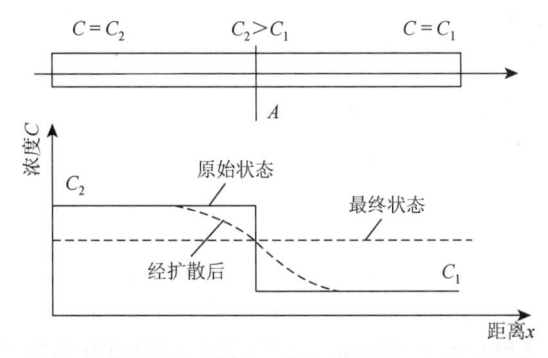

图 4-30 扩散过程中原子的分布

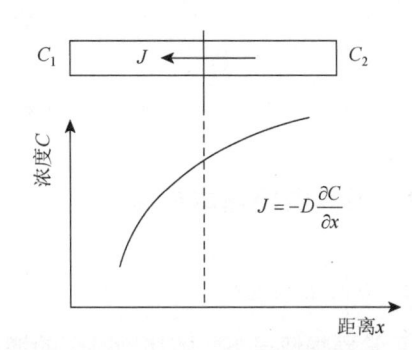

图 4-31 原子流动的方向与浓度降低的方向一致

2）Fick 第二定律

Fick 从扩散物质质量平衡关系着手，对于各点浓度随时间变化的非稳态扩散，建立了 Fick 第二定律。

（1）一维扩散

当扩散系数 D 与浓度无关时，有

$$\frac{\partial C}{\partial t} = D\frac{\partial^2 C}{\partial x^2} \tag{4-34}$$

（2）三维扩散

当扩散系数与浓度无关时，由一维扩散延伸到三维扩散可表示为

$$\frac{\partial C}{\partial t} = D\left(\frac{\partial^2 C}{\partial x^2} + \frac{\partial^2 C}{\partial y^2} + \frac{\partial^2 C}{\partial z^2}\right) \tag{4-35}$$

Fick 第二定律表明：在扩散过程中，某点浓度随时间的变化率与浓度分布在该点的二阶导数成正比。如图 4-32 所示，若 $\frac{\partial^2 C}{\partial x^2} > 0$，即曲线为凹形，则该点的浓度会随时间的增加而增加；若 $\frac{\partial^2 C}{\partial x^2} < 0$，即曲线为凸形，则该点的浓度会随时间的增加而降低。而 Fick 第一定律表示扩散方向与浓度降低的方向相一致。从上述意义讲，Fick 第一、第二定律本质上是一致的，均表明扩散的结果总是使不均匀体系均匀化，由非平衡逐渐达到平衡。

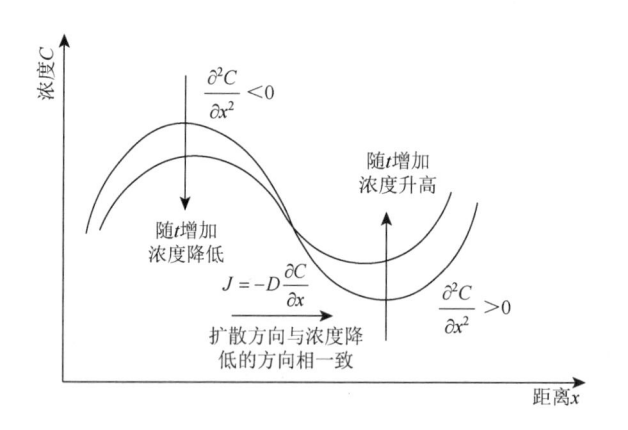

图 4-32 Fick 第一、二定律之间的关系

4.4.2 刀具磨损基本规律

1. 刀具磨损过程

正常磨损情况下，随切削时间的增加刀具磨损量也逐渐扩大。以刀具后刀面磨损为例，其正常的刀具磨损过程如图 4-33 所示。

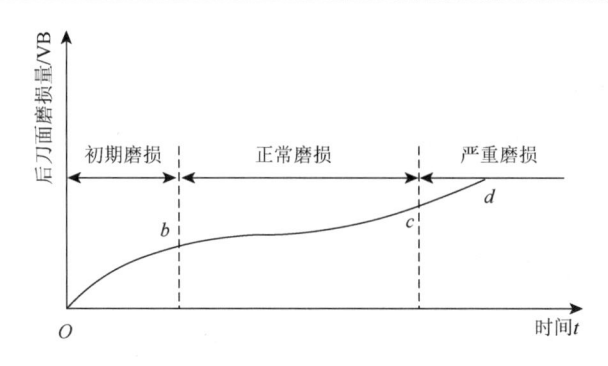

图 4-33 刀具磨损过程曲线

1) 初期磨损

刀具初期磨损阶段，如图 4-33 中 Ob 曲线段所示，磨损曲线斜率比较大，刀具磨损速度较快。这是由于刚开始刀具表面不平整，存在一定的粗糙度，因此在刀具与工件加工表面的接触中，接触面积小，应力集中，接触压强大，从而导致刀具快速磨损。但随着切削的进行，刀具表面凸出的地方被磨平，从而增大了刀具与工件加工表面的接触面积，接触应力逐渐变小，刀具磨损速率也随之减小，刀具磨损量逐渐稳定，一直到刀具的初期磨损阶段结束。

2) 正常磨损

图 4-33 中 bc 曲线段表示的是刀具正常磨损阶段，其主要特征是磨损曲线斜率较小，刀具磨损量的变化较小。其主要原因是经过初期的磨损阶段后，刀具与工件的接触面积变大，接触压力减小，所以刀具的磨损量相对于初始阶段变化较小，随着切削的进行，刀具后刀面磨损带宽度也均匀变宽。磨损曲线的 bc 段类似一条斜直线，这一阶段是切削过程中最理想的阶段，因为这一阶段越长，表示切削过程越平稳，刀具磨损速率越小，刀具有效工作时间即刀具寿命越长。

3) 严重磨损

在实际切削加工中，当刀具后刀面磨损量到 0.3mm 时，若继续切削，会使得切削应力增大，切削温度急剧升高，影响加工工件精度和工件的表面质量，所以此时必须重新对刀具进行刃磨或更换。图 4-33 中的 cd 曲线段是刀具的严重磨损阶段，当切削过程经过正常磨损阶段进入该阶段后，由于刀具磨损达到一定值，切削过程中刀具切削力会不断增大，温度值也会迅速升高，刀具磨损速率快速增大，刀具磨损量很快就达到磨损标准而失效。

2. 刀具磨损评估过程

刀具磨损状态直接影响着加工产品的质量和生产效率，科学评估刀具磨损状态对实际生产具有重要意义，因此需要制定刀具磨损评估标准，为生产实践中刀具的管理提供科学指导。刀具磨损评估标准的制定要考虑到刀具的合理充分利用，减少资源浪费，也要保证加工产品的质量，降低废品率。由于刀具后刀面磨损对产品表面质量的影响更大，且更易于测量国际标准化组织规定的以 0.5 背吃刀量处后刀面磨损带宽度 VB 值作为刀具磨损评估标准。

当刀具进入急剧磨损阶段磨钝失效时，需要及时更换刀具以免对加工过程产生影响。国际标准化组织推荐对于硬质合金刀具，当后刀面为均匀磨损时，取 VB = 0.3mm 为刀具磨钝失效标准；而当后刀面为非均匀磨损时，取后刀面磨损带最大宽度 VB_{max} = 0.6mm 作为刀具磨钝失效标准。

4.4.3 刀具磨损对机床性能的影响

刀具磨损对机床性能有着重要的影响。在机床加工过程中，刀具是直接参与切削的工具，其磨损情况直接影响到加工质量、加工效率和刀具寿命等方面。下面将从这几个方面详细介绍刀具磨损对机床性能的影响。

首先，刀具磨损会直接影响加工质量。当刀具磨损严重时，切削刃的形状和尺寸会发生变化，导致加工表面粗糙度增加、尺寸偏差增大甚至出现切削不良的情况。刀具磨损还会引起加工过程中的振动和噪声，进一步影响加工质量。

其次，刀具磨损对加工效率有直接的影响。刀具磨损会导致切削力增加，加工过程中的摩擦阻力增大，从而增加了机床的功耗。此外，刀具磨损还会导致切削速度的降低，加工时间延长，从而降低加工效率。

再次，刀具磨损还会影响刀具寿命。刀具磨损是刀具使用过程中的正常现象，但过度磨损会导致刀具寿命的缩短。刀具磨损会导致切削刃的破损和断裂，进而使刀具失效。此外，刀具磨损还会导致切削刃的磨损速度加快，使刀具的寿命大大降低。刀具磨损还会导致切削力的不稳定，使机床在加工过程中产生冲击和振动，从而影响机床的可靠性。

为了减少刀具磨损对机床性能的影响，可以采取以下措施：

（1）选择合适的刀具材料和涂层。不同的切削材料和涂层具有不同的耐磨性能，选择合适的刀具材料和涂层可以延长刀具的使用寿命。

（2）合理选择切削参数。合理选择切削速度、进给速度和切削深度等切削参数，可以减少刀具的磨损。过高的切削速度和进给速度会加剧刀具的磨损，而过低的切削速度和进给速度则会导致刀具与工件之间的摩擦增加，也会增加刀具的磨损。

（3）定期检查和更换刀具。定期检查刀具的磨损情况，及时更换磨损严重的刀具，可以保持刀具的良好切削状态，减少刀具磨损对机床性能的影响。

（4）正确使用刀具。在使用刀具时，要遵循正确的切削方式和切削条件，避免过度负荷和不合理的切削操作，以减少刀具的磨损。

总之，刀具磨损对机床性能有着重要的影响。刀具磨损会影响加工质量、加工效率和刀具寿命，同时还会影响机床的稳定性和可靠性。通过选择合适的刀具材料和涂层、合理选择切削参数、定期检查和更换刀具，以及正确使用刀具，可以减少刀具磨损对机床性能的影响，提高机床的加工效率和加工质量。

此外，可以通过监测刀具磨损状态从而提高机床各方面的性能。

1. 刀具磨损监测方法

在机加工过程中，对于刀具磨损监测方法的研究主要分为直接测量和间接测量两部分。直接测量刀具磨损主要是借助数字显微镜、高速相机等设备直接观测刀具表面材料质量或磨损面大小，如光学测量法、微结构镀层法、射线测量法和计算机图像处理法等。很多国内外学者通过不断优化升级测量工具，改进测量方法，提高对刀具磨损测量的准确度。借助数字显微镜以及超景深显微镜对刀具进行磨损测量的精度最高，能直接观测刀具磨损状态，但需要在切削循环完成后对刀具频繁装卸，增加时间成本。而且该类方法实时性差，无法准确监测刀具进入磨钝阶段的临界时刻，不能满足刀具在最大寿命时及时换刀的需求。光学测量法具有设备易安装、便携、高效等优点，机器视觉、图像处理技术的不断完善也为光学测量法提供了更好的理论基础，从而光学测量法快速发展为直接测量刀具磨损的主要方法之一。有研究人员搭建了机器视觉系统，快速捕获刀片图像信息，实现对硬质合金切削刀片后刀面磨损进行直接测量；有人利用电荷耦合器件图像传感器获取铣刀磨损图像，并基于 Canny 算子和亚像素对图像处理、分割和边缘检测建立磨损边界，提取刀具磨损值；有人利用机器视觉技术，提出了一种可以自动估计和可视化微铣削加工中的刀具磨损；还有人开发了一种车刀状态在线监测系统，可识别车刀断裂、积屑瘤、崩刃和后刀面磨损。

光学测量法中，图像质量直接取决于相机像素、灵敏度等，而图像质量会进一步影响最后的识别精度。但一般机加工现场的工况复杂，加工条件各异，刀具表面覆盖切屑等各类杂质，导致利用机器视觉进行实时监测会受到一定影响。因此，通过监测切削过程中各类物理信号，已经成为当前刀具磨损间接测量的主要思路。监测物理信号首先可以保证实时性，随切削加工的进行，物理信号的变化间接反映出刀具磨损的变化。其次，诸如功率信号、电流信号、振动信号等物理信号对外界的抗干扰能力较强，适合复杂工况下准确工作。而且根据实际条件和需求自主选择单一传感器或多传感器搭建相关信号的切削试验平台，进而完成信号的采集测量，最后根据与刀具磨损相关的物理信号获取磨损状态的信息。

2. 信号预处理方法

试验过程中会受到多方面的影响，所采集信号中掺杂很多噪声、干扰振动等，导致采集的数据冗余，对初始信号进行有效去噪以及特征提取成为国内外学者的研究方向。

信号有效去噪对后续信号处理、特征提取等工作具有重大意义。传统的滤波方法等对非平稳信号的去噪效果并不理想，在增加变换信号熵的同时，无法从信号相似性中提取额外信息。而小波变换在一定程度上可以解决上述问题，因此国内外学者对小波变换进行了深入研究和延展。有研究人员将经验小波阈值处理方法应用于大型风电叶片轴承的故障诊断中，诊断结果表明，该方法可以消除重噪声并提取微弱的故障信号；有人提出一种基于改进值函数的分数阶小波图像去噪方法，取得了满意的视觉效果；有人建立了适合阈值去噪的小波滤波器组，表明所构造的小波滤波器组可以去除原始图像中的噪声，同时保留大部分图像细节；有人提出一种基于小波的心电信号降噪的自适应阈值估计方法和非线性阈值函数，并表明该方法可以有效抑制各种类型的噪声和杂音；还有人提出了一种新的小波自适应阈值算法，用于处理布拉格光纤光栅传感器系统的噪声频谱信号，并取得较好的去噪效果。

在不同工况和试验条件下，传感器采集的信号会受到来自不同程度和形式的外部干扰，对信号进行去噪处理后，去噪信号中仍会掺杂有用信息和无用的干扰信息。因此，国内外学者会从时域、频域、时频域提取去噪信号的特征，通过优化特征，进而确定特征与刀具磨损状态的表征关系。信号时域分析主要是观测物理信号随时间的变化，频域分析是通过傅里叶变换等将信号转变到频域进行频谱分析。两种分析方法都是从单一角度进行信号评估，不能同时分析信号在时域或频域的变化趋势，因此时频域联合分析成为一种综合的特征分析方法，提供了时域与频域的联合分布信息。时频域分析的方法主要有短时傅里叶变换、小波变换、希尔伯特-黄变换等。很多国内外学者也使用时频域分析描述信号在不同时间和频率下的能量密度或强度。

有研究人员提出一种用于特征提取的变分模式分解（variational mode decomposition，VMD）算法，由于其在非平稳电流信号处理中的出色表现，可以描述不同切削条件下的刀具状况，根据试验结果，VMD方法相较于小波包分解方法是一种更有效的信号处理技术。有人提出了三个时域特征，包括一个动态时域特征和两个频域特征，使用对比散度和RMSspectral训练混合分类受限玻尔兹曼机，试验结果表明，所提出的时频特征比经典特征具有更好的单调性和相关性，而且提高了识别准确率。有人提出了一种基于希尔伯特边际谱的刀具磨损信号分析与特征提取方法，通过经验模态分解对信号进行分解并筛选包含主要信息的固有模态函数，对其进行希尔伯特变换获得边际谱，最后提取振幅域指标构造刀具磨损状态的识别特征向量，研究结果表明，所提取的特征可以有效表征刀具的不同磨损状态，从而为监测刀具的磨损状况提供依据。有人提出了一种判别扩散映射分析（discriminative diffusion map analysis，DDMA）方法，用于评估铣削过程中的刀具磨损，将DDMA这一降维技术应用于机床主轴的电流信号，与主成分分析法相比，DDMA方法可以更好地保留与刀具磨损状态有关的有用信息。有人研究选择小波和分解层数的优化方法，以减少捕获信号的噪声，并基于离散小波变换和能量谱的特征提取，评估了适当选择去噪小波对有监督和无监督人工神经网络性能的影响，试验结果表明，最大能量与香农熵的比值可作为一种有效的准则，用于选择具有最佳分解层次的小波。

有些国内外学者除了探索时域、频域和时频域特征，也提出过其他与刀具磨损状态相关的特征或识别刀具状态的方法。有人为了提高电流信号监测刀具磨损状态的可靠性，提出了一种基于马氏距离的刀具磨损状态识别方法，计算正常磨损、中度磨损和重度磨损的刀具电流信号的特征向量之间的马氏距离值，将两个阈值作为评判标准，再使用马氏距离计算未知磨损状态的特征向量并与两个阈值进行比较，从而确定刀具的磨损状态。有人提出了一种基于Chua电路和分数阶Lorenz主/从复合混沌系统的通用回归神经网络分析方法，用于检测车床刀具车削振动，与频域分析方法相比，该方法需要更小的数据维度、更少的计算量和更高的精度。有人提出了一种通过分析主轴振动的峰值周期来检测刀具崩裂的新方法，使用传感器监控主轴振动，从加工次数等角度对监控变量的相关性进行比较，分析检测刀具崩裂情况。

第 5 章 基于信号的铣刀状态监测

5.1 基于切削力的铣刀状态监测

5.1.1 切削力与铣刀磨损状态之间的关联性

1. 影响因素

在金属加工中,切削力是关键参数,对切削过程至关重要,它包括刀具在切削中各个方向的力,与切削条件、材料性质和刀具几何参数密切相关。

在铣削中,切削力的动态变化影响切削热、刀具磨损和工件表面质量。在精密加工中,切削力直接影响刀具寿命和加工质量。切削力过大或方向不当可能引发振动,影响加工精度和表面质量。

切削力与刀具进给速度密切相关。适度的切削力有助于保持适当的进给速度,确保高质量的加工表面。然而,过大的切削力可能导致刀具失控,影响加工效率。

因此,理解和控制切削力在现代制造中至关重要。通过优化切削条件、材料选择和刀具设计,可以提高切削过程的稳定性,延长刀具寿命,并提高加工产品的质量和精度。

2. 磨损形成

在复杂的切削加工环境中,切削力不仅影响其整体大小和方向,还包括切向力和轴向力,这两者共同作用于刀具,承受压力和摩擦力的挑战。这些力直接影响切削的稳定性和效率,并决定刀具的磨损状况。

在切削力作用下,刀具面临多种磨损威胁,如磨削磨损、焊接磨损、疲劳磨损、化学磨损和热磨损等。切削力过大或方向不当时,刀具更容易受磨损影响,进而影响其寿命和加工质量。此外,切削力引起的摩擦导致刀具和工件升温,高温环境加速刀具磨损,如图 5-1 所示。切削力大小直接关系到切削温度的升高,增加刀具的磨损速度。

1) 磨削磨损

磨削磨损由切削力引起的摩擦和磨削导致。切削力增大,摩擦增强,使刀具表

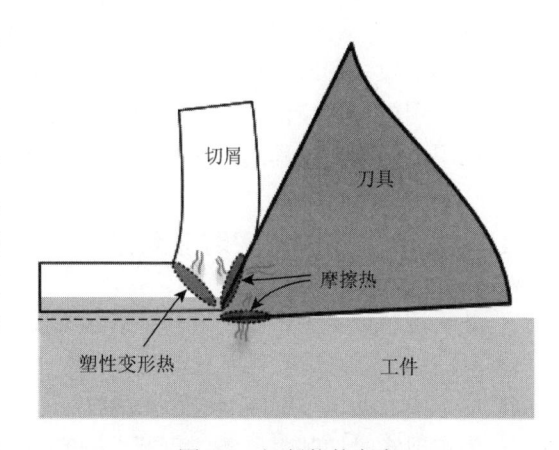

图 5-1 切削热的产生

面和工件材料颗粒相互磨削，磨削磨损加剧，两者呈正相关关系。

2）焊接磨损

在切削力作用下，刀具和工件表面因高温和压力发生局部焊接。分离时，焊接材料撕裂，导致刀具表面的黏附和磨损。切削力增大，焊接磨损加重。

3）疲劳磨损

疲劳磨损由切削力的变化和振动引发。周期性变化导致刀具表面出现裂纹和断裂，最终形成疲劳磨损，切削力频繁变动环境下尤为明显。

4）化学磨损

高温和高切削力环境下，工件和刀具材料之间发生化学反应，导致磨损。切削力增大，温度升高，加速化学反应，化学磨损在高温环境下更为活跃。

5）热磨损

切削力引发摩擦和热量，升高刀具表面温度。高温下，刀具材料可能相变或晶粒增大，形成热磨损。切削力大小直接影响温度水平，调节切削力防范热磨损，维护刀具性能和寿命。

切削力与切屑形成和排除密切相关，过大的切削力会损害加工表面，并导致刀具与切屑及工件间强烈摩擦，造成刀具磨损、破损甚至崩刃，最终可能导致加工中断、工件报废或机床故障。刀具失效引起的数控机床故障占总停机时间的 22.4%[117]。因此，为提高刀具使用率、保障工件加工质量、降低制造成本，实时监测刀具磨损状态显得至关重要。

3. 信号监测

切削力信号可用于刀具状态监测、切削颤振监测、切削参数优化及加工质量预测，实时测量切削力信息并研究其变化情况，对监测切削状态、优化切削过程及预测切削效果有重要的意义[118]。

切削力信号与刀具磨损密切相关，随着刀具磨损的增加，切削力不仅会直接增加，还会使得切削力的波动程度增大，这种关联关系使得切削力信号成为监测刀具磨损状态的重要指标之一。在切削加工中，切削力信号的稳定性以及易于采集的特点使其成为理想的监测对象。同时，现代测力传感器的成熟性和性能优越性，使得切削力信号的获取在工业应用中得以广泛推广。目前，切削力监测已经成为主流，在工业生产中得到了广泛的应用，为制造过程的精细控制和质量保障提供可靠的技术支持。

5.1.2 基于切削力的实时监测方法

基于切削力实时感知的刀具磨损状态监测技术是智能制造的关键技术之一[119]。它评估刀具的切削状态，实现机床功能部件的切削力实时感知和刀具磨损状态在线监测，对机械加工的自动化与智能制造技术的推动至关重要。

为实现实时切削力监测，可开发一套以切削力为基础的铣削加工控制系统。该系统提供实时监测方法，监测刀具加工状态，智能调整加工参数以维持表面粗糙度。

第 5 章　基于信号的铣刀状态监测

这种智能控制系统具有快速反应、实时性强的优势,能更好地适应刀具状态变化。通过实时监测,系统能及时发现刀具磨损等问题,避免因未及时调整而导致加工质量下降。

1. 系统结构及原理

智能控制系统旨在全面监测和优化切削过程,核心目标是实时监测切削力、识别刀具磨损、提高切削效率、保持力稳定和提升加工质量。

系统包括切削力监测模块、刀具磨损判断模块、工艺优化决策模块、加工参数补偿模块和数据库模块。

切削力监测模块实时获取切削力变化情况,为后续决策和调整提供基础数据。刀具磨损判断模块建立刀具磨损状态监测模型,准确判断当前刀具的磨损状态,为系统智能决策提供支持。工艺优化决策模块根据实时刀具磨损状态和其他加工状态信息,提供优化方案,确保切削过程最佳化。加工参数补偿模块建立参数优化模型,调整加工参数,与数控系统协作,保障切削过程高效进行。数据库模块建立数据库、更新机制,确保系统具备充足的数据支持。

系统工作原理如下:通过信息采集模块实时监测加工信息,综合分析采用高效算法,提取与刀具磨损相关的特征组,获取当前刀具磨损状态。基于此和加工参数,系统判断工件表面粗糙度,并生成智能控制策略,自适应调整参数,确保切削过程最佳化。

智能控制系统整体结构如图 5-2 所示,关键在于模型的不断优化。离线训练和数据库更新优化系统性能的双重优化机制,适应刀具磨损挑战,保障加工稳定。

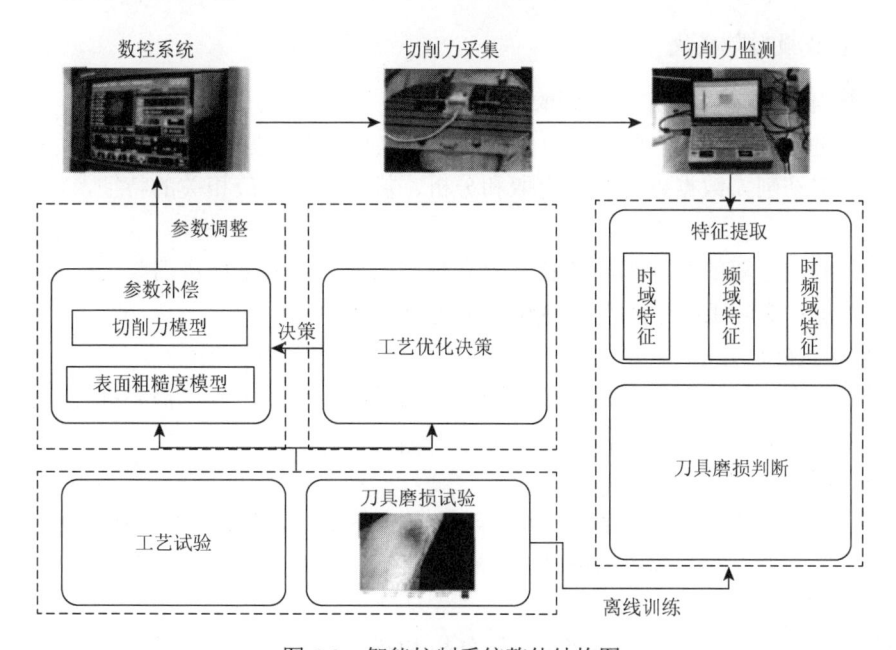

图 5-2　智能控制系统整体结构图

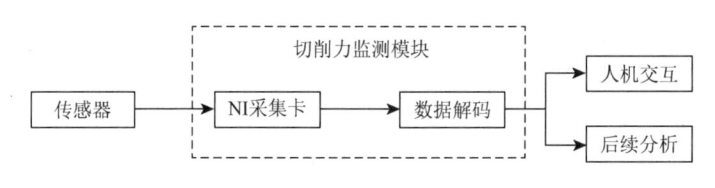

2. 切削力监测模块

切削力监测模块旨在间接监测切削力，以获得刀具磨损信息。由于切削力与刀具磨损密切相关，且切削力稳定且易于测量，因此采用切削力监测方案有助于充分利用其实时监测优势，提供系统数据输入。

该监测模块可利用 NI 数据采集卡收集切削力信号，并通过 USB（通用串行总线）或 RS232 协议传输原始数据至切削力监测模块。切削力监测模块具备强大的解码功能，可将原始数据解析为电压值，再根据预先标定的映射关系转换为切削力和切削温度等物理量，模块结构如图 5-3 所示。这一精确可靠的过程确保系统准确获取实时切削力信息，为刀具磨损监测提供可靠的数据基础。

选择此监测方案不仅因其与刀具磨损关系密切，还因其提供高度实时数据反馈。系统通过实时监测切削力，能及时捕捉刀具磨损趋势，为智能决策和自适应优化提供实时可靠的基础。这一设计将先进数据采集技术与实时切削控制有机结合，为系统高效运行奠定坚实的基础。

图 5-3　切削力监测模块结构

3. 刀具磨损判断模块

刀具磨损监测策略包括以下关键步骤：

首先，进行磨损试验，获取充分的数据，建立全面的数据集，覆盖各种磨损情况。

接着，对切削力数据进行特征提取和分析，挑选与磨损最相关的特征，确保反映磨损变化。

最后，利用选取的特征和磨损状态建立预测模型。通常采用机器学习或其他数据建模技术，确保在实际工况中的准确性和泛化能力。

1）数据预处理方法

针对切削力信号受到的干扰，包括噪声、信号漂移和冲击等，需要进行有效的预处理，包括数据选取、零漂补偿和信号滤波[119]。

2）有效数据选取及去漂移

为了获取完整的切削过程数据，并去除零漂，需要排除空采集和不稳定时段的数据，仅保留稳定切削加工的有效数据信号。

3）滤波降噪

切削力信号中存在噪声，影响信号分析和模型准确性。滤波降噪可提高信号清晰度和模型精度，去除干扰，使切削力信号更稳定可靠，为数据分析和建模提供可靠基础。

4）特征提取

预处理后的切削信号数据量大，但规律性差[120]，不适合直接用于磨损监测。处理后的切削力信号过多，不能全部作为输入，也难以提取与刀具磨损相关的信息。

（1）时域和频域特征

时域信号反映切削信号随时间变化的状态[121]。通过统计和信号处理方法提取多种时域特征，如均值、均方根、方差等，以监测刀具磨损。频域特征通过频谱分析得到，如傅里叶变换和功率谱估计，捕捉切削信号的频率分布情况，提供额外的信息用于磨损监测。

（2）时频域特征提取

时域和频域特征提取有时无法充分反映与刀具磨损相关的特征。时频域特征提取是常用方法之一。小波包分解是最常用的时频域分析方法，利用高通滤波器将信号分解至不同频段，提高时间和频率分辨率[122-124]，能更准确地捕捉刀具磨损相关特征，提高监测准确性和可靠性。

5）特征选择

特征提取后常遇到特征数量多且与刀具磨损相关程度不明确的问题。为降低干扰、提高预测精度、减少计算量、增加运算速度，采用特征选择方法。常见的方法包括相关系数法[125]和遗传算法[126]。

皮尔逊相关系数法是计算两个向量之间相关性的一种常见方法。相关系数的范围在[-1, 1]。相关系数大于 0，表示两个向量正相关；相关系数小于 0，则两个向量负相关；相关系数若为 0，则两个向量不相关。其定义如下：

$$\rho_{xy} = \frac{\frac{1}{N}\sum_{i=1}^{N}(x_i - \bar{x})(y_i - \bar{y})}{\sqrt{\frac{1}{N}\sum_{i=1}^{N}(x_i - \bar{x})}\sqrt{\frac{1}{N}\sum_{i=1}^{N}(y_i - \bar{y})}} \tag{5-1}$$

式中，x_i 为某一特征量；y_i 为刀具磨损值。

皮尔逊相关系数计算简单，能直接评估特征与刀具磨损的相关性，便于排序和筛选。这种方法可以快速了解特征与磨损之间的关系，方便进一步分析。

遗传算法源于自然选择法则，将优化条件编码为染色体，目标转化为适应度函数，多次迭代后完成优化目标[126]。该算法有多个优点，包括同时分析多个目标、高效地优化、根据适应度函数进化、通用性强、搜索策略灵活[126-128]。这使得在特征选择中能综合考虑多个因素，提高了选择的鲁棒性和效率。

6）状态识别

状态识别是指计算机通过机器学习对特征样本进行深度分析，建立映射关系，实现刀具磨损状态准确辨识。传统状态识别方法包括隐马尔可夫模型、支持向量机和人工神经网络等，被视为表面模型。然而，这些方法在训练和测试中需要依赖先验知识选择刀具磨损相关特征，学习能力受限，易导致全局最优和过拟合问题。

深度学习作为机器学习领域发展最迅速的分支之一，呈现出强大的潜力。它构建在传统神经网络基础之上，如图 5-4 所示，与传统浅层网络相比，深度学习不仅无须依赖先验知识提取样本特征，还能自动学习数据抽象表示。深层模型具有层次结构，有助于提取高维复杂数据结构的有用特征。通过预训练技术，深度学习可以避免模型陷入局部最优，提高泛化能力。

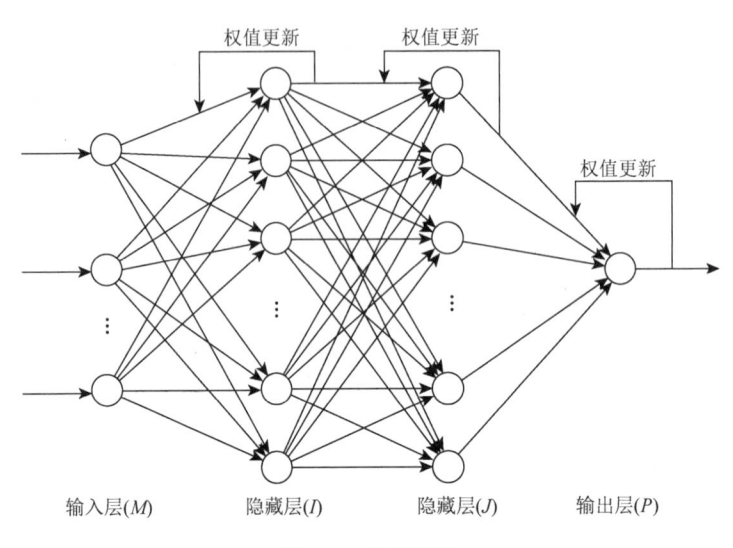

图 5-4 神经网络

工业生产中常用的深度学习模型包括卷积神经网络、自编码器、深度玻尔兹曼机等。深度学习技术已应用于颤振监测[129]、机器故障诊断[130]等工业生产领域。随着传感器技术的进步，机床及其组件传感器化程度提高，产生了大量数据，支持深度学习技术在刀具磨损状态监测中的应用。

7）软件基础及预测结构

该系统的建模可采用 MATLAB 等软件及相关机器学习工具箱。对 BP 神经网络、回归支持向量机以及多模型支持向量机进行建模，并评价其性能，最终选择最优方法进行系统开发。

4. 工艺优化决策模块

该系统的工艺优化决策包括切削参数优化和切削力自适应控制两个方面。

切削参数优化的目标函数为表面粗糙度和材料去除率，在优化模型的基础上，调整切削参数并将其输出给数控系统，以实现表面粗糙度的良好状态，提高加工效率，保持加工表面质量。

切削力自适应控制的目标是维持设定的切削力水平。通过调整进给速度，系统保持切削力稳定，减少切削力波动和刀具振动，确保表面粗糙度良好。这种自适应控制机制提高了加工过程的稳定性和可控性。

1）切削参数优化策略

（1）目标函数

在精密加工中，加工质量和效率同样重要[131]。切削力在此过程中至关重要，它会影响刀具磨损、加工质量和形变。控制和减小切削力波动，维持切削力稳定是优化目标之一。将加工效率和加工质量作为优化目标函数，并通过自适应控制可以维持切削力稳定。

在实际应用中，材料去除率通常被用作加工效率的指标。一般情况下，材料去除率越大，加工效率越高。在铣削加工中，材料去除率的计算公式如下：

$$\mathrm{MRR} = \frac{v_f a_e a_p Z}{2} \quad (5\text{-}2)$$

式中，v_f 为进给速度；a_e 为切削深度；a_p 为切削宽度；Z 为刀具齿数

加工质量考虑多个指标，如表面粗糙度 Ra、应力和变质层厚度。表面粗糙度通常用于加工参数优化，以 Ra 值为主要优化目标，并结合考虑其他指标。在实际生产中，表面粗糙度需满足特定要求，不必追求过低，以免资源浪费和加工成本增加。优化目标应是满足加工要求的表面粗糙度。

为此，选择表面粗糙度偏离程度作为表面粗糙度的优化目标，表面粗糙度偏离程度的定义如下：

$$V = (Ra_{\text{set}} - Ra)^2 \quad (5\text{-}3)$$

式中，Ra_{set} 为设定的表面粗糙度优化值；Ra 为预测的表面粗糙度值。

(2) 优化变量及约束条件

本方法的研究目标是在线监测和智能控制，因此选择主轴转速和进给速度作为在线优化变量。切削参数的选取主要受机床自身性能、刀具切削性能、加工要求等约束条件的影响。以 DMG70V 加工中心为例，该加工中心的性能约束条件如表 5-1 所示。

表 5-1　DMG70V 加工中心性能约束条件

约束变量	约束条件	约束范围
主轴转速	$n_{\min} \leqslant n \leqslant n_{\max}$	0r/min$\leqslant n \leqslant$18000r/min
进给速度	$V_{f\min} \leqslant v_f \leqslant V_{f\max}$	0mm/min$\leqslant v_f \leqslant$12000mm/min
表面粗糙度偏离	$V \leqslant V_{\max}$	$V \leqslant 0.01 \mu m^2$

在精密加工中，由于切削力和切削功率通常较小，一般不考虑对其设置限制。此外，所有参数的调整范围一般不超过 10%。这样的设定旨在保证参数的调整在合理范围内，避免过大的波动对加工过程产生不利影响。

(3) 优化模型的确定

优化模型采用满意度函数综合设计目标函数，这是常见的多目标优化方法。其核心思想是将多个变量通过特定函数转化为一个满意度函数，使得多目标优化问题转化为 0~1 的值[132]。在精密加工中，表面粗糙度要求和加工效率被认为同等重要，因此它们的权重相等且为 1。材料去除率的优化目标是最大化，属于望大结构；而表面粗糙度的优化目标是最小化，属于望小结构。其中材料去除率满意度函数为

$$d_1(\mathrm{MRR}) = \frac{\mathrm{MRR} - 432}{528 - 432} \quad (5\text{-}4)$$

考虑铣削加工实际要求，设定加工达到的表面粗糙度 Ra 值为 0.6μm，并将表面粗糙

度的优化目标值设定为 0.5μm。由于要求表面粗糙度必须在 0.5μm 之内且稳定在 0.5μm 周围，因此表面粗糙度偏离程度的满意度函数定义为

$$d_2(V) = \frac{V - 0.01}{0.0001 - 0.01} \tag{5-5}$$

由以上两个满意度函数可得全局满意度函数为

$$D(n, v_f) = \left(d_1(\text{MRR})d_2(V)\right)^{1/2} = \left(\frac{\text{MRR} - 432}{528 - 432} \frac{V - 0.01}{0.0001 - 0.01}\right)^{1/2} \tag{5-6}$$

全局满意度函数的约束性优化条件为

$$\begin{cases} \max D(n, v_f) \\ \text{s.t.} V \leqslant 0.01 \mu m^2 \end{cases} \tag{5-7}$$

2）切削力自适应控制策略

铣削加工中，加工状态的动态变化，包括工件表面的不规则性、刀具磨损以及系统刚度的变化，可能导致切削力波动，甚至引发刀具振动和颤振。为了解决这些挑战，恒切削力机制旨在自适应地保持切削力稳定在目标值，以确保加工质量的稳定性，延长刀具寿命，并降低颤振等风险。切削力自适应策略流程如图 5-5 所示。传统加工中，试验人员通常采用固定且保守的进给速度，这限制了加工效率。在安全范围内，恒切削力机制通过调节进给速度来提高加工效率。

图 5-5 切削力自适应策略流程图

该策略实时监测测力传感器采集的切削力信号，并基于加工参数对切削力的预测模型进行反向计算，以确定调整的进给速度。随后，将进给速度调整指令传输给数控系统。切削力自适应控制策略具有计算速度快、滞后性小的特点，可与切削参数优化策略相辅相成，使系统功能更加完整和可靠。

5. 加工参数补偿模块和数据库模块

工艺优化决策模块根据当前加工状态，向加工参数补偿模块提供优化决策。切削参数优化和切削力自适应控制是关键问题。切削参数优化的目标是提高表面粗糙度和加工效率，而切削力自适应控制旨在维持切削力稳定。为此，需要建立加工参数对表面粗糙度和切削力的预测模型。

数据库模块存储试验和加工过程中产生的有价值样本，并通过自学习机制更新系统内部预测模型。数据库更新策略依据规则，用新样本替换价值较低的样本，保持数据更新。在线偏差更新策略利用数据库样本指导当前环境样本的预测，适应变化的加工环境。

通过循环学习机制，系统不断优化模型和决策，以适应不同的加工条件，实现更精准的工艺优化和控制。

5.2 基于电流的铣刀状态监测

5.2.1 电流与铣削加工质量之间的关联性

1. 影响因素

在铣削加工中,刀具与工件的摩擦导致刀具磨损。刀具磨损不仅影响加工质量,还会在主轴电流和功率信号上留下痕迹。随着磨损加剧,切削力和主轴电流会发生变化,因此可以通过监测主轴电流来监测切削力变化。因为切削力变化导致主轴电机负载变化,从而引起电流波动,主轴电流或功率常被视为刀具磨损监测的有效指标。

切削力变化直接影响刀具负载,增加切削力会增加主轴电机负载,减小切削力则减少主轴电机负载。电机通过在磁场中通电产生电磁力来运转,当负载增加时,需要更多电流维持运转。因此,切削力增加会导致主轴电流增加,反之亦然。

通过监测主轴电流变化,可以实时获取刀具磨损状态的信息,进行及时调整和控制,以维持加工稳定性和提高表面质量。

2. 电流与切削力的理论关系

铣削加工中,铣削力会随着刀具旋转周期变化,并通过刀柄、主轴、同步齿形带和联轴器等传递至主轴电机轴,引起电机电流随之周期变化。由于轴向铣削力和径向铣削力穿过刀具中心,所以对刀具不产生摩擦力矩。因此,作用在刀具上的切向铣削力与主轴电机电流存在如下关系:

$$K_t I_{\text{rms}} = T_m = J\frac{\mathrm{d}\omega}{\mathrm{d}t} + T_f + F_t R \tag{5-8}$$

式中,K_t 为电机摩擦力矩常量;I_{rms} 为电机三相电流有效值;T_m 为作用在电机轴上的摩擦力矩;J 为主轴传动系统等效转动惯量;ω 为主轴角频率;T_f 为电机轴克服的摩擦力矩;F_t 为切向铣削力;R 为铣刀半径。

若机床采用三相交流异步电机作为主轴系统的动力源,电机的三相电流可以描述为

$$\begin{aligned} i_u &= I_m \cos(\omega_i t) \\ i_v &= I_m \cos\left(\omega_i t - \frac{2\pi}{3}\right) \\ i_w &= I_m \cos\left(\omega_i t - \frac{4\pi}{3}\right) \end{aligned} \tag{5-9}$$

式中,i_u、i_v、i_w 分别为 u、v、w 相电流;I_m 和 ω_i 分别为三相电流的幅值和角频率。则 I_{rms} 可以表示为

$$I_{\text{rms}} = \sqrt{(i_u^2 + i_v^2 + i_w^2)/3} \tag{5-10}$$

由于传动系统模型中存在等效转动惯量 J 和摩擦力矩 T,这两个未知项的存在使得直接使用测得的主轴电流来代替铣削力进行计算变得不可行。实际加工中,一次走刀中主

轴转速一般恒定不变，因此主轴角加速度为零，即 dω/dt 为零，故不需考虑等效转动惯量。当主轴空转时，铣削力 F 为零，故有

$$K_t I_{rms0} = T_f \qquad (5\text{-}11)$$

式中，I_{rms0} 为某转速下空切电流。

将式（5-8）代入式（5-11）中有

$$K_t \Delta I = F_t R$$
$$\Delta I = I_{rms} - I_{rms0} \qquad (5\text{-}12)$$

式中，ΔI 为铣削电流增量。

为了下面计算方便，将铣削电流增量与切向铣削力的关系记为

$$\Delta I = K F_t$$
$$K = R / K_t \qquad (5\text{-}13)$$

式中，K 为铣削力与铣削电流增量比例系数。显然，铣削电流增量与切向铣削力成正比，因此理论上可以使用主轴铣削电流增量代替切向铣削力。

3. 信号监测

与其他监测信号相比，主轴电流和功率信号采集简便且成本低，无须对机床进行复杂的改造。然而，采集过程中存在一些挑战，包括较大噪声、低分辨率和慢响应速度，这些特性可能在精密加工中引入复杂性。切削参数频繁变化、刀具磨损增加对主轴信号影响较小，且机床负载变化不明显，限制了其在精密加工中的应用。

尽管如此，主轴电流和功率信号仍是一种经济可行的监测手段，尤其适用于无须大规模改造的情况。通过综合分析主轴信号并结合其他监测手段，可以提高刀具磨损监测的准确性和可靠性，从而更好地支持精密加工的质量控制和设备维护。

5.2.2 基于电流的实时监测方法

为实现实时电流监测，可以构建一套智能监测系统，系统的设计架构基于对切削过程实时电流的监测与优化，其核心目标是通过监测电流变化，识别刀具的磨损状态，以提高切削加工效率，保持电流稳定性和提升加工质量。

1. 系统结构及原理

实时电流智能监测系统主要包括电流监测模块、刀具状态判断模块和刀具磨损预测模块。电流监测模块是核心，需定制接口接收并转换电流传感器信号，实时获取电流变化，提供关键数据。刀具状态判断模块通过提取电流特征，建立磨损监测模型，准确判断刀具磨损状态，支持后续工艺优化。刀具磨损预测模块通过分析电流历史数据和磨损趋势，预测未来磨损状况，为提前维护和决策提供机会。

实时电流智能监测系统平台主要由立式综合加工中心、立铣刀、电流传感器、数据采集卡、计算机和工件组成。其原理是通过闭环霍尔电流传感器测量铣削电流信号，传输给数据采集卡，然后基于传输控制协议/网际协议（transmission control protocol/internet protocol，TCP/IP）通过网线将数据传输至计算机软件系统显示和存储。实时电流智能监测系统组成结构如图 5-6 所示，工作流程如图 5-7 所示。

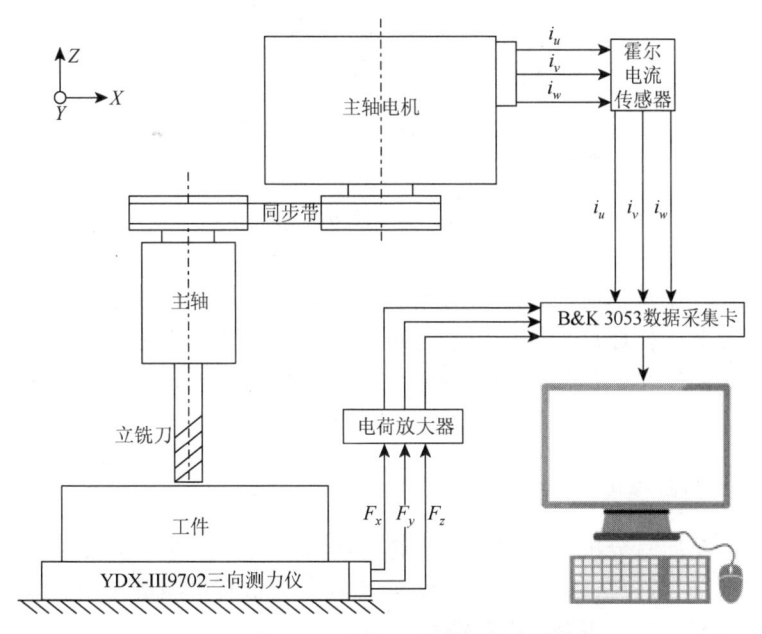

图 5-6 实时电流智能监测系统的组成结构

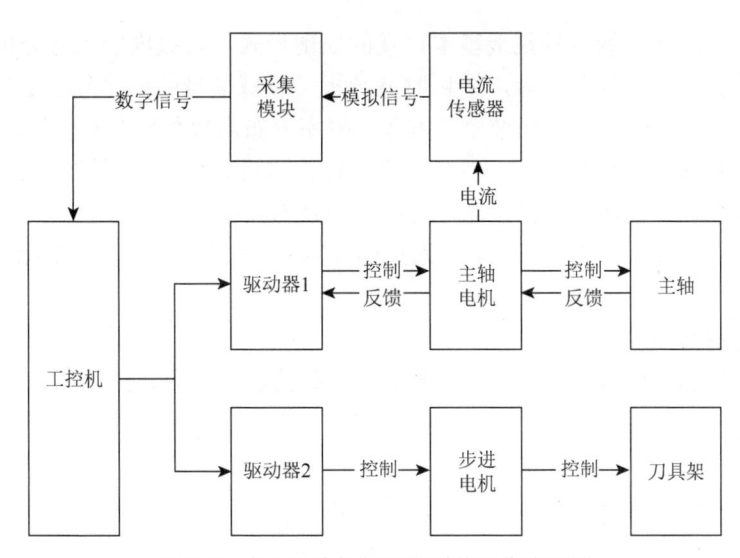

图 5-7 实时电流智能监测系统工作流程图

2. 电流监测模块

霍尔元件是一种由半导体材料制成的磁电转换器件，它能够通过电流和磁场的作用产生电压信号。如图 5-8 所示，当在输入端施加控制电流 I，并使磁场 B 穿过霍尔元件的磁感应区域时，在输入端将出现霍尔电势 U_H。

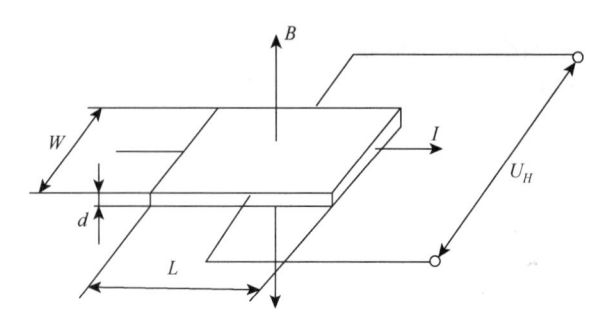

图 5-8 霍尔效应原理

采集系统中使用霍尔电流传感器对电流进行测量,霍尔电流传感器为有源传感器,需要外部供电。其工作原理为根据安培定则,电流周围产生磁场,其磁感密度与电流大小成正比,即 $B \propto I_0$,传感器内部提供控制电流 I,根据霍尔效应原理,可以计算得到待测电流 I_0 的大小。

3. 刀具状态判断模块

时频域分析是所有分析方法的基础,通过基本变换和计算可获取许多与刀具磨损相关的信息[133-135]。时域分析以时间为变量,重点在于分析有量纲量和无量纲量;频域特征以频率为变量分解信号,研究其频率特性。

1)时域特征提取

在工程中,时间变量信号是最基本直观的表现形式。时域内的信号分析包括滤波、特征提取、放大、相关性分析等,统称时域分析。时域信号的统计分析是指估算各种特征参数,如均值、均方根值、标准差、方差、概率分布函数和概率密度等。

时域分析是基本的检测方法,能快速有效地检测设备状态。通过提取主轴电机电流的时域特征参数,并进行分析和计算,就可以识别刀具状态。

对于离散信号 $\{x_i\}(i=1,2,\cdots,N,N$ 为采样点数),常用的时域特征指标分为有量纲指标和无量纲指标。

(1)有量纲指标

均值:信号的平均值,可以表征信号的中心趋势,计算公式为

$$\bar{x} = \sum_{i=1}^{N} x_i \tag{5-14}$$

方差:代表信号能量的动态分量,计算公式为

$$\sigma^2 = \frac{1}{N} \sum_{i=1}^{N} (x_i - \bar{x})^2 \tag{5-15}$$

标准差 σ:反映信号的离散程度。

最大值 $x_{\max}$:信号中的最大幅值。

峰峰值:反映信号的变化范围,计算公式为

$$x_p = x_{\max} - x_{\min} \tag{5-16}$$

均方根值：反映信号的能量特征，常用于表征信号强度，是机械状态监测的重要指标，计算公式为

$$X_{\text{rms}} = \sqrt{\frac{1}{N}\sum_{i=1}^{N} x_i^2} \tag{5-17}$$

方根幅值：

$$x_r = \left(\frac{1}{N}\sum_{i=1}^{N} \sqrt{|x_i|}\right)^2 \tag{5-18}$$

整流平均值：

$$X_{\text{arv}} = \frac{1}{N}\sum_{i=1}^{N} |x_i| \tag{5-19}$$

（2）无量纲指标

波形因子：

$$S_f = \frac{X_{\text{rms}}}{X_{\text{arv}}} \tag{5-20}$$

峰值因子：表征峰值在波形中的极端程度，通常可以反映零件的磨损情况，计算公式为

$$C_f = \frac{X_{\max}}{X_{\text{rms}}} \tag{5-21}$$

峭度因子：表示波形的平缓程度，用于描述变量的分布，是对振动信号冲击特性的反映，计算公式为

$$K = \frac{1}{N} \frac{\sum_{i=1}^{N}(x_i - \overline{x})^4}{\sigma^4} \tag{5-22}$$

脉冲因子：能够衡量信号中有无冲击，计算公式为

$$I = \frac{X_{\max}}{X_{\text{arv}}} \tag{5-23}$$

裕度因子：用于检测信号中的冲击信号，与峰值因子相似，计算公式为

$$C_e = \frac{X_{\max}}{x_r} \tag{5-24}$$

偏斜度：表征信号相对于中心的不对称程度，计算公式为

$$S_k = \frac{\frac{1}{N}\sum_{i=1}^{N}(x_i - \overline{x})^3}{\sigma^3} \tag{5-25}$$

歪度：

$$C_w = \frac{1}{N}\sum_{i=1}^{N}\left(|x_i| - \overline{x}\right)^3 / x_{\text{rms}}^3 \tag{5-26}$$

2）频域特征提取

时域特征基于信号的时间序列进行分析，随着刀具磨损增加，信号的频域结构也会

变化。频域分析通过快速傅里叶变换将时域信号转为频域信号,提取频谱图中不同频率幅值分布的参数,如重心频率、频率方差、均方频率等,以挖掘铣削过程中更丰富的频域特征信息。常用的频谱分析方法包括傅里叶变换、幅值谱、功率谱、能量谱、倒频谱和包络谱。

(1)傅里叶变换

傅里叶变换是频域分析中的主要方法,它可以比较容易地实现信号从时域到频域的转换,达到对信号频率及幅值分析的目的[136]。

傅里叶变换的定义为

$$F(\omega) = \int_{-\infty}^{+\infty} f(t) \mathrm{e}^{-\mathrm{i}\omega t} \mathrm{d}t \tag{5-27}$$

式中,$f(t)$为连续信号。

对于离散信号 $x(0), x(1), x(2), \cdots, x(N-1)$,其离散傅里叶变换为

$$X(k) = \frac{2}{N}\sum_{n=0}^{N-1} x(n)\mathrm{e}^{-\mathrm{i}\frac{2x}{N}K} = \frac{2}{N}\sum_{n=1}^{N-1} x(n)\left(\cos\left(\frac{2\pi}{N}kn\right) - \mathrm{i}\sin\left(\frac{2\pi}{N}kn\right)\right) \tag{5-28}$$

式中,k 为谱线号;N 为信号的序列长度。

傅里叶逆变换的定义为

$$f(t) = \int_{-\infty}^{+\infty} F(\omega)\mathrm{e}^{\mathrm{i}\omega t}\mathrm{d}f \tag{5-29}$$

式中,$F(\omega)$为$f(t)$的傅里叶变换,由傅里叶变换可以得到相应的幅值谱、相位谱等。

幅值谱是指频域内信号幅值分布的情况,它表示单位频带上频率信号的强度。换句话说,幅值谱能反映频域中各个幅值的分布情况,其计算公式为

$$G_{x\mathrm{Amp}}(k) = |X(k)| \tag{5-30}$$

将傅里叶逆变换表示成复数形式为

$$X(f) = |X(f)|\mathrm{e}^{\mathrm{i}\varphi(f)} \tag{5-31}$$

若以 $\mathrm{Re}(X(\omega))$ 和 $\mathrm{Im}(X(\omega))$ 分别表示 $X(\omega)$ 的实部和虚部,则有

$$|X(\omega)| = \sqrt{\mathrm{Re}^2(X(\omega)) + \mathrm{Im}^2(X(\omega))} \tag{5-32}$$

相位谱公式为

$$\varphi(\omega) = \arctan\frac{\mathrm{Im}(X(\omega))}{\mathrm{Re}(X(\omega))} \tag{5-33}$$

式中,$\varphi(\omega)$表示的含义即相位谱。

(2)功率谱

功率谱指单位频带内信号的某些特征在频域上随频率变化的现象,它分为自功率谱和互功率谱。在求解信号的自功率谱和互功率谱时,一般先对 $x(t)、y(t)$二者进行傅里叶变换得到 $X(f)、Y(f)$,然后通过共轭计算,求出信号 $x(t)$的自功率谱 $G_{xx}(f)$、信号 $x(t)$和$y(t)$的互功率谱 $G_{xy}(f)$,表示如下:

$$G_{xx}(f) = X^*(f)X(f) \tag{5-34}$$

$$G_{xy}(f) = X^*(f)Y(f) \tag{5-35}$$

通过功率谱，可以比较准确地得到与铣刀磨损状态相关的频谱特征。

（3）共振解调技术

共振解调技术在刀具磨损状态监测中具有广泛的应用，它通过谐振器对采集的信号进行处理，对由低频冲击所引起的高频共振波进行解调和低通滤波来分析信号的幅值和频谱变化，其原理如图 5-9 所示。

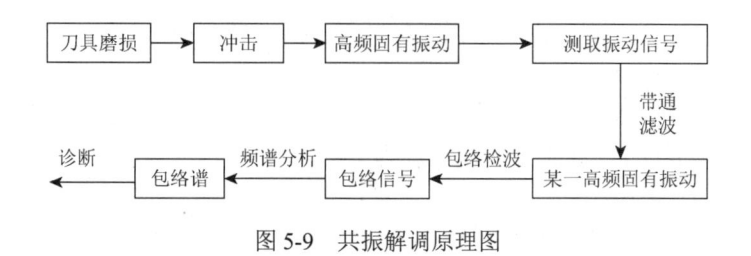

图 5-9 共振解调原理图

（4）特征指标

假设采集到的时域信号为 $\{x_i\}$ ($i = 1, 2, \cdots, N$，N 为采样点数)，经快速傅里叶变换后得到频域信号 $\{X(f_i)\}$ ($i = 1, 2, \cdots, N/2$，N 为采样点数)。其中，f_i 表示该采样点对应的频率，$X(f_i)$ 表示该频率对应的幅值。

重心频率：表征频谱重心所在位置，计算公式为

$$\mathrm{FC} = \left[\sum_{i=1}^{N/2} f_i X(f_i)\right] \bigg/ \sum_{i=1}^{N/2} X(f_i) \tag{5-36}$$

频率方差：反映频谱图分布的离散程度，计算公式为

$$\left[\sum_{i=1}^{N/2} (f_i - \mathrm{FC})^2 X(f_i)\right] \bigg/ \sum_{i=1}^{N/2} X(f_i) \tag{5-37}$$

均方频率：能体现功率谱主频带位置的变化，计算公式为

$$\mathrm{MSF} = \left[\sum_{i=1}^{N/2} f_i^2 X(f_i)\right] \bigg/ \sum_{i=1}^{N/2} X(f_i) \tag{5-38}$$

3）时频域特征提取

在监测铣刀磨损状态时，由于加工环境恶劣，得到的电流信号通常是非平稳信号。传统的时域和频域分析方法主要对平稳信号有效，无法全面提取非平稳信号的局部特征信息。因此，为提高铣刀磨损状态判断的准确性，需要采用时频域分析提取时频域特征。

时频域分析是信号处理的主流技术，能在时域和频域上均获得良好的局部分析特性，克服了单独时域分析或频域分析方法的局限性。常见的时频处理方法包括短时傅里叶变换、小波分析、小波包分解和经验模态分解。由于固定窗宽的变换对于频率随时间明显变化的信号不够理想，因此研究中常采用小波分析和小波包分析。

（1）小波分析

小波变换相比于傅里叶变换，具有时间频率局部化分析的优势。通过伸缩平移运算对信号进行多尺度细化，小波变换的母函数频率变化时，时间窗宽度也相应变化。高频阶段提高时间分辨率，低频阶段降低时间分辨率，具有自适应性，可聚焦到信号的细节。

设 $\psi(t) \in L^2(R)$，其傅里叶变换为 $\hat{\psi}(\omega)$，当 $\hat{\psi}(\omega)$ 满足条件：

$$C_\psi = \int_R \frac{|\hat{\psi}(\omega)|^2}{|\omega|} d\omega < \infty \tag{5-39}$$

时，$\psi(t)$ 称为一个基本小波或者母小波，式（5-39）则称为小波的容许条件，它表明一个函数成为小波的首要条件。将其母小波 $\psi(t)$ 进行伸缩和平移后得到

$$\psi_{a,b}(t) = \frac{1}{\sqrt{|a|}} \psi\left(\frac{t-b}{a}\right), \quad a,b \in \mathbf{R}, \ a \neq 0 \tag{5-40}$$

称其为一个小波序列，其中 a 为伸缩因子，b 为平移因子，它们都是连续变化的量。对于任意的函数 $\psi(t) \in L^2(R)$，其连续变换小波为

$$W_f(a,b) = f, \psi_{a,b} = \frac{1}{\sqrt{|a|}} \int_R f(t) \overline{\psi\left(\frac{t-b}{a}\right)} dt \tag{5-41}$$

其重构公式为

$$f(t) = \frac{1}{C_\psi} \int_{-\infty}^{\infty} \int_{-\infty}^{\infty} \frac{1}{a^2} W_f(a,b) \psi\left(\frac{t-b}{a}\right) dadb \tag{5-42}$$

基小波生成的小波在小波变换中对被分析的信号起着观测窗的作用。对离散信号 $f(k)$ 进行二进小波变换，表达式可以表示为

$$W_{m,n}(f) = \sum_{k=1}^{N} f(k) h_m(k - 2^m n) \tag{5-43}$$

式中，$m, n = \pm 0,1,2,\cdots$ 分别为尺度因子和平移因子；$h_m(k - 2^m n)$ 为合成小波，是小波母函数 $\psi_{m,n} = 2^{-\frac{m}{2}} \psi(2^{-m} t - n)$ 的二进制离散形式。

小波变换将原始信号划分为低频和高频两个频带，并对低频部分做进一步的划分。图 5-10 是三层小波分解示意图，其中 S 表示原始信号，A_i 和 D_i 分别表示第 i 层分解后的低频分量和高频分量。

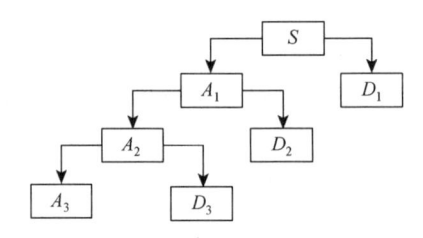

图 5-10 利用小波变换进行三层分解的结构示意图

（2）小波包分解

小波包变换是在小波变换的基础上发展而来的一种更精细的信号处理技术，小波包分解针对小波在分析高频部分的不足，进行了相应的改进，它根据频带的不同自适应确定合适的分辨率，从而实现整个频带的分析，有效提高了提取铣刀磨损状态信号特征值

的准确率[137,138]。图 5-11 是三层小波包分解示意图，其中 S 表示原始信号，A 和 D 分别表示低频分量和高频分量，数字表示分解层数。

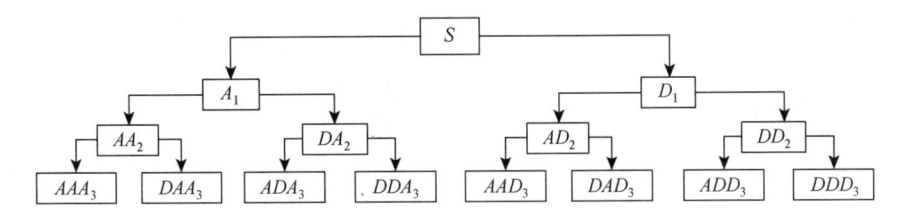

图 5-11 利用小波包变换进行三层分解的结构示意图

假设 $\{g_n\}$、$\{h_n\}$ 分别为小波包分解的高、低通滤波器组，则小波包分解的算法为

$$d_l^{j,2n} = \sum_k h_{k-2l} d_k^{j+1,n} \tag{5-44}$$

$$d_l^{j,2n+1} = \sum_k g_{k-2l} d_k^{j+1,n} \tag{5-45}$$

式中，j 为分解尺度；d 为分解后的小波系数。

小波包重构公式为

$$d_l^{j+1,n} = \sum_k \left(h_{l-2k} d_k^{j,2n} + g_{l-2k} d_k^{j,2n+1} \right) \tag{5-46}$$

利用小波包变换方法可以挖掘出原始振动信号中高频部分的大量细节和边缘信息。

（3）小波包能量特征提取

根据前文介绍，小波包分解需要选择适当的小波基函数，不同基函数对同一信号进行分解会产生不同的结果。目前，尚无统一的理论标准可供选择小波基函数。通常情况下，需考虑具体问题的特点，综合考虑小波基函数的性质和时频测不准原理，采用经验性选择，包括正交性、紧支性、衰减性、对称性和消失矩等原则。随后，需确定分解层数。小波包分解遵循能量守恒原则，将信号分解到不同子频带同时划分能量，使得各子频带能够在保持信号能量的基础上重构出原始信号[139]。每个子频带的能量变化也在一定程度上反映了刀具的磨损状态。每个子频带的能量计算公式如下：

$$e_k = \sum_{i=1}^n x_{ki}^2, \quad k = 1, 2, \cdots, 16 \tag{5-47}$$

式中，x_{ki} 为第 k 个子频带的小波包分解系数。因此，每个子频带能量占总能量的比例为

$$E_k = \frac{e_k}{\sum_{i=1}^{16} e_i}, \quad k = 1, 2, \cdots, 16 \tag{5-48}$$

4）状态识别

由于切削电流受多种因素影响，除了切削速度、进给速度和切削深度，还包括切削液、工件材料和铣刀直径等。这些因素使得建立准确的切削电流模型变得困难。然而，卷积神经网络分类算法可以通过已知原始数据样本集自动调节结构模型，并提取磨损敏

感特征，同时对其他因素不敏感，具有出色的泛化能力和鲁棒性。因此，该系统将采用基于卷积神经网络的学习方法进行铣刀磨损状态监测。

刀具状态识别过程分为如下九个步骤（图 5-12 为其流程图）：

（1）建立刀具信号采集系统，获取电流信号。

（2）使用短时傅里叶变换将电流信号转换为时频谱图。

（3）对时频谱图进行预处理，删除非特征部分并调整其大小为正方形。

（4）构建并初始化网络，确定网络参数如学习率、迭代次数、步长。

（5）进行网络训练和前向传播，计算网络输出与预期目标的误差。

（6）判断网络是否收敛到最优，若是，则进入步骤（8）；否则，执行步骤（7）。

（7）执行反向传播算法，更新权值，直至网络收敛。

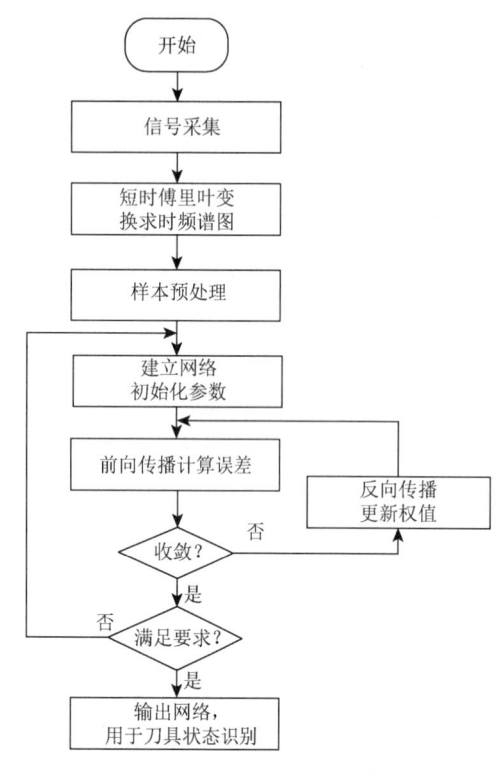

图 5-12　卷积神经网络训练流程图

（8）根据测试样本的准确度判断网络是否满足实际要求，若满足，则执行步骤（9），否则返回步骤（4），调整网络参数。

（9）输出用于刀具状态识别的网络。

卷积神经网络（convolutional neural network，CNN）是一种深度学习算法，其结构相比其他深度学习和传统神经网络更为独特[140]。卷积神经网络具有权值共享和非全连接的特性，同一特征图中的神经元共享相同的权重矩阵，并且权重矩阵仅连接到局部神经节点，这种结构大大降低了网络的复杂性和学习的计算量。

卷积是一种将两个信号的一定范围内的相应位置元素相乘后再求积分的数学运算。对于一维连续信号，设两个信号分别为 $f(t)$ 和 $w(t)$，则两者的卷积定义为

$$(f*w)(t)=\int_{-\infty}^{\infty}f(\tau)w(t-\tau)\mathrm{d}\tau \tag{5-49}$$

其离散形式为

$$(f*w)(t)=\sum_{\tau=-\infty}^{\infty}f(\tau)w(t-\tau) \tag{5-50}$$

对于二维连续信号，设两个信号分别为 $f(x,y)$ 和 $w(x,y)$，则两者的卷积可定义为

$$(f*w)(x,y)=\int_{-\infty}^{\infty}\int_{-\infty}^{\infty}f(u,v)w(x-u,y-v)\mathrm{d}u\mathrm{d}v \tag{5-51}$$

其离散形式为

$$(f*w)(x,y) = \sum_{u=-\infty}^{\infty}\sum_{v=-\infty}^{\infty} f(u,v)w(x-u,y-v) \tag{5-52}$$

根据上述公式，一维卷积和二维卷积本质上都是信号的加权求和运算，具有相同的形式，因此卷积神经网络理论同样适用于一维空间。在卷积神经网络中，$f(t)$和$f(x,y)$称为网络的输入，$w(t)$和$w(x,y)$称为卷积核，卷积的结果称为特征映射。通常情况下，卷积核大小有限，远小于输入的大小。

卷积神经网络是一个多层神经网络，通常包括输入层、卷积层、池化层、扁平层、全连接层和输出层，其基本结构如图 5-13 所示。输入层（Input）接收数据，可以是一维信号、二维图像或经过预处理的一维特征和二维特征。卷积层（C1 和 C2）和池化层（S1 和 S2）的作用是从输入数据中提取相关特征。扁平层（Flatten）将多个特征图展开成一维序列。全连接层（Dense）将特征映射到不同的类别，即输出层（Output）。

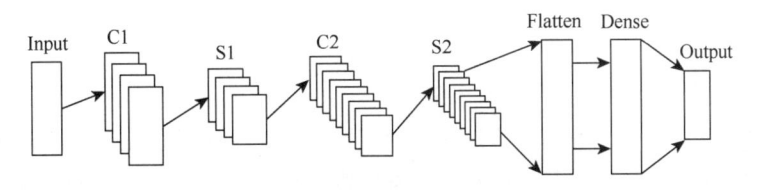

图 5-13 卷积神经网络基本结构

（1）卷积层。卷积层是卷积神经网络的核心，它使用多个有限大小的卷积核通过遍历扫描的方式与前一层输出在可接受域内利用式（5-50）或式（5-52）进行卷积运算，将可接受域内的信息进行汇聚、融合并经过激活函数映射为多个特征图。与不同可接受域的元素进行卷积时，每个卷积核的权重不发生变化，这是卷积神经网络具有权值共享特性的根本原因。不在接受域内的神经元不与卷积核进行连接，这是卷积神经网络局部连接的一个体现。

对于一维卷积神经网络，设输入为一维序列 $f(t)$，卷积核尺寸为 $1×n$，则卷积层形式为

$$(f*w)(t) = \sum_{\tau=1}^{n} f(\tau)w(t-\tau) \tag{5-53}$$

卷积层工作过程需要激活层，激活层使用激活函数增加神经网络的表达能力，常用的激活函数有 Sigmoid 函数、Tanh 函数和 ReLU 函数。ReLU 函数由于其线性非饱和特性及快速收敛的性质而在卷积层中经常使用，其函数表达式为

$$g(x) = \begin{cases} 0, & x \leq 0 \\ x, & x > 0 \end{cases} \tag{5-54}$$

（2）池化层。池化是卷积神经网络的重要概念，是一种非线性降采样方式[141]，通过总体特征来替代相邻输出位置的数据，从而降低数据维度，减小计算量，避免过拟合。池化还能增强数据特征、提高信噪比，增强模型的鲁棒性。

池化层将每个特征图分割为等大且不重叠的区域，然后使用池化函数处理每个区域的数据，得到输出结果。常见的池化函数有最大值函数和平均值函数，其中最大值函数性能优异。在池化过程中，特征图数量不变，但尺寸根据池化参数减小，计算方式与卷积层相同。池化处理过程如图 5-14 所示。

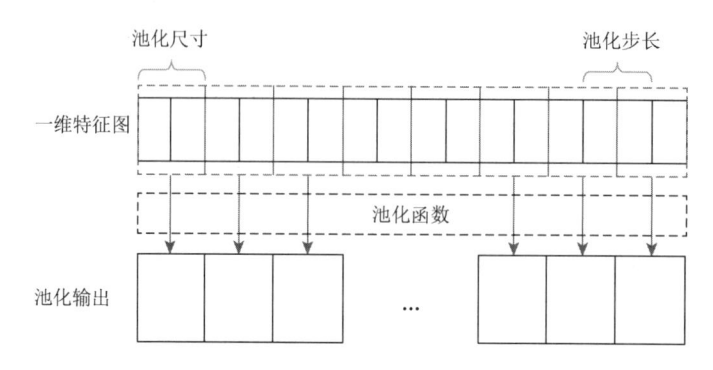

图 5-14 池化处理过程

（3）全连接层。将经过多次卷积和池化后的一维特征图与输出层全连接，使得卷积层和池化层提取的高级特征经过 Softmax 函数映射到各个类别，实现数据分类。Softmax 函数是一个分类器[142]，它将全连接层的输出映射到 0~1，其函数形式如下：

$$f(u_i) = \frac{\exp(u_i)}{\sum_{i=1}^{C} \exp(u_i)} \tag{5-55}$$

式中，$u_i = w_i x + b_i$，w_i 为全连接层关于第 i 类的权重向量，x 为全连接层输入特征图，b_i 为偏置项。由式（5-55）可知，所有输出值被映射到 0~1，输出越大表示属于某一类的概率越大。

为了持续学习和优化网络模型，卷积神经网络将训练分为前向传播和反向传播两个阶段。反向传播是卷积神经网络实现自我修正的关键，其基本原理是：假设预测分类结果为 Y，期望分类结果为 T。在多分类问题中，通常使用与类别数相同大小的 one-hot 向量表示分类结果，其中仅在相应类别位置上的值为 1，其他位置上为 0。为衡量模型误差，引入均方差作为损失函数，其表达式为

$$E = \frac{1}{2} \sum_{i=1}^{C} (T_i - Y_i)^2 \tag{5-56}$$

则损失函数对各神经元的权重及偏置的偏导数分别为

$$\begin{aligned} \frac{\partial E}{\partial W} &= \frac{\partial E}{\partial u} \frac{\partial u}{\partial W} \\ \frac{\partial E}{\partial b} &= \frac{\partial E}{\partial u} \frac{\partial u}{\partial b} \end{aligned} \tag{5-57}$$

设参数的灵敏度为 δ，即

$$\frac{\partial E}{\partial b} = \frac{\partial E}{\partial u}\frac{\partial u}{\partial b} = \delta \tag{5-58}$$

由前文可知，$\partial u/\partial b = 1$，故有

$$\frac{\partial E}{\partial b} = \frac{\partial E}{\partial u} = \delta \tag{5-59}$$

$$\frac{\partial E}{\partial W} = x\delta^{\mathrm{T}}$$

记第 l 层的灵敏度为 δ^l，根据损失函数即式（5-56）可得

$$\delta^l = \frac{\partial E}{\partial u^l} = \sum_{i=1}^{C}(Y_i - T_i)f'(u^l) \tag{5-60}$$

则根据链式法则有 $l-1$ 层的灵敏度 δ^{l-1} 为

$$\delta^{l-1} = \frac{\partial E}{\partial u^{l-1}} = \frac{\partial E}{\partial u^l}\frac{\partial u^l}{\partial u^{l-1}} = (W^l)^{\mathrm{T}}\delta^l \circ f'_l(u_{l-1}) \tag{5-61}$$

故根据梯度下降法，网络参数更新方法为

$$W^l = W^l - \alpha\frac{\partial E}{\delta W^l} = W^l - \alpha x^{l-1}(\delta^l)^{\mathrm{T}}$$
$$b^l = b^l - \alpha\frac{\partial E}{\delta b^l} = b^l - \alpha\delta^l \tag{5-62}$$

式中，α 为学习率。根据式（5-62），误差即可从输出层逐层反向传播到第一隐藏层，并不断进行参数更新。卷积层和池化层的误差反向传播与式（5-62）类似，限于篇幅这里不再赘述。

5）模型建立

学习算法和模型超参数对分类效果有重要影响，需要研究这些因素以建立最优的铣刀磨损监测模型，实现刀具磨损状态的准确识别。

特征个数不仅影响分类准确率，还影响模型训练时间。因此，需要研究特征个数对分类效果的影响，以选择最优参数。

卷积核大小影响网络特征空间大小和学习能力。尺寸越大，学习能力越强，但会增加计算量和过拟合风险，因此需要选择合适的卷积核尺寸。

不同的卷积核提取不同的特征，卷积核过少会降低准确率，卷积核过多会增加模型复杂度和训练时间。需要研究准确率和训练时间随卷积核数量的变化规律，选择最优参数。

迭代次数直接影响模型拟合效果和时间消耗。迭代次数过少会导致参数不足以达到最优，准确率低，迭代次数过多则可能准确率下降且耗时增加。因此，需要寻找合适的迭代次数，以满足准确率和时间的要求。

4. *刀具磨损预测模块*

对于刀具的各种运行状态，需要实时识别和分析状态参数，预测剩余寿命。因此，采用机器学习对刀具状态进行采集和生成寿命曲线，以预测实时状态和剩余寿命，并在即将达到使用寿命时进行预警。

工作过程如下:通过主轴电流信号进行线性判别分析(linear discriminant analysis,LDA)降维,用 B 样条拟合特征变化模型,得出刀具处于的磨损阶段及对应的磨损量,最后采用支持向量机(SVM)对磨损程度进行预警。

1)线性判别分析模型

线性判别分析是一种特征降维模型,也称为 Fisher 线性判别(Fisher linear discriminant)。它将高维特征投影到低维空间,提取敏感特征并压缩维度。LDA 投影后,子空间的类间距离最大且类内距离最小,确保了特征可分离性[143,144],它的投影原理如图 5-15 所示。

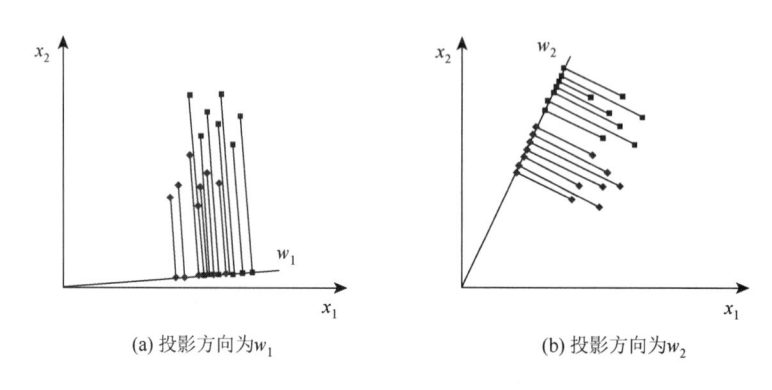

(a) 投影方向为 w_1
(b) 投影方向为 w_2

图 5-15　LDA 投影示意图

图 5-15(a)中,在 w_1 方向上,两种状态的点投影大面积重合,无法很明确地区分类别状态;但在图 5-15(b)中,将投影方向变为 w_2 后,可以很明显地看出两类的分界,并且每个样本的特征维度由 (x_1, x_2) 的二维下降到一维,通过这个新的一维特征,可以很明显地区分两种状态。

相比于主成分分析(PCA),LDA 模型的侧重点在于不同类别之间的差异,以寻找更加有效的分类方法,而 PCA 则更加侧重于每一类别之内的统计学特征。

对于特征空间 R^n,有 m 个样本集为 $x_1, x_2, \cdots, x_m$,其中每个 x 为 n 维的特征矩阵,并且 n 表示属于第 i 类的样本个数,$n_1 + n_2 + n_3 + \cdots = m$。则有一个映射特征向量为 w,使得 x 到 w 上的投影表示为

$$y = w^T x \tag{5-63}$$

i 类样本的均值为

$$\mu_i = \frac{1}{n_i} \sum_{x \in i} x \tag{5-64}$$

样本总体均值为

$$\mu = \frac{1}{m} \sum_{i=1}^{m} x_i \tag{5-65}$$

定义类间散布矩阵与类内散布矩阵为

$$S_b = \sum_{i=1}^{c} n_i (\mu_i - \mu)(\mu_i - \mu)^{\mathrm{T}}$$
$$S_u = \sum_{i=1}^{c} \sum_{x \in j} (\mu_i - x_k)(\mu_i - x_k)^{\mathrm{T}} \tag{5-66}$$

为了保证类间散布矩阵最大，且类内散布矩阵最小，引入 Fisher 判别准则：

$$J(w) = \frac{w^{\mathrm{T}} S_b w}{w^{\mathrm{T}} S_w w} \tag{5-67}$$

$J(w)$ 越大代表着投影后的特征越容易分类，为了保证其最大值，令 $w^{\mathrm{T}} S_w w = 1$，在此约束下，若 S_w 为非奇异矩阵，则可以得到

$$S_w^{-1} S_b w = \lambda w \tag{5-68}$$

当类别数为 2 时，由式（5-66）得到

$$S_b w = (\mu_1 - \mu_2)(\mu_1 - \mu_2)^{\mathrm{T}} w = (\mu_1 - \mu_2) \lambda_w \tag{5-69}$$

最终求得

$$w = S_w^{-1} (\mu_1 - \mu_2) \tag{5-70}$$

式中，w 为投影的最佳方向矩阵。

2）B 样条特征拟合

随着计算机技术的发展，曲线拟合在图像处理和数据分析中有广泛应用。实际工程中常常需要从离散数据中准确提取规律与趋势，因此通常借助曲线拟合技术建立数据与已知数学模型之间的关联，以实现对实际问题的深入分析和有效解决[145]。

B 样条拟合是 Bezier 曲线拟合的改进，特征点阶次增加时，Bezier 拟合控制减弱，单个控制点变化会导致整条曲线大变化，不利于局部修改。相比之下，B 样条曲线拟合具有局部性、连续性和凸包性等优点。

对于给定的 $n+1$ 个控制顶点 $d_j(j=0,1,\cdots,n)$，其 k 阶 B 样条曲线方程的表达式为

$$r(t) = \sum_{j=0}^{n} P_j B_{j,k}(t) \tag{5-71}$$

式中，k 为 B 样条的幂次；t 为节点编号；下标 j 为 B 样条的序号。

B 为 B 样条的基函数，其表达式为

$$\begin{cases} B_{j,0} = \begin{cases} 1, & t_j \leqslant x \leqslant t_i \\ 0, & \text{其他} \end{cases} \\ B_{i,k} = \dfrac{x - t_i}{t_{i+k} - t_i} B_{i,k-1}(x) + \dfrac{t_{i+k+1} - x}{t_{i+k+1} - t_{i+1}} B_{i+1,k-1}(x), \quad k > 0 \end{cases} \tag{5-72}$$

为了保证拟合精度，同时又不能使得拟合公式过于复杂，工程中最常用的拟合为三次 B 样条拟合，每 4 个点拟合成一段曲线，拟合后的曲线不经过控制点。三次 B 样条拟合的基函数表达式为

$$\begin{cases} B_1(t) = \dfrac{1}{6}(-t^3 + 3t^2 - 3t + 1) \\ B_2(t) = \dfrac{1}{6}(3t^3 - 6t^2 + 4) \\ B_3(t) = \dfrac{1}{6}(-3t^3 + 3t^2 + 3t + 1) \\ B_4(t) = \dfrac{1}{6}t^3 \end{cases} \qquad (5\text{-}73)$$

三次均匀 B 样条曲线如图 5-16 所示。图中，控制点为 p_1、p_2、p_3、p_4，样条曲线起始点为 p_1p_3 的中点 p_2' 与 p_2 连线的 1/3 处，终止点为 p_2p_4 的中点 p_3' 与 p_3 连线的 1/3 处，并且起始点的切矢量平行于 p_1p_3，终止点处切矢量平行于 p_2p_4，因此若改变一个控制顶点，仅会影响局部的曲线，每 4 个顶点拟合出一条曲线，整个曲线由若干段连接而成。

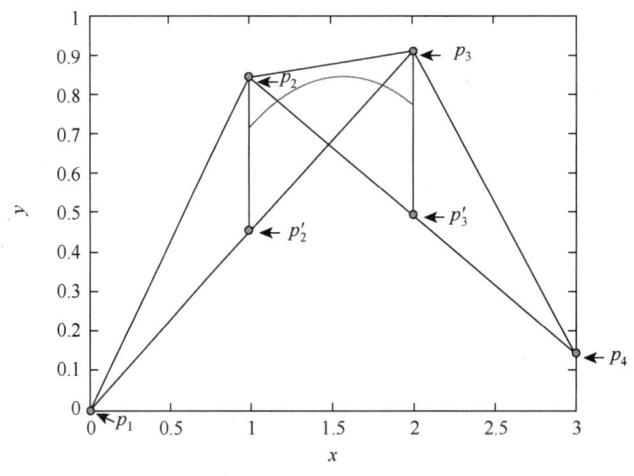

图 5-16 三次均匀 B 样条曲线

3）改进型 B 样条算法

根据 B 样条曲线拟合的性质，拟合后的曲线不经过控制点，而是位于控制点连线的 1/3 处。为了减小误差，使曲线经过控制点，需调整控制点至连线的 1/3 处。可通过增加辅助控制点实现此目标。

改进型 B 样条算法中，对每一个原控制点 P_i 增加的型值点为 $A_{i,0}$ 和 $A_{i,1}$，不包括起始点和终止点，其表达式为

$$\begin{cases} A_{i,0} = P_i + P_iA_{i,0} = P_i - h(P_{i+1} - P_{i-1}) \\ A_{i,1} = P_i + P_iA_{i,1} = P_i + h(P_{i+1} - P_{i-1}) \end{cases} \qquad (5\text{-}74)$$

由式（5-71）和式（5-73）得到连续三段 B 样条曲线的矩阵形式，可以写为

$$r_{3i-2}(t) = \dfrac{1}{6}\begin{bmatrix} t^3 & t^2 & t & 1 \end{bmatrix} \begin{bmatrix} -1 & 3 & -3 & 1 \\ 3 & 6 & 3 & 0 \\ -3 & 0 & 3 & 0 \\ 1 & 4 & 1 & 0 \end{bmatrix} \begin{bmatrix} A_{i,0} \\ P_i \\ A_{i,1} \\ A_{i+1,0} \end{bmatrix} \qquad (5\text{-}75)$$

$$r_{3i-1}(t) = \frac{1}{6}\begin{bmatrix} t^3 & t^2 & t & 1 \end{bmatrix}\begin{bmatrix} -1 & 3 & -3 & 1 \\ 3 & 6 & 3 & 0 \\ -3 & 0 & 3 & 0 \\ 1 & 4 & 1 & 0 \end{bmatrix}\begin{bmatrix} P_i \\ A_{i,1} \\ A_{i+1,0} \\ P_{i+1} \end{bmatrix} \quad (5\text{-}76)$$

$$r_{3i}(t) = \frac{1}{6}\begin{bmatrix} t^3 & t^2 & t & 1 \end{bmatrix}\begin{bmatrix} -1 & 3 & -3 & 1 \\ 3 & 6 & 3 & 0 \\ -3 & 0 & 3 & 0 \\ 1 & 4 & 1 & 0 \end{bmatrix}\begin{bmatrix} A_{i,1} \\ A_{i+1,0} \\ P_{i+1} \\ A_{i+1,1} \end{bmatrix} \quad (5\text{-}77)$$

表达式中有公共系数 1/6，因此式（5-74）中 h 取值为 1/6，将所有控制点代入原式中，得到的表达式结果为

$$r_1(t) = \frac{1}{6}\begin{bmatrix} t^3 & t^2 & t & 1 \end{bmatrix}\begin{bmatrix} \frac{1}{3} & -\frac{5}{6} & \frac{2}{3} & -\frac{1}{6} \\ 0 & 0 & 0 & 0 \\ -1 & 0 & 1 & 0 \\ 0 & 6 & 0 & 0 \end{bmatrix}\begin{bmatrix} P_1 \\ P_2 \\ P_3 \\ P_4 \end{bmatrix} = TB_1P \quad (5\text{-}78)$$

$$r_2(t) = \frac{1}{6}\begin{bmatrix} t^3 & t^2 & t & 1 \end{bmatrix}\begin{bmatrix} -\frac{1}{2} & \frac{3}{2} & -\frac{3}{2} & \frac{1}{2} \\ 1 & -\frac{5}{2} & 2 & -\frac{1}{2} \\ 0 & -\frac{5}{2} & 3 & -\frac{1}{2} \\ -\frac{2}{3} & \frac{5}{6} & \frac{5}{3} & -\frac{1}{6} \end{bmatrix}\begin{bmatrix} P_1 \\ P_2 \\ P_3 \\ P_4 \end{bmatrix} = TB_2P \quad (5\text{-}79)$$

$$r_3(t) = \frac{1}{6}\begin{bmatrix} t^3 & t^2 & t & 1 \end{bmatrix}\begin{bmatrix} \frac{1}{6} & -\frac{2}{3} & \frac{5}{6} & -\frac{1}{3} \\ -\frac{1}{2} & 2 & -\frac{5}{2} & 1 \\ \frac{1}{2} & -3 & \frac{5}{2} & 0 \\ -\frac{1}{6} & \frac{5}{3} & \frac{5}{6} & -\frac{2}{3} \end{bmatrix}\begin{bmatrix} P_1 \\ P_2 \\ P_3 \\ P_4 \end{bmatrix} = TB_3P \quad (5\text{-}80)$$

通过式（5-78）～式（5-80）的分段拟合，推算出改进后的拟合曲线。改进算法基于 B 样条曲线，保留其局部性、连续性和凸包性等优点，并提高了拟合精度，因为它通过所有控制点进行拟合。

4）支持向量机模型

在刀具电流状态监测中，正常工作的刀具具有相似的特征，而失效的刀具具有不同的特征，有时存在线性不可分情况。针对这些情况，需要将样本映射到高维空间，并构建最优分类超平面[146-148]。

支持向量机（SVM）是在维普尼克-切尔沃年基斯（Vapnik-Chervonenkis，VC）理论和结构风险最小化的基础上建立的一种机器学习算法，特别适用于小样本分类。在大型机械故障诊断中，样本数量较少且存在局部极小问题，SVM能够消除这些问题，实现最大化隔离边缘。

标准支持向量机是一种0-1分类模型，用于将样本分为两种类型。在刀具磨损状态监测中，这两种类型分别对应正常运行状态和磨损状态。输入空间到特征空间的映射如图5-17所示，m_1和m_2分别对应这两种状态。

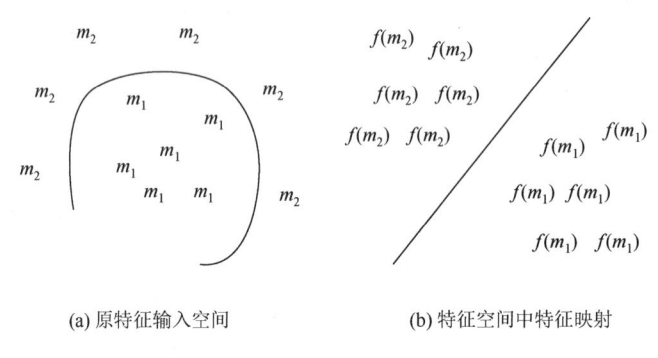

(a) 原特征输入空间　　(b) 特征空间中特征映射

图 5-17　输入空间到特征空间的映射

对于给定的训练样本集$X(x_1, x_2, \cdots, x_l)$，$x_l \in R^n$，其中R为输入空间，n为输入空间维数，l为样本数，其状态标识为$y_l(y_l \in \{-l, +l\})$，代表两类样本种类。对应的特征点记为$(x_1, y_1), (x_2, y_2), \cdots, (x_l, y_l)$。会有一个分类超平面将两种样本分开，在特征空间中的描述为

$$wx + b = 0 \tag{5-81}$$

使得

$$\begin{cases} (wx_l) + b \geqslant y_l = +1 \\ (wx_l) + b < 0 y_l = -1 \end{cases} \Leftrightarrow y_l[(w \cdot x_l) + b] \geqslant 1, \quad i = 1, 2, \cdots, l \tag{5-82}$$

如图5-18所示，超平面将两种状态区分开来。

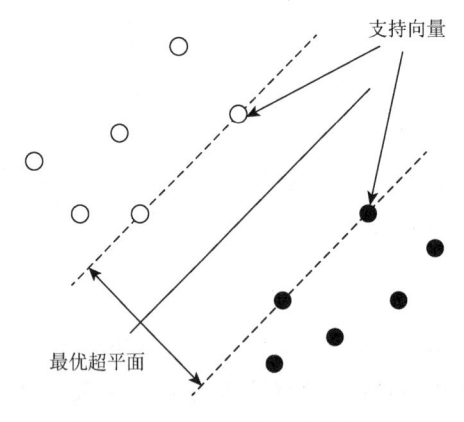

图 5-18　二维平面中的最优超平面

除了将样本区分开，SVM 还要求最大化两类的分类间隔，归一化后的分类间隔记为 $\frac{2}{\|w\|}$，因此分类问题就是将其转化为 $\min \phi(v) = \frac{1}{2}\|w\|^2$ 最小值问题。通过优化函数，与线性约束构成一个规划问题，引入拉格朗日乘子 $a_i \geq 0 (i=1,2,\cdots,l)$，得

$$L(w,b,a) = \frac{1}{2}\|w\|^2 - \sum_{i=1}^{l} a_i \left[y_i(x_i w + b) - 1 \right] \tag{5-83}$$

拉格朗日函数通常用来解决约束规划问题，通过对 w 和 b 最小化且同时对 a 最大化，最优值的问题表达式为

$$\max Q(a) = \sum_{i=1}^{l} a_i - \frac{1}{2} \sum_{j=1}^{l} \sum_{i=1}^{l} a_i a_j y_i y_j x_i x_j \tag{5-84}$$

约束条件为

$$\sum_{i=1}^{l} a_i y_i = 0, \quad a_i \geq 0 \tag{5-85}$$

此时为线性可分的情况，当线性不可分时，通过核函数 $K(x_i, x_j)$ 将样本映射到高维空间中，即

$$Q(a) = \sum_{i=1}^{l} a_i - \frac{1}{2} \sum_{j=1}^{l} \sum_{i=1}^{l} a_i a_j y_i y_j K(x_i, x_j) \tag{5-86}$$

此时的约束条件为

$$\sum_{i=1}^{l} a_i y_i = 0, \quad 0 \leq a_i \leq C \tag{5-87}$$

式中，C 为控制错分样本的惩罚系数。最后，对应的分类函数表达式为

$$f(x) = \text{sgn}\left[\sum_{i=1}^{l} a_i^* y_i K(x_i, x_j) + b^* \right] \tag{5-88}$$

式中，a_i^* 为最优解。

5.3 基于加速度的铣刀状态监测

5.3.1 加速度与铣削加工质量之间的关联性

1. 影响因素

在铣削过程中，切削刀具与工件之间的相互作用会导致切削力和振动信号的产生，这些振动信号中包含着与刀具磨损状态密切相关的信息。因此，基于振动信号的切削过程监测备受关注。振动信号的频率、振幅和形状受到多种因素影响，包括切削速度、进给速度和切削深度等。

切削过程是一个非常复杂的动态过程,刀具磨损、切屑形成和积屑瘤等因素都会影响工艺系统的动力学特性。刀具磨损导致刀具与工件间摩擦增加,系统结构阻尼和切削刚度发生变化,进而导致系统传递函数和振动模态的改变。因此,切削振动与刀具磨损之间存在着内在联系,可以通过监测刀具切削振动信号来反映刀具磨损状态的变化(图 5-19)。

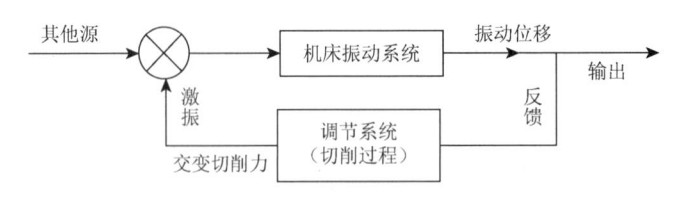

图 5-19 自激振动系统组成

2. 关联性

铣削是典型的断续切削过程,立铣刀由多个刀刃组成,每个刀刃在切削时不断切入、切出工件,导致振动始终存在。刀刃磨损后,产生不同频率的振动信号,含有与加工状态相关的信息,因此被视为敏感的间接监测信号[149]。在铣削过程中,铣刀、刀柄和主轴可视为悬臂梁结构,切削力作用下产生弯曲,达到一定能量时悬臂梁将产生简谐振动,其频率即铣刀的固有频率[150]。图 5-20 为相关研究得到的振动信号在三种刀具磨损状态下信号波形及幅值变化情况。

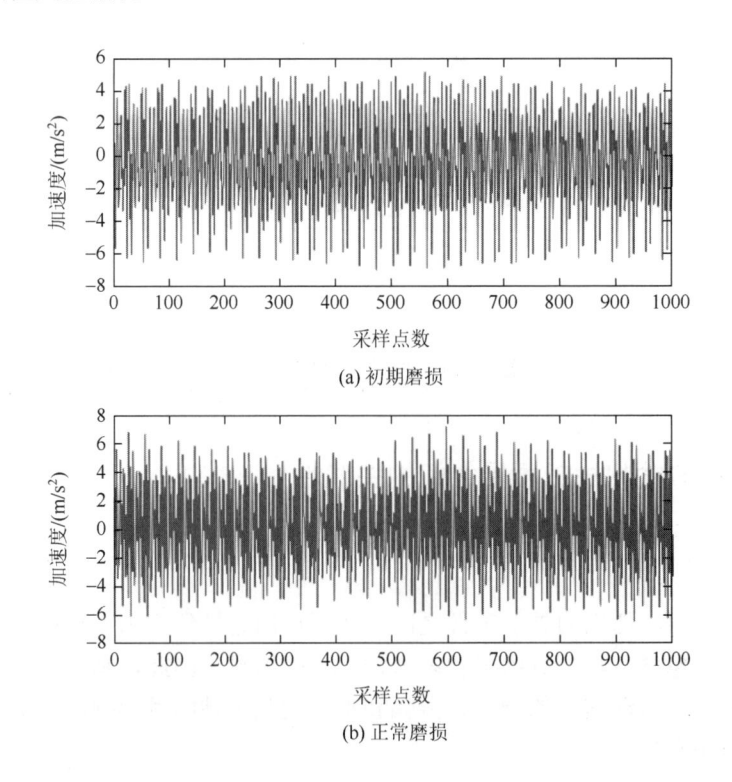

(a) 初期磨损

(b) 正常磨损

(c) 严重磨损

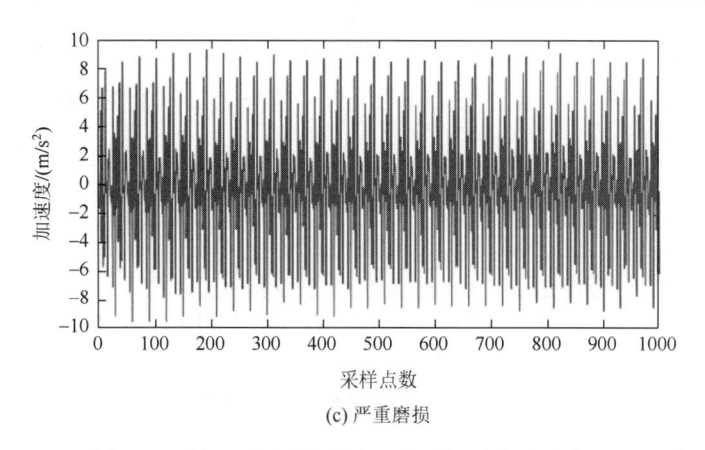

图 5-20　铣刀不同磨损状态 Y 方向振动信号时域图

由图 5-20 可见，随着切削加工的进行，铣刀磨损状态的变化会导致振动信号时域幅值的变化。特别是在严重磨损阶段，刀具切削刃侧面与工件以及后刀面与已加工面之间的振动引起的幅值变化更加显著，振动信号的波动更为剧烈。

3. 信号监测

振动常通过位移、速度和加速度三种信号表达。加速度监测是一种常用方法，不同磨损状态的刀具摩擦引起的振动会表现出明显差异[151, 152]。外部激励可能导致切削系统产生自激振动，这些振动是刀具与工件相互作用引起的。加速度信号能反映出这些自激振动的特征，提供刀具状态信息。随着切削时间的增加，刀具磨损改变了刀具与工件之间的相互作用，导致振动模式和振幅变化。通过监测加速度信号的变化，可监测刀具磨损和工件加工质量。

5.3.2　基于加速度的实时监测方法

同样可以构建一套智能监测系统，用于实时监测加速度信号。该系统是由监测系统和机床数控系统互联组成的实时闭环控制系统，其组成原理如图 5-21 所示。系统的设计架构基于对切削加工时产生的加速度信号进行监测，其核心目标是通过监测加速度信号变化，识别刀具的磨损状态，进而提高切削加工效率，提升加工质量。

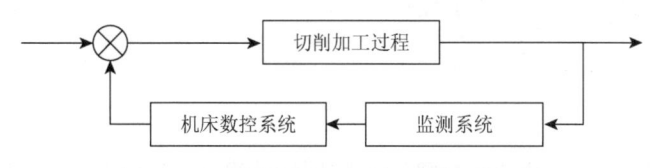

图 5-21　切削过程实时监控系统组成框图

1. 系统结构及原理

该系统的组成与前文中基于实时电流监测的智能监测系统基本相同，分为加速度监测模块、刀具状态判断模块和刀具磨损预测模块。刀具状态识别作为该系统的重要组成部分，主要由切削刀具、信号检测、特征分析、状态识别四个步骤组成，其基本流程如图 5-22 所示。

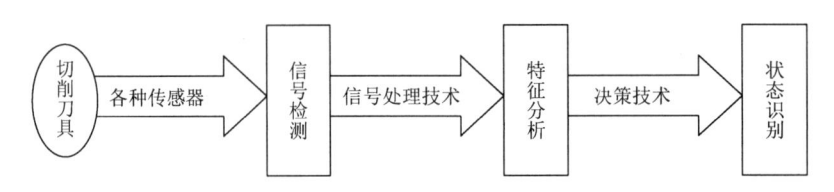

图 5-22 刀具状态监测系统流程图

2. 加速度监测模块

通常，振动信号的采集可通过将振动传感器固定在机床主轴、工作台或工件上，使用磁性底座或黏结剂等固定手段实现。加速度传感器种类繁多，主要分为电容式、压电式和电阻式等类型。在铣削过程中，压电式加速度传感器是技术最为成熟、应用最广泛的。

铣削加工的复杂性要求传感器的量程不低于 $5g$，灵敏度不低于 $50mV/g$。由于铣削加工环境恶劣且存在电磁干扰，传感器需具备高的环境适应性和抗干扰能力。

综合考虑，可选择 PCB 压电电子公司提供的 356A17 型集成电路压电式（integrated circuit piezoelectric，ICP）加速度传感器。该传感器采用激光焊接封装，尺寸仅 14mm×14mm×4mm，具有高可靠性、大频响带宽、高灵敏度和低功耗等优点。加速度传感器具备可靠性高、响应灵敏和安装简单等特点，因此在刀具状态监测研究中得到广泛应用，其主要参数如表 5-2 所示。

表 5-2 356A17 型 ICP 加速度传感器的主要参数

激励电压/V	输出电压/V	量程/g	响应带宽/Hz	灵敏度/(mV/g)
18～30	±5	±10	4000	500

振动信号采集与通信系统设计方面，以使用 356A17 型 ICP 加速度传感器为例，由于 ICP 加速度传感器是一种高度集成化的传感器，需要外部提供 18～30V 的恒流电源才可工作，同时它输出的 ±5V 模拟电压信号需要预处理才能被 STM32 单片机获取，因此需要前置调理器来配合传感器完成上述任务。

3. 刀具状态判断模块

1）滤波降噪

传统的降噪方法分为时域滤波算法和频域滤波算法。时域滤波包括平均滤波、中值滤波、Wiener 滤波和 Kalman 滤波，适用于缓慢变化的参数。频域滤波则通过频谱分析采用不同类型的滤波器，对信号进行处理，但对非平稳信号效果有限。

小波分析提供了针对非平稳信号的新解决方案，其基本原理是对含噪信号进行多尺度小波变换，然后保留有用信号的小波分解系数，去除噪声信号的小波分解系数，最后重构信号以消除噪声。

常用的小波降噪方法包括小波变换模极大值降噪法、小波阈值降噪法和平移不变小波降噪法等。其中，小波阈值降噪法能够得到原始信号的近似最优估计，且具有计算速度快、适应性广等优点，是应用最广泛的一种小波降噪方法。

小波阈值降噪的基本思想是利用小波变换去数据相关性，通过设定阈值来保留信号的重要信息，同时将噪声系数减小至零，基本流程如图5-23所示。

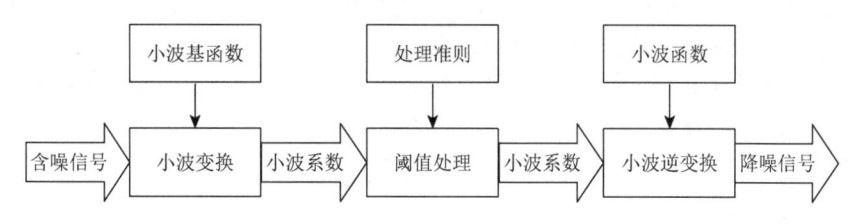

图5-23 小波降噪基本流程

根据小波阈值降噪的基本思想，小波阈值降噪可按如下三个步骤进行：

（1）对原始信号进行正交小波变换，选取适当的小波基函数和分解层数，得到各分辨率下的小波系数。常用的小波基函数有dbN、symN和coifN，通常使用3~5层分解。

（2）对分解得到的小波系数进行阈值处理，尽可能消除噪声。

（3）对处理后的小波系数进行小波逆变换，生成降噪信号。

阈值一般可分为硬阈值、软阈值两种。

硬阈值：将绝对值小于某个阈值的小波系数取值为零；而大于等于阈值的系数，不做处理，即

$$\omega_\lambda = \begin{cases} \omega, & |\omega| \geq \lambda \\ 0, & |\omega| < \lambda \end{cases} \quad (5\text{-}89)$$

软阈值：将绝对值小于某个阈值的小波系数取值为零；而大于等于阈值的系数，都减去这个阈值，即

$$\omega_\lambda = \begin{cases} [\text{sign}(\omega)] \cdot (|\omega| - \lambda), & |\omega| \geq \lambda \\ 0, & |\omega| < \lambda \end{cases} \quad (5\text{-}90)$$

式中，λ为阈值，ω、ω_λ分别为原始与经过筛选的小波系数。

小波阈值λ对信号降噪效果至关重要。设定λ过小，降噪效果差；设定λ过大，信号失真。实际中，需合理估计λ，方法包括固定阈值法、无偏似然法、极值阈值法和启发式估计。信号高频段噪声少时，无偏似然法和极值阈值法效果好；其他情况下，其他方法更适用，能获得良好的降噪效果。

（1）基于无偏似然估计的软阈值估计：给定一个阈值，得到它的似然估计，再将其非似然最小化。

无偏似然估计阈值过程如下：

对于原始信号 $s(i)$，整体取绝对值后平方，再根据元素绝对值依次排序，得到 $f(i)$，即

$$f(i) = (\text{sqrt}(|s|))^2, \quad i = 0,1,\cdots,n-1 \tag{5-91}$$

若将 $\sqrt{f(k)}$ 作为阈值，则该值对应的风险量为

$$r(k) = \frac{\left[n - 2k + \sum_{j=1}^{k} f(j) + (n-k)f(n-k)\right]}{n}, \quad k = 0,1,\cdots,n-1 \tag{5-92}$$

式中，n 为元素总数。所有元素计算完成后，得到风险曲线，选取最低点对应的阈值。

(2) 长度对数阈值：是一种固定的阈值形式。

使用小波分解 $s(i)$，得到 N 个小波系数，将最后一层分解系数绝对值中位数视为噪声信号均方差 σ，计算公式为

$$\lambda = \sigma\sqrt{2\ln N} \tag{5-93}$$

式中，N 为序列长度。

(3) 启发式 SURE 无偏似然估计规则：是前两种估计方式的综合，采用的是最优预测变量阈值。

首先计算如下两个参数：

$$\text{crit} = \sqrt{\frac{1}{N}\left(\frac{\ln N}{\ln 2}\right)^3} \tag{5-94}$$

$$\text{eta} = \left(\sum_{i=1}^{N} |\omega_{\lambda,i}|^2 - N\right)\bigg/N \tag{5-95}$$

若 eta<crit，则使用固定阈值；反之，使用无偏似然估计。

(4) 最小极大值规则：是一种固定的阈值选取方法，产生的是一个最小均方差的极值。

除了小波降噪，还可选用小波包降噪等方式。不同降噪方式的效果可通过信噪比（signal-to-noise rate，SNR）和均方根误差（root-mean-square error，RMSE）表达。SNR 越大，RMSE 越小，降噪效果越好。

SNR 计算公式为

$$R_{st} = 10\lg\left\{\frac{\sum_N s^2(t)}{\sum_n (s(t) - \hat{s}(t))^2}\right\} \tag{5-96}$$

式中，$s(t)$ 为原始信号；$\hat{s}(t)$ 为降噪后信号。

RMSE 计算公式为

$$\text{RMSE} = \sqrt{\frac{1}{n}\sum_n (s(t) - \hat{s}(t))^2} \tag{5-97}$$

式中，n 为信号样本总量。

2) 特征提取

机械设备加工过程采集的振动信号特征可分为三类：时域、频域、时频域。具体的

时域、频域特征参数已于前文中介绍,个别特征参数及说明如图 5-24 所示,表 5-3 是切削状态监测的各种信号处理方法。

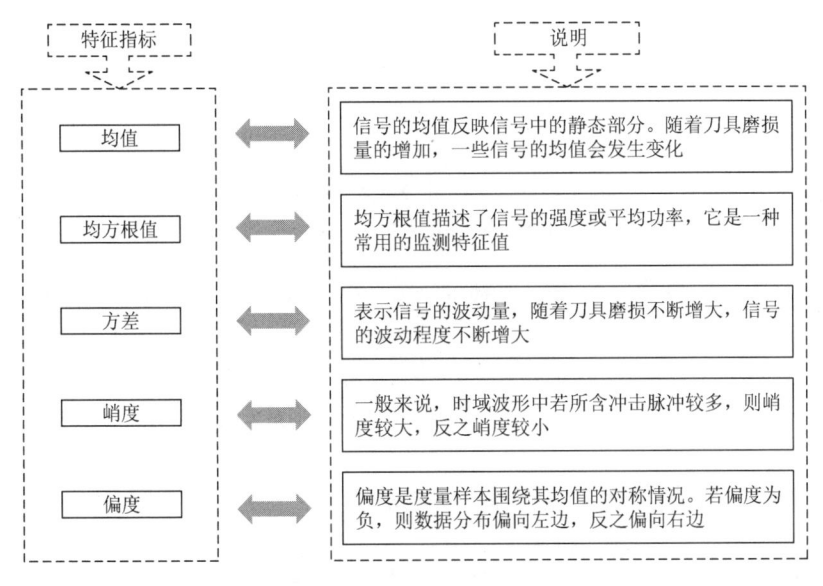

```
特征指标                    说明

均值      ⟷    信号的均值反映信号中的静态部分。随着刀具磨损
                量的增加,一些信号的均值会发生变化

均方根值   ⟷    均方根值描述了信号的强度或平均功率,它是一种
                常用的监测特征值

方差      ⟷    表示信号的波动量,随着刀具磨损不断增大,信号
                的波动程度不断增大

峭度      ⟷    一般来说,时域波形中若所含冲击脉冲较多,则峭
                度较大,反之峭度较小

偏度      ⟷    偏度是度量样本围绕其均值的对称情况。若偏度为
                负,则数据分布偏向左边,反之偏向右边
```

图 5-24　信号时域特征参数

表 5-3　切削状态监测的信号处理方法

时域分析	频域分析	时频域分析	统计分析	智能分析
能量分析	快速傅里叶变换	短时傅里叶变换	幅值	神经网络
差分	谱估计	小波/小波包分析	均值	模糊分析
平滑	变阶谱分析	经验模态分解	方差	遗传算法
滤波	时序谱分析	奇异性分析	峭度、偏度	隐马尔可夫模型

4. 刀具磨损预测模块

针对刀具剩余寿命的预测方法大体可以分为以下几种类型[153]。

(1) 物理模型:包括摩擦模型和裂纹扩展模型,能够准确预测长周期情况,但缺乏考虑加工过程不确定性和参数确定复杂等方面。

(2) 基于数据驱动的方法:包括泰勒及其扩展公式、自滑动平均法等,受加工参数影响,无法更新模型参数,无法准确预测刀具剩余寿命在不同加工环境下的表现。

(3) 人工智能类:包括 BP 神经网络、支持向量机、卷积神经网络等,通过大量数据训练模型来预测刀具剩余寿命,但无法提供合理解释,需要大量监测数据,预测准确性受样本量和模型结构的影响。

为评估剩余寿命预测模型的精度,定义如下三个指标,分别为:均方根误差(RMSE)、平均绝对百分比误差(mean absolute percentage error,MAPE)和决定系数(R^2)。RMSE 和 MAPE 越小、R^2 越大表明预测模型越好。它们的计算公式如下:

$$\mathrm{MAPE} = \frac{1}{n}\left|\frac{\hat{y}_i - y_i}{y_i}\right| \times 100\% \qquad (5\text{-}98)$$

$$R^2 = \frac{\sum_{i=1}^{n}(\hat{y}_i - \overline{y}_i)^2}{\sum_{i=1}^{n}(y_i - \overline{y}_i)^2} \qquad (5\text{-}99)$$

$$\mathrm{RMSE} = \sqrt{\frac{\sum_{i=1}^{n}(\hat{y}_i - y_i)^2}{n}} \qquad (5\text{-}100)$$

式中，$\hat{y}_i$ 为预测剩余寿命；y_i 为实际剩余寿命；$\overline{y}_i$ 为实际剩余寿命均值；n 为剩余寿命样本总量。

5.4 基于声发射的铣刀状态监测

5.4.1 声发射与铣削加工质量之间的关联性

1. 影响因素

声发射信号与刀具和工件材料、加工参数、刀具磨损状态等密切相关，因此也常用于刀具磨损的监测。

声发射是指材料发生形变或断裂时瞬间释放能量而产生弹性的波应力-应变现象[154]，是当材料进入塑性形变阶段时，以瞬态弹性波的形式释放应变能的物理过程[155]。切削过程中刀具通过不断挤压工件导致塑性形变而产生切屑，因此声发射信号在切削加工中极为丰富。在铣削加工中，声发射信号源主要有刀具工件的摩擦、前刀摩擦、残余应力、塑性形变、切屑破裂及高温相变等，如图 5-25 所示。

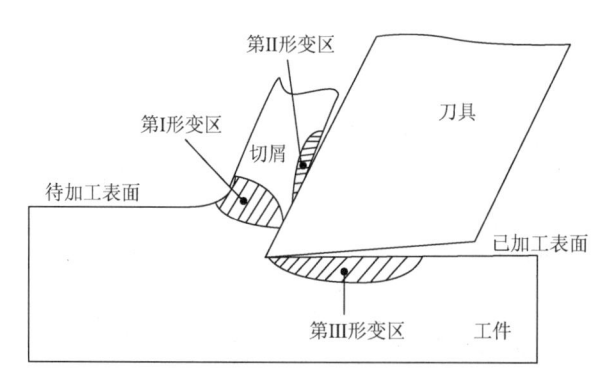

图 5-25 金属切削过程声发射信号来源

2. 关联性

声发射对金属材料的塑性形变和切削区裂变比较敏感，因此采用声发射信号能够有效预报刀具破损。图 5-26 为铣刀磨损过程中声发射信号的变化。

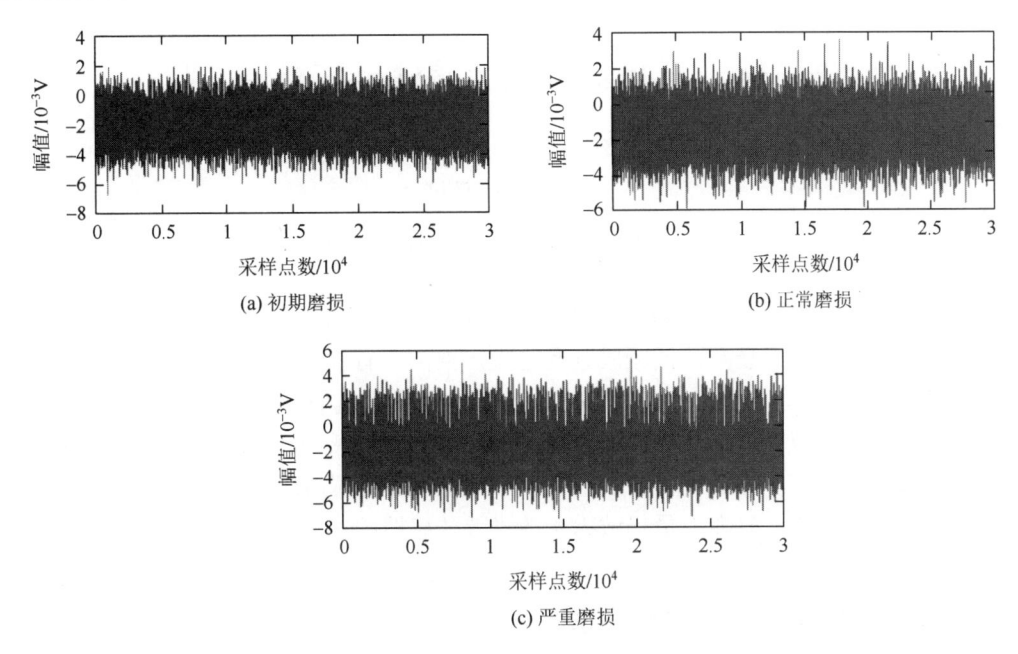

图 5-26　铣刀不同磨损状态声发射信号时域图

由图 5-26 可见，声发射信号随刀具磨损状态变化。初期磨损和正常磨损时，由于刀具材料未发生严重形变或裂变，信号幅值变化小。严重磨损阶段，尤其是破损时，信号幅值变化显著增加，与初期磨损和正常磨损相比更为明显。因此，通过声发射信号幅值变化可间接监测刀具是否发生严重磨损或破损。

3. 信号监测

采用声发射信号监测刀具状态有以下特点：

（1）声发射信号为高频信号，对低频振动和噪声的影响微乎其微，信号信息量大。

（2）声发射信号常见连续性和突发性两种形式，如图 5-27 和图 5-28 所示[156]。连续性声发射信号与突发性声发射信号的主要区别在于相邻弹性应力波出现的时间间隔。连续性声发射信号实质上由多个突发性声发射信号重叠而成，间隔较短，无法分离；而突发性声发射信号间隔较长，能够分离。

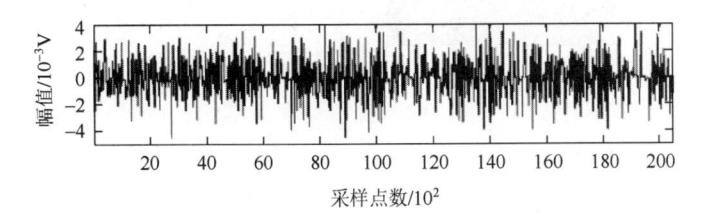

图 5-27　连续性声发射信号

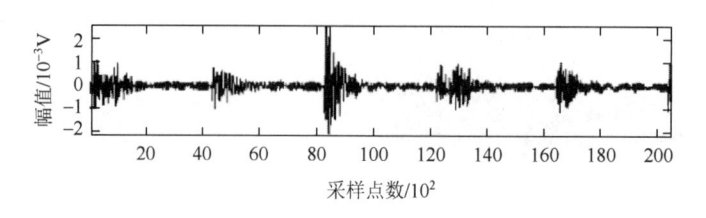

图 5-28　突发性声发射信号

声发射信号频率随时间缩短而升高，单个信号频率很高。但高频成分在传播中衰减严重，幅值随距离增加衰减，低频成分易与噪声混淆，有效成分集中在 50kHz 以上，避开了低频噪声。因此，通常指定 80～800kHz 范围监测声发射信号。

声发射传感器带宽较宽（100Hz～900kHz），可探测大部分声发射现象，但需高采样频率，导致数据处理困难。此外，传感器对安装位置和表面敏感，限制了其在磨损监测中的应用。尽管如此，研究人员仍致力于改进该传感器的安装和监测技术。

5.4.2　基于声发射的实时监测方法

为实现实时监测声发射，也可以构建一套智能监测系统。系统的设计架构基于对切削加工时产生的加速度信号进行监测，其核心目标是通过监测加速度信号变化，识别刀具的磨损状态，进而提高切削加工效率，提升加工质量。

1. 系统结构及原理

该系统的组成包括声发射监测模块、刀具状态判断模块和刀具磨损预测模块，系统平台搭建如图 5-29 所示。

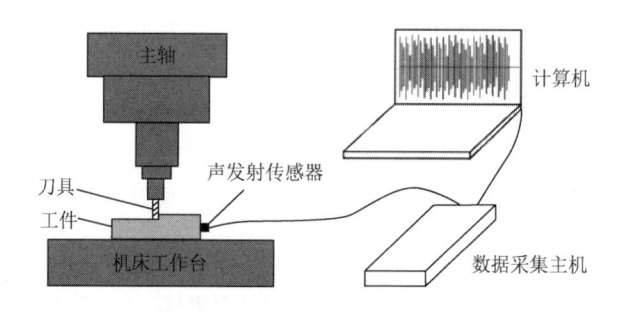

图 5-29　刀具磨损监测平台示意图

信号采集的具体步骤如下：

（1）固定刀具、工件和传感器在机床上，并连接放大器、采集卡和计算机。

（2）设定转速、进给速度、切削深度等参数后开始走刀，同时采集声发射信号。走刀结束后，使用 100 倍显微镜观察后刀面的 VB 值，并记录。重复多次走刀，采集声发射信号并记录对应的 VB 值。

（3）持续加工，直到刀具严重磨损或破损；同样进行多次走刀，采集声发射信号和记录对应的 VB 值。

（4）更换刀具，重复（2）和（3）。

（5）试验结束后，整理刀具和信号采集装置，关闭电源。

2. 声发射监测模块

该模块采用声发射信号采集系统，包括声发射传感器、前置放大器和数据采集卡，具有成本低、噪声处理能力强等优点。由于声发射传感器输出信号微弱，有时仅为微伏数量级，需要通过前置放大器将信号电压放大，然后通过高频同轴电缆输出信号的处理单元进行处理。

3. 刀具状态判断模块

与前文设计的其他智能监测系统原理相同，对采集的数据进行预处理、滤波降噪、特征提取、状态识别。滤波降噪方法涵盖传统滤波方法与时频信号处理技术；特征提取方法包括时域分析、频域分析、时频域分析等；状态识别涉及各种机器学习算法，此处不再赘述。

4. 刀具磨损预测模块

该模块采用基于粒子群优化（particle swarm optimization，PSO）算法的最小二乘支持向量机（lease square support vector machine，LS-SVM）算法对刀具磨损量进行预测。

1）LS-SVM 回归理论

假设给定训练样本集 $S=\{(x_i,y_i), i=1,2,\cdots,l\}$，$l$ 为样本总数，x_i 为输入的第 i 个样本，$y_i \in \mathbf{R}$ 为 x_i 对应的目标值。回归的目的是根据已知的训练样本找到一个实际函数 $y=f(x)$，用该函数表示 y 与 x 之间的关系。回归函数 $f(x)$ 可以用如下形式表示：

$$f(x) = w^{\mathrm{T}} \varphi(x_i) + b \tag{5-101}$$

在 LS-SVM 中，回归问题所对应的优化问题为

$$\min J(w,e) = \frac{1}{2} w^{\mathrm{T}} w + \frac{1}{2} \gamma \sum_{i=1}^{n} e_i^2 \tag{5-102}$$

$$y_i = w^{\mathrm{T}} \varphi(x_i) + b + e_i, \quad i=1,2,\cdots,l \tag{5-103}$$

由式（5-102）和式（5-103）可知，约束条件不同，这也导致两式对应的拉格朗日函数不相同：

$$L(w,b,e,\alpha) = J(w,e) - \sum_{i=1}^{n} \alpha_i \left(w^{\mathrm{T}} \varphi(x_i) + b + e_i - y_i \right) \tag{5-104}$$

分别对 w、b、e、α 求偏微分：

$$\begin{cases} \dfrac{\partial L}{\partial w} = 0 \to w = \sum_{i=1}^{l} \alpha_i \varphi(x_i) \\ \dfrac{\partial L}{\partial b} = 0 \to \sum_{i=1}^{l} \alpha_i = 0 \\ \dfrac{\partial L}{\partial e_i} = 0 \to \alpha_i = \gamma e_i \\ \dfrac{\partial L}{\partial \alpha_i} = 0 \to w^{\mathrm{T}} \varphi(x_i) + b + e_i - y_i = 0 \end{cases} \quad (5\text{-}105)$$

求解式（5-105）可得回归函数：

$$f(x) = \sum_{i=1}^{l} \alpha_i K(x, x_i) + b \quad (5\text{-}106)$$

式中

$$K(x, x_i) = \exp\left(-\frac{1}{2\sigma^2} \| x - x_i \|^2 \right) \sigma > 0 \quad (5\text{-}107)$$

粒子群优化（PSO）算法首先初始化一群随机粒子，然后粒子就追随当前的最优粒子在解空间中搜索，即通过迭代找到最优解。假设搜索空间中第 i 个粒子的位置和速度分别为 $x_i = (x_{i1}, x_{i2}, \cdots, x_{id})$ 和 $v_i = (v_{i1}, v_{i2}, \cdots, v_{id})$，在每一次迭代中，粒子通过跟踪两个最优解来更新自己：一个是粒子本身所找到的最优解，即个体极值 pbest，$\text{pbest} = p_i = (p_{i1}, p_{i2}, \cdots, p_{id})$；另一个是整个种群目前找到的最优解，即全局最优解 gbest，$\text{gbest} = p_g = (p_{g1}, p_{g2}, \cdots, p_{gd})$。在找到这两个最优值时，粒子群根据如下公式来更新自己的速度和位置：

$$v_{id}(t+1) = v_{id}(t) + c_1 r_1 (p_{id} - x_{id}(t)) + c_2 r_2 (p_{gd} - x_{id}(t)) \quad (5\text{-}108)$$

$$x_{id}(t+1) = x_{id}(t) + v_{id}(t+1) \quad (5\text{-}109)$$

式中，t 为迭代次数；c_1 和 c_2 为正的学习因子；r_1 和 r_2 为在 0～1 均匀分布的随机数。

对于每个粒子，将其适应度值与其经历过的最好位置做比较，若较好，则将其作为当前最优位置。比较当前所有 pbest 和 gbest 的值，更新 gbest。

2）PSO 算法基本原理

PSO 算法类似于遗传算法，是一种基于迭代的优化技术。系统初始时随机生成一组解，并通过迭代搜索最优解。在 PSO 算法中，每个解被抽象为一个没有质量和体积的微粒，在 N 维空间中延展。每个微粒在 N 维空间中的位置和速度用矢量表示。

每个微粒具有适应度值（fitness）和速度，分别决定其飞行方向和距离。微粒知道自己的最佳位置（pbest）和当前位置，也知道整个群体的最佳位置（gbest）。微粒通过个体和群体的经验来决定下一步的运动。

3）PSO 优化 LS-SVM 回归算法

基于 PSO 优化 LS-SVM 算法的刀具磨损状态识别具体步骤如下：

（1）准备训练样本和测试样本，同时将数据归一化。

（2）初始化 PSO 算法的各参数。

（3）将 LS-SVM 的惩罚因子 c 和核参数 g 作为每个粒子的二维坐标，根据训练样本训练刀具磨损状态模型，计算粒子的适应度值，公式为

$$f = \frac{1}{T}\sum_{i=1}^{T}(y - y_i)^2 \qquad (5\text{-}110)$$

式中，y 和 y_i 分别为实际磨损量和预测磨损量。

（4）对于每个粒子，将适应度函数 $f(x_i)$ 与自身最优值进行比较，更新其自身最优适应度值，将每个粒子的最优适应度值与全局最优值进行比较，更新种群的全局最优适应度值。

（5）按式（5-108）、式（5-109）将粒子的速度 v_i 和位置 x_i 进行更新。

（6）检查终止条件。通常设定终止条件为最大迭代次数，若不满足，则转到（3）；若满足，则寻优结束。返回当前最优参数 c、g 及分类精度。

（7）建立 PSO-LS-SVM 识别模型，利用模型进行刀具磨损状态判断。

第6章 基于机器视觉的铣刀状态监测

6.1 机器视觉在铣刀状态监测中的应用背景

本章将探讨机器视觉在铣刀状态监测中的应用背景。作为一种非接触式的测量技术,机器视觉在刀具状态监测中的应用具有广泛的前景。然而,如何有效利用机器视觉技术实现刀具状态的准确监测仍是一个值得深入研究的问题。因此,在接下来的内容中,将根据国内外现有研究详细介绍基于机器视觉的刀具磨损监测系统、刀具磨损状态的分类、刀具磨损区域的识别以及刀具状态监测的指标。

6.1.1 刀具磨损监测系统

根据检测目标的差异,刀具状态的视觉检测方法可分为两类:基于刀具磨损区域图像的直接法和基于工件、切屑图像的间接法。本节主要采用基于刀具磨损区域图像的直接法,这种方法能够更直观地分析刀具磨损区域的形态,对刀具磨损状态进行量化,更有助于刀具状态和寿命预测的研究。在发展历程中,基于刀具磨损区域图像的刀具磨损监测系统经历了从离线情况下的刀具磨损监测系统向在机原位下的刀具磨损监测系统的过渡。

1. 离线情况下刀具磨损监测系统

在研究的初期阶段,主要是在实验室环境中对视觉检测方法进行可行性研究,建立了离线情况下的刀具磨损监测系统,即将刀具拆卸下来进行刀具图像采集。

Kurada 等[157]在直接刀具状态监测方面做了开创性的工作,他们将每切削 10min 的刀具拆卸下来,置于相机下方进行图像采集(图 6-1(a))。通过使用两个光纤导光灯和基于电荷耦合器件(CCD)的相机,他们采集了后刀面磨损的图像,并使用基于纹理的图像分割技术、全局阈值化、特征提取、形态运算和边界区域描述符来计算刀具磨损宽度。同时,两个光纤导光灯可进行调节以照亮刀具的后刀面磨损区域。Sortino[158]设计了一个图像采集支架,将刀具放置在刀具固定座上,图像采集设备安装在刀具正上方(图 6-1(b))。Mikołajczyk 等[159]开发了一个基于视频的自动化系统,用于离线情况下的车削刀具磨损评估,系统包括一个具有 VGA(video graphics array)分辨率的 USB 摄像头和进行刀具磨损分析所需的软件工具。该软件工具基于 VisualBasic 语言开发,能够通过图像分割来识别图像中的刀具区域并评估刀具切削刃的几何参数。Campatelli 等[160]提出了一种基于激光扫描方法的刀具几何形状评估方法,用于验证刀具重新磨削的必要性(图 6-1(c))。Hocheng 等[161]提出了一种使用激光散射来评估刀具磨损的光学方法,其中刀尖半径的磨损程度由加工表面的散射光束监测。试验结果表明，在 20°～30°的入射角下，该光学方法为监测刀具磨损提供了最佳结果。

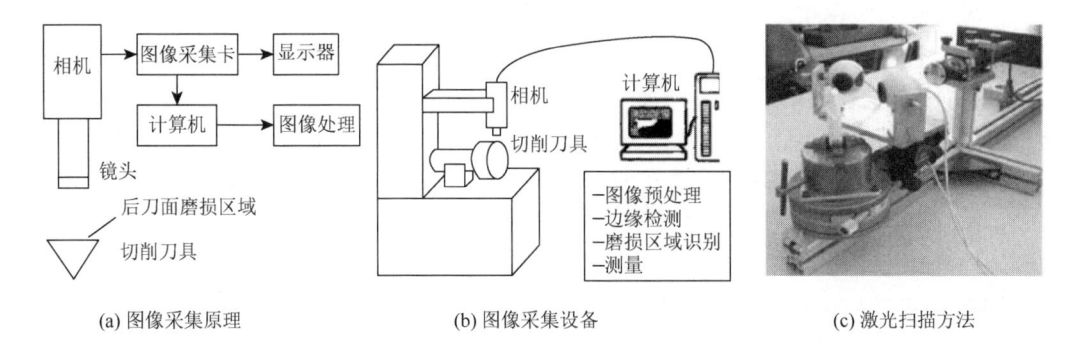

(a) 图像采集原理　　　(b) 图像采集设备　　　(c) 激光扫描方法

图 6-1　国外设计的离线情况下刀具磨损监测系统

国内，上海交通大学的梁伟云等[162]设计了一套三轴机械系统，如图 6-2（a）所示。该系统将立铣刀固定于底座上，并绕 A 轴旋转。在 XZ 平面和 YZ 平面各放置一套光学系统，用于采集立铣刀后刀面和副后刀面的图像。每套光学系统可以沿 X 轴和 Z 轴方向移动以实现相机的调焦。该光学系统采用远心镜头、CCD 相机和 LED 光源，光源以前向光直射照明的方式工作。秦国华等[163]和迟辉等[164]采用离线图像采集方法，他们将工作一段时间的刀具拆卸下来，安装在设计的刀具夹具中，然后使用图像采集系统进行刀具图像的采集，如图 6-2（b）和（c）所示。

(a) 三轴机械系统　　　(b) 离线图像采集方法1　　　(c) 离线图像采集方法2

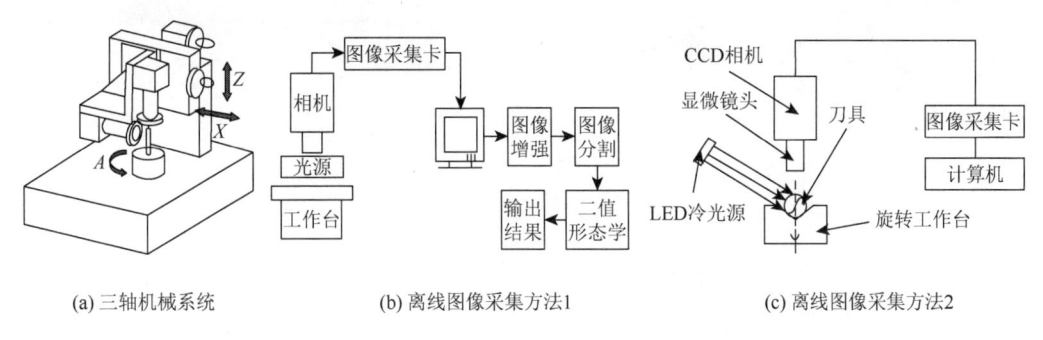

图 6-2　国内设计的离线情况下刀具磨损监测系统[162-164]

离线情况下的刀具磨损监测系统需要在加工过程中将刀具拆卸下来进行图像采集。这个过程不仅耗时，严重影响加工效率，而且在采集完图像后会因刀具的二次装夹而产生误差，影响加工精度甚至导致工件报废。因此，这种离线情况下的刀具磨损监测系统只适合在实验室进行，难以推广到实际的工业应用中。

2. 在机原位下的刀具磨损监测系统

鉴于离线情况下刀具磨损监测系统的局限性和不足，在机原位下的刀具磨损监测系统对图像采集方式进行了改进。该系统将图像采集系统安装在机床内部，无须拆卸刀具，不仅提高了图像采集速度，还避免了二次装夹可能产生的误差，推动了视觉系统在工业领域的广泛应用。在机原位下的刀具磨损监测系统可分为在机静止图像采集系统和在机动态图像采集系统两类。

1）在机静止图像采集系统

国内外关于在机静止图像采集系统的研究主要侧重于静态刀具图像。离线测量技术要求刀具经常拆卸，导致刀具磨损测量时间增加，制造成本上升，而且二次装夹刀具可能引起误差。因此，Weis[165]通过设计照明系统（图 6-3（a）），在不需要拆卸刀具和刀架的情况下，精确捕获铣削刀具的磨损区域，实现了无缝在线图像采集。照明系统中的 LED 闪光灯与 CCD 相机同步工作，以获取理想的刀具磨损图像；使用红外滤光片在图像采集过程中增强刀具磨损区域并淡化背景。Lanzetta[110]提出了一个基于机器视觉的自动化传感器系统，兼具刀具磨损测量和分类的功能，但需要在不同切削条件下进行多次测试以获得准确的刀具磨损测量结果。Kim 等[106]通过采用 CCD 相机和专用夹具的系统（图 6-3（b）），提出了一种可靠的技术，能够直接准确测量刀具磨损大小，从而降低误差。Schmitt 等[166]开发了一种自动化的刀具后刀面磨损测量系统，结合环形光和 CCD 相机，能够捕捉并处理切削刀具后刀面磨损区域的全照和侧面图像。

(a) 照明系统　　　　　　　(b) 采用CCD相机和专用夹具的系统

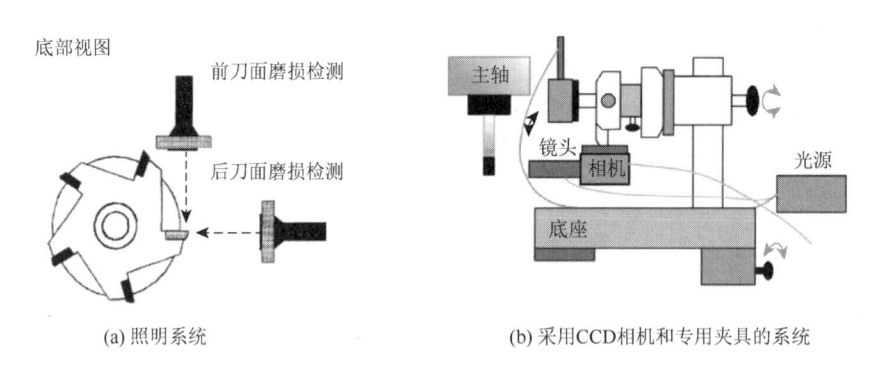

图 6-3　国外在机静止图像采集系统[106, 165]

在机静止图像采集系统通常是在机床停机后进行图像采集。在采集旋转运动的刀具时，需要手动调整刀具位置，以确保刀具磨损区域出现在相机视野范围内，从而获取后刀面图像，存在一定的安全隐患。尽管相较于离线情况下的刀具磨损监测系统，在机静止图像采集系统在采集效率上有所提高，但刀具磨损测量仍然导致机床停机，中断加工过程，仍受限于实验室场景下的刀具状态监测研究。

2）在机动态图像采集系统

为了解决机床停机采集图像的问题，研究人员设计了在机动态图像采集系统，以提高刀具状态监测的自动化和智能化水平[167]。该系统分为硬件触发控制方法和软件筛选方法。Zhang 等[167]提出了一种硬件触发控制方法，通过胶带标记每个刀具，并使用激光在线检测胶带边缘。当激光检测到胶带时，向相机发送信号，在动态条件下捕获刀具的图像，如图 6-4（a）所示。基于 CCD 相机的高速镗刀图像采集系统，如图 6-4（b）所示。该系统通过角度传感器检测，在一定旋转角度位置获取镗刀刀尖的瞬态图像。然而，这种硬件触发控制方法需要额外的触发传感器,增加了测量系统的成本,并且无法根据刀具磨损情况自适应地捕捉图像。

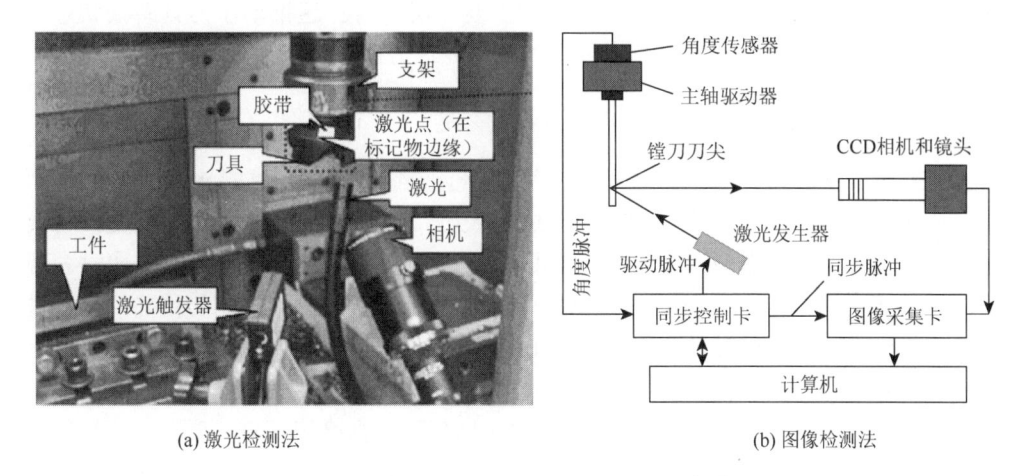

(a) 激光检测法   (b) 图像检测法

图 6-4　国内外在机动态图像采集系统[167]

另外,基于软件筛选的方法由 Lins 等[168, 169]引入,将刀具磨损的机器视觉监控集成到基于信息物理系统方法的生产系统中。该系统通过动态条件下的图像匹配方法选择出理想的刀具磨损图像。这种方法使用图像匹配和先验知识来捕获单幅理想图像,相较于硬件触发控制方法,避免了额外传感器的使用,降低了系统成本。

此外,国内外研究者将在机动态图像采集系统与数控系统相融合,为智能机床和智能制造的进步提供了支持。以磨床智能化为出发点,Xu 等[170]基于以太网的硬件架构提出了一种面向机器视觉的数控系统;分析了该系统的软件特点,包括新型多线程软件架构、内存空间多线程访问的无缝切换方法、人机界面与图像处理的集成及虚拟化等。该系统对传统轮廓磨削方法进行了创新,能够在加工过程中直观地检测和补偿轮廓误差。此外,研究人员进行了软件开发平台的运行效率测试、视觉数控系统测控的耗时分析以及开发的视觉数控系统的有效性验证。研究结果表明,面向机器视觉的开放式数控系统能够有效将图像处理与运动控制相融合,满足效率要求,提高仿形磨削加工精度。

近年来,信息物理系统作为深度融合计算、网络和物理环境的多维协作复杂系统,在大型工程系统中实现了实时感知、动态控制和信息服务等功能,特别是在制造业,信息物理系统在异构软件和硬件组件的集成中发挥着关键作用。基于信息物理系统方法,Lins 等[169]提出了一个分为四个阶段的方法论,将刀具磨损过程中的机器视觉系统集成到生产系统中,他们在数控钻孔加工过程中验证了所提出的在线刀具磨损监测系统的可行性和有效性。

6.1.2　刀具磨损状态分类

刀具磨损状态分类是刀具状态监测的基础,对于避免过早更换刀具、充分利用刀具实际寿命，以及预防因过度使用磨损严重的刀具导致的问题，具有重要意义。随着深度学习的快速发展和智能工厂中制造大数据的积累，建立刀具磨损图像与刀具状态之间的函数映射关系已经成为刀具磨损状态分类的主要发展趋势。这推动了刀具磨损状态分类进入大数据时代，使分类方法逐渐从传统的图像处理方法过渡到基于数据驱动的方法。

1. 基于传统图像处理方法的刀具磨损状态分类

在机械加工中，刀具与工件之间的相互摩擦会导致刀具磨损区域形成光滑的镜面。当光照射到刀具磨损区域并反射到相机形成图像时，刀具磨损区域呈现高亮度，与其他区域形成明显对比。图像分割法在处理目标和背景占据不同灰度级范围的图像时表现出色。Mannan 等[171]在旋转 100r/min 时捕捉了钻头图像，通过边缘检测和精确的分割技术处理，以检测刀具磨损和刀具在图像平面上的跳动。Zhang 等[172]采用机器视觉系统在线获取了球头刀具的刀具磨损图像，然后通过优化磨损检测区域找出刀具尖端点，从而评估刀具磨损程度。Li 等[173]通过分水岭分割方法划分了刀具磨损区域，采用修正拉普拉斯聚焦评价函数的爬山算法进行焦平面搜索以确保图像质量，并利用自适应马尔可夫随机场算法分割了刀具磨损的各个区域。研究结果显示，对刀具磨损区域进行自动聚焦和分割能够提高刀具磨损评估的准确性和鲁棒性。Sharma 等[174]使用机器视觉系统在加工前后捕获车床刀具的图像，并应用链码、像素匹配和形态学操作描述刀具形状，以进行"正常"或"磨损"状态的分类判断。Sukeri 等[175]提出了一种可靠的直接测量方法来分析钻头磨损程度，首先利用分割和阈值技术过滤彩色图像并将其转换为二进制数据集，然后应用边缘检测方法表征钻头边缘，并通过互相关法将原始钻头图像和磨损钻头图像的边缘相互关联，以描述钻头磨损程度。Mehta 等[176]提出了一种使用成本相对较低的视觉系统进行直接刀具磨损测量的方法，该方法利用CCD相机和图像处理算法记录后刀面磨损，以确定刀具的健康状况和刀具是否可用于零件的进一步加工。

纹理分析和轮廓检测方法在更高层次的视觉处理中为实现智能化监测刀具磨损状态提供了可能。Kerr 等[177]采用四种不同的纹理分析技术，包括基于直方图的处理、灰度共现技术、基于频域的技术和分形方法，分析车削和铣削刀具磨损区域的纹理，以进行可视化和评估刀具磨损。结果显示，纹理分析方法与预期的磨损特征具有良好的相关性。Castejón 等[109]提出了一种基于机器视觉和统计学习系统的方法，通过对九个几何特征进行线性判别分析来评估不同磨损水平（低、中、高）的切削刀具，以确定更换刀具的时间。研究表明，在九个描述符中的三个（偏心率、范围和坚固性）提供了 98.63%所需的信息来进行分类。Barreiro 等[178]通过研究使用不同的矩来描述刀具磨损图像，并通过磨损类别对刀具状态进行分类，发现 Hu 和 Legendre 描述符提供了最佳性能。Alegre 等[179]基于后刀面磨损区域的二值图像轮廓特征，计算了平均和最大后刀面磨损宽度。Chethan 等[180]通过应用多种预处理和分割操作获取每个切削刀具图像的二值图像，使用三个代表刀具状态的特征描述每个磨损区域，以估计刀具状态并确定更换刀具的时间。García-Olalla 等[181]评估了结合局部定向统计信息增强器（local oriented stastics information booster，LOSIB）和基于局部二进制模式（local binary pattern，LBP）的不同刀具磨损分类方法。结果表明，LBP 与 LOSIB 相结合时性能优于其他方法，二分类准确率为 80.58%，三分类准确率为 67.76%。García-Ordás 等[182]构建了一种新型的形状描述符 aZIBO，用于表征刀具磨损并确保刀具的最佳使用状态。该描述符具有绝对 Zernike 矩的不变边界方向。通过与经典形状描述符的性能比较，aZIBO 形状描述符表现最优。为了提高形状描述符对各个磨损区域不确定性分类描述的准确性，García-Ordás 等[183]基于机器学习和机器视觉技术提出了一种对边缘轮廓铣削过程中刀具磨损进行分类的新型描述符 B-ORCHIZ。它是从全局和局部磨损区域图像计算的新型形状描述符，并创建了一个包含 212 个刀具磨损图像的数据集来评估方法的准确性。通过支持向量机进行分类的试验结果表明，B-ORCHIZ 优于其他形状描述符，在评估的不同场景中实现了 80.24%～88.46%的准确度。为了进一步提高新型形状描述符的分类性能，García-Ordás 等[184]提出了一种基于形状描述符和轮廓描述符组合的新系统，用于对铣削过程中的刀具进行分类。为了描述磨损区域的形状，该研究提出了一个称为 ShapeFeat 的新描述符，并使用 B-ORCHIZ 方法对其轮廓进行了表征。结果表明，B-ORCHIZ 与 ShapeFeat 的结合以及后期融合方法显著提高了在二元分类（即磨损分类为高低两类）和三个目标类（即磨损分类为高、中和低三类）中的分类性能。在此基础上，García-Ordás 等[185]提出了一种基于机器视觉和机器学习的新型在线、低成本和快速方法，以确定边缘轮廓铣削过程中使用的切削刀具是否可以根据其磨损程度进行维修或一次性使用，方法流程如下：首先将切削边缘图像划分为不同区域，称为磨损补丁；然后使用基于不同局部二进制模式变体的纹理描述符将每个图像表征为磨损或可维修，以及根据这些磨损补丁的状态，确定切削刃或刀具是可维修的还是一次性的。

此外，为解决目前刀具状态监测系统从捕获的图像中自动定位刀具磨损位置和准确测量刀具磨损量方面的困难，Ye 等[186]提出了一种基于机器视觉特征迁移和刀具切削刃重建的方法。该方法通过将刀具损伤划分为磨损区和破损区，分别运用视觉特征迁移和切削刃重建技术提取刀具磨损图像信息和破损图像信息。D'Addona 等[187]采用刀具标准图像设计并优化了用于刀具磨损识别的神经网络。徐露艳等[188]提出了一种基于形状模板匹配的在机刀具监测方法，利用改进的 Brenner 自动对焦算法实现了高质量刀具图像的捕获，并采用改进的 Canny 算法描述了刀具切削刃的轮廓。最后，通过在机捕获的刀具切削刃与原始完好刀具切削刃之间的形状匹配度来判断刀具磨损状态。

2. 基于数据驱动方法的刀具磨损状态分类

神经网络由于对噪声的低敏感性和抗损坏性而被认为是一种有前途的方法，可用于进行图像识别以进行刀具磨损分析。Stemmer 等[189]采用神经网络模型对切削刀具的后刀面磨损和破损情况进行分类，结果显示该模型的误差为 4%。Klancnik 等[190]通过图像分割和纹理分析方法提取单个立铣刀齿的特征，并使用 k-最近邻算法和人工神经网络对特征向量进行分类。通过十折交叉验证方法验证结果，发现人工神经网络在分类精度方面表现最好，有望改善对刀具磨损和损坏的监测，提高数控铣床的有效性和可靠性。D'Addona 等[191]比较了人工神经网络和基于 DNA（脱氧核糖核酸）的计算等两种启发式学习方法在确定刀具磨损程度方面的效果。研究结果表明，人工神经网络能够从给定程序下处理的一组刀具磨损图像中预测刀具磨损程度，而基于 DNA 的计算则可以识别处后图像之间的相似性和差异性。Ong 等[192]探讨了在端铣加工过程中使用小波神经网络进行刀具磨损监测。该方法首先对刀具磨损图像进行处理，提取磨损区域描述符，然后应用小波神经网络来预测切削刀具后刀面的磨损程度。

针对需要人工参与的传统刀具磨损类型识别的不足，吴雪峰等[193]提出了一种基于卷积神经网络的刀具磨损识别方法。通过分析刀具磨损类型和刀具磨损过程的变化，他们设计了一个卷积神经网络结构，用于识别刀具磨损状态。该方法利用卷积自动编码器对提出的网络模型进行预训练，然后微调模型参数，建立了一个有效的刀具磨损类型识别模型。Lutz 等[194]提出了一种新方法，通过语义图像分割替代手动分析刀具磨损图像，该解决方案能够区分各种刀具缺陷类型，如后刀面磨损、凹槽和积屑瘤，准确率超过 91%。Bergs 等[195]研究了一种用于图像处理的深度学习方法，以量化刀具磨损状态：首先，他们训练了卷积神经网络，用于刀具类型分类；然后，在单个刀具类型数据集（球头立铣刀、立铣刀、钻头和刀具）和混合数据集上训练了全卷积网络，以检测微观刀具图像上的磨损区域。

目前的研究大多集中在手动提取孤立刀具并评估其磨损程度上，而 Fernández-Robles 等[196, 197]提出了一种新方法，通过机器视觉技术实现对多个刀具的原位定位，这使得操作员从连续监控加工过程中解放出来，机器可以继续运行，无须取出铣头就可以自动检测刀具并确定它们是否损坏。该方法首先定位刀具的螺钉，然后通过几何操作的方式来确定刀具切削刃的位置和方向。基于这些信息，计算从完好切削刃边缘到实际刀具切削刃的偏差，从而评估刀具是否出现磨损。

除了传统图像处理和深度学习方法，还存在一种根据时序图像构建模型的方式进行刀具状态识别。Gao 等[198]旨在模拟和监测微搅拌摩擦焊中动态刀具磨损传播的空间和时间模式。他们为时间顺序的高维刀具表面测量图像开发了一种混合分层时空模型，以表征微搅拌摩擦焊中的动态刀具磨损传播。数值研究证明了该时空建模方法对三种异常刀具磨损进展模式的有效性，结果表明在两个时间步长内可以检测到异常刀具磨损进展，检测精度可达 99%，II 类错误率保持在零。

6.1.3 刀具磨损区域识别

刀具磨损区域的识别是刀具状态监测的核心，它利用对刀具磨损实际几何变化的高精度和可靠性测量，有助于全面了解刀具的磨损形态，并为加工补偿、刀具寿命预测以及加工质量评估等研究提供指导。随着深度学习的快速发展和智能工厂产生的大量制造数据，自适应学习刀具磨损区域不变特征已成为刀具磨损区域识别的主要发展趋势，推动刀具磨损区域识别方法从传统图像处理逐渐过渡到基于数据驱动的方法。

针对刀具图像受到刀具未对准、微尘颗粒、振动和环境光强度变化等因素的影响，研究者致力于开发具有鲁棒性的刀具磨损区域辨识方法。例如，Otto 等[199]开发了一套软件，采用非线性中值滤波器消除噪声，并使用 Roberts 滤波器算子进行边缘检测，从而实现对后刀面磨损的检测。Pfeifer 等[200]利用不同入射角的环形灯捕获刀具图像，通过比较捕获的图像以减少切削刃不均匀照明问题。其他研究者，如 Liang 等[201]，采用基于图像配准和互信息的方法识别硬质合金铣削刀具的刀尖半径变化。

针对不同刀具类型和磨损情况，研究者还提出了多种图像处理和深度学习方法。其中，Wang 等[202]开发了一种自动系统，用于捕获和处理移动刀具的连续图像，并利用连续图像之间的互相关技术来测量铣削时的后刀面磨损。为提高测量精度，一些研究采用了基于矩不变性的方法，如 Wang 等[203]。另外，杨吟飞等[108]通过窗口跟踪边缘对磨损区域进行几何描述，以减少噪声干扰，降低数据处理量，提高刀具监测效率。而 Su 等[204]则研究了在微型钻中使用边缘检测方法测量侧面磨损的可行性。

针对高精度刀具磨损区域分割问题，Liang 等[205]利用具有亚像素精度的空间矩边缘检测器检测涂层麻花钻的侧面磨损轮廓的边缘，并使用 B 样条对边缘进行平滑处理。Sortino 等[158]通过一种新的彩色图像边缘检测方法进行后刀面磨损测量，使用统计滤波方法评估磨损区域。在复杂的钻孔加工中，Zhu 等[206]通过图像处理对钻头后刀面磨损进行了监测。针对微型电火花加工，Malayath 等[207]结合图像处理模块和刀具磨损预测算法提出了一种新的刀具磨损补偿方法。

神经网络作为一种具有自适应特征提取和鲁棒性的方法，在刀具磨损图像表征中引起了研究者的关注。例如，李鹏阳等[208,209]在刀具磨损监测中引入了脉冲耦合神经网络，用于实现刀具磨损区域的精确识别。D'Addona 等[210]设计了一个用于自动刀具磨损识别的人工神经网络，通过预处理操作提取特征，实现对刀具磨损缺陷的识别。在刀具状态预测方面，Wang 等[211]采用深度卷积神经网络分析加工表面纹理图像和刀具磨损图像，以揭示刀具状态与功率曲线的关系。

尽管已有大量关于刀具磨损状态的研究文献，但对刀尖半径磨损对工件粗糙度轮廓和尺寸变化的影响的研究相对较少。Shahabi 等[212]测量了靠近切削刀具的刀尖半径磨损区域，并利用刀头半径和表面粗糙度轮廓信息进行车削加工。其他研究者，如 Sung 等[213]和 Wang 等[214]，利用图像处理方法对刀尖轮廓公差对表面粗糙度的影响进行了评估。对于复合孔加工，Ramzi 等[215]提出了使用图像处理方法对钻头后刀面磨损进行监测的系统。

总体来说，针对不同刀具类型和加工场景，研究者通过图像处理、深度学习等方法，不断推动刀具磨损区域识别和刀具状态监测技术的发展。这些方法的应用为制造业提供了更智能、精确的刀具监测手段，有助于提高加工效率、降低成本，推动智能制造的发展。

6.1.4 刀具状态监测指标

刀具状态监测的核心在于刀具状态监测指标，这是准确评估刀具状态的关键。通过直接法高精度地测量刀具磨损区域的信息，研究人员充分利用刀具磨损区域的统计信息和几何特征，以更详细地描述刀具状态。根据采集图像设备的不同，这些指标可以分为二维刀具状态监测指标和三维刀具状态监测指标。

1. 二维刀具状态监测指标

国际标准通常以最大后刀面磨损宽度为刀具失效的标准。然而，随着机器视觉的发展，研究者通过更详细地表征刀具状态的刀具磨损区域的几何结构特征，提出了更多的刀具状态评价指标，以推动加工补偿、加工质量评价和刀具寿命预测的研究进展。现行的刀具更换标准往往较为保守，导致刀具仅在其可能使用寿命的一小部分内被更换。为了更好地衡量刀具更换成本对总生产成本的影响，需要更为精准的标准。以往的研究表明，机器视觉系统可以用于测量砂轮磨损面积，例如，Lachance 等[216]所搭建的系统，该系统能够在磨削加工过程的间歇时间内捕获砂轮轮廓图像。其他研究者也提出了多种通过图像处理技术评估刀具状态的方法，如 Su 等[204]的边缘检测方法、Shahabi 等[217]测量刀尖磨损面积，以及 Saeidi 等[218]应用图像处理技术监测硬质合金钻头磨损。这些方法涵盖了刀具磨损面积、刀尖磨损、纹理分析等多个方面，为评估刀具寿命提供了多样化的途径。尽管以往的研究已经取得了一些成果，但仍需要进一步的努力来制定更为精准和全面的刀具状态评估标准，以满足不同工况和材料加工的需求。

除了关注刀具磨损面积和周长，研究人员还通过刀具几何结构的变化来描述刀具状态。Fadare 等[219]使用两个白炽灯光源在暗室中拍摄了刀具图像，并通过维纳滤波对图像进行处理，提取了长度、宽度、面积、当量直径、质心、长轴长度、短轴长度、坚固性、偏心率和方向等指标，以评估刀具磨损。Liu 等[220]则通过对刀具电极图像的处理，获取磨损刀具的轮廓信息，并研究了刀具形状在微电火花加工中的变化；采用 Canny 边缘检测方法和曲线拟合方法对刀具轮廓进行数学描述，通过分析微细电火花加工中刀具形状的变化和磨损规律，定量估计了刀具电极的磨损。此外，光学自由曲面的广泛应用促使研究者关注圆头刀具的超精密制造，这对于加工自由曲面至关重要。为了准确全面地测量圆头刀具的几何参数，Yuan 等[221]建立了一个焦点变化系统，该系统能够在一次测量中获取多个几何参数，并详细讨论了几何参数的类型和提取过程。目前，机器视觉方法是测量圆头刀具几何参数的主要手段，但其存在一些局限性，如对测量角度的依赖性强、不能同时测量多个参数。因此，新的测量系统的建立为更精准地评估圆头刀具的几何参数提供了一种有效途径。

除了考虑磨损面积和周长等图像特征用于描述刀具磨损状态，Barreiro 等[178]利用线性判别分析对图像数据进行投影，为刀具监测提供了有用的磨损图。这些磨损图展示了磨损类别及其之间的边界，从而能够生成当前刀具磨损演变图。通过二次判别分析，可以为当前刀具分配属于不同磨损类别的概率，这一概率可作为替代当前保守标准的新磨损标准，从而有望降低刀具更换成本。Chethan 等[222]通过图像直方图频率来描述加工状态。另外，Li 等[223]发现了切削刃灰度变化规律与原始刀具边界及磨损边界的相对位置之间的关联原理，借此建立概率函数，通过贝叶斯推理准确还原弯曲的原始刀具边界。

在大规模生产中，通常采用相同的刀具在不同的加工参数下加工不同的零件是一种常见的做法。在这种情境下，确定最佳的刀具更换时机应该在表面粗糙度规格范围内，以实现最低生产成本和最高生产效率。因此，Kwon 等[224]提出了一种新颖的刀具磨损指标和刀具寿命模型，该提出的刀具磨损指标关注表面粗糙度，能够更准确、更全面地测量磨损状态。基于这一指标，刀具寿命模型旨在最大限度地利用磨损的刀具，并将刀具故障的风险降至最低。

2. 三维刀具状态监测指标

除了在二维图像中提取刀具磨损的关键指标，对刀具磨损区域的三维结构进行研究对于了解刀具磨损状况至关重要。Karthik 等[225]利用一台 CCD 相机，通过立体视觉技术测定陨石坑中每个点的深度，然后运用多层感知器神经网络算法来分析刀具磨损模式的趋势。Yang 等[226, 227]首先使用配备的 CCD 显微镜捕获磨损刀具的前刀面，通过自动聚焦技术实现不同刀具磨损状态下磨损区域凹坑深度的测量。Devillez 等[228]通过白光干涉技术测量坑洼磨损的深度，以表征刀具磨损状态。Dawson 等[229]利用白光干涉仪结合计算计量技术，确定了带涂层和未带涂层的立方氮化硼刀具的后刀面磨损率和月牙洼磨损率，并将这些数据与新刀具 CAD 模型进行比较，计算刀具的体积减小量。Jurkovic 等[230]使用结构化照明的镜面反射，通过线条投影确定刀具前刀面或后刀面的深度，从而对刀具表面进行外观和特征分析。Niola 等[231]提出了一种用于微铣削刀具的 3D 测量刀具磨损的技术，应用数字焦点测量方法在捕获图像中实现刀具三维形貌的重构。Volkan 等[232]通过捕获具有四个相移角的条纹图案，实现了刀具磨损区域各种 3D 参数的测量，如坑深度、坑宽度、坑中心和坑前距离，与白色干涉测量技术不同，该方法无须扫描，但测量的准确性取决于条纹宽度或条纹图案。童晨等[233]提出以改进的拉普拉斯算子作为聚焦评价函数，实现不同聚焦平面下对应像素点的提取，基于聚焦合成原理重构了刀具磨损区域的三维形貌。Liu 等[234]利用图像处理技术测量刀具磨损体积，通过构建基于单个 CCD 相机的立体视觉系统获取图像对，然后检测刀具的月牙洼磨损边界，最终通过开发的图像匹配算法重建前刀面上磨损区域的三维体积形状，并估计月牙洼的体积和深度。Wang 等[235]提出了一种新型的多色结构照明器，建立了照明器结构参数、表面形貌和彩色图像之间的信息映射模型，通过基于单目多色结构光提取刀具磨损区域的三维信息。朱爱斌等[236-238]提出了一种利用傅里叶变换融合聚焦深度和阴影形状的方法，通过傅里叶变换在频域内进行融合，实现了砂轮刀具磨损区域的三维重构。Szydłowski 等[239]通过改变入射光强度的方式实现了不同反射特性的磨损区域捕获，然后使用扩展景深技术重建图像以及计算出深度图来自主寻找铣削刀具的磨损区域。Hawryluk 等[240]使用三维扫描方法生成磨损的刀具图像，然后与 CAD 模型的图像进行比较，实现了对刀具磨损的评估。

6.2 主轴旋转下刀具磨损区域定位和跟踪

近年来，研究人员已经取得了显著的进展，他们通过构建机器视觉系统，捕获反映刀具状态的单幅图像，然后处理这些图像以实现刀具状态监测。然而，由于加工条件、工件材料等外部环境因素引起的刀具磨损的不可预知性变化，单幅刀具图像并不能全面反映刀具磨损特性。此外，捕获单幅静态图像不可避免地会导致机床停机。因此，准确测量刀具磨损的前提是连续地捕获刀具磨损图像序列。此外，在动态条件下获取图像，如主轴旋转，可以避免机床停机以及单幅图像捕获时的人为干预，从而提高加工过程的生产效率。

6.2.1 主轴旋转下刀具磨损图像序列

1. 后刀面磨损机理

在铣削过程中，刀具的切削刃、前刀面以及后刀面等结构区域分别与待加工工件表面、切屑以及已加工工件表面相互接触。因此，在刀具-工件接触区域受到切削力和切削热的耦合作用下，会发生摩擦现象，导致刀具的切削刃、前刀面和后刀面都会发生磨损。在正常磨损阶段，随着加工时间的推移，刀具磨损宽度会均匀增加，同时刀具磨损表面变得光滑[241]。刀具的寿命判据和状态监测可定义为刀具在某种磨损形式下的阈值。按照国际标准 ISO 8688-1:1989 的定义，刀具中后刀面磨损带宽度 VB 被用作判定刀具磨损状态的测量基准。

如图 6-5 所示后刀面磨损示意图，VB_{max} 是指原始切削刃到磨损区域与原始后刀面相交的边缘的最大距离。由三维视图和剖视图可见，虽然在主后刀面和副后刀面的某些地方边缘分布可能不均匀，但是后刀面磨损带在主后刀面显著部位上可能是均匀且表面光滑的。除此之外，从宏观上看，后刀面磨损区域与原始后刀面呈一定的角度 α。

2. 图像投影成像机理

根据光学反射原理，当物体表面具有光滑和粗糙两种特性时，光的反射情况如图 6-6 所示。当平行光照射时，光在物体的光滑表面和粗糙表面上分别发生镜面反射和漫反射。在镜面反射中，所有反射光线都是平行的；而在漫反射中，反射光线的方向各异。

图 6-5 后刀面磨损示意图

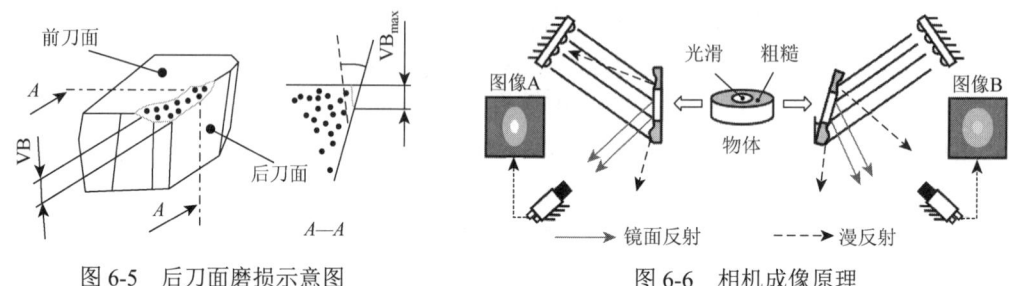

图 6-6 相机成像原理

因此，当在焦距范围内捕获镜面反射光以进行成像时，物体的光滑表面和粗糙表面之间的边缘轮廓会被凸显，正如图 6-6 中的图像 A 所示。相比之下，当仅在焦距范围内获取漫反射以进行成像时，边缘轮廓就会变得难以定义，如图 6-6 中的图像 B 所示。

根据相机成像原理，图 6-6 中图像 A 和图像 B 可以用入射分量和反射分量这两个分量来表征。其中，入射分量 $i(x,y)$ 是指入射到被观察场景的光源照射总量。同时，反射分量 $r(x,y)$ 是指被观察场景中物体所反射的光照总量。由 $i(x,y)$ 和 $r(x,y)$ 两个变量乘积合并形成了图像 $f(x,y)$，如式（6-1）所示：

$$f(x,y) = i(x,y)r(x,y) \tag{6-1}$$

式中，$0 < i(x,y) < \infty$；$0 < r(x,y) < 1$。

反射分量 $r(x,y)$ 取值范围为 0~1，其中 0 表示观测物体将入射光全部吸收，1 表示照射到观测物体上的光得以全部反射。入射分量 $i(x,y)$ 的性质取决于辐射源，反射分量 $r(x,y)$ 的性质取决于成像物体的特性。因此，可以得到 $i_A(x,y) = i_B(x,y)$，$r_A(x,y) > r_B(x,y)$，这也验证了图像 A 和图像 B 成像效果不同的现象。

在主轴旋转的情况下，假设选定了相机分辨率、曝光时间和镜头参数，刀具在视野中的不同位置所捕获的图像如图 6-7 所示。在图 6-7（a）中，当后刀面垂直于光轴时，刀具磨损区域的特征被背景淹没，使得后续图像处理算法难以提取刀具磨损特征，从而严重干扰刀具状态监测，降低刀具磨损测量的鲁棒性和准确性。相反，在图 6-7（b）中，当磨损区域垂直于光轴时，刀具图像中刀具磨损区域与背景之间的对比明显增强。这导致刀具磨损特征得到加强，背景区域的特征得到抑制，有助于后续图像处理算法准确地分割刀具磨损区域，提高对刀具磨损状态的准确判断。

(a) 后刀面为主反射面　　　　　　(b) 刀具磨损区域为主反射面

图 6-7　主轴旋转时不同位置捕获的刀具图像

3. 刀具磨损图像序列概念

总之，当刀具出现在视野中时，主要存在以下两种情况：

（1）当后刀面是主反射面时，由于后刀面表面整体相对粗糙，光源照射到后刀面时会形成漫反射。在这种情况下，刀具后刀面的亮度显著，导致主切削刃附近的后刀面磨损区域的图像特征与背景区域融合，如图 6-7（a）所示。

（2）当刀具磨损区域是主反射面时，由于后刀面磨损区域整体表面相对光滑，光源照射到刀具磨损区域时形成镜面反射。如图 6-7（b）所示，后刀面磨损区域形成高亮度，抑制了背景区域特征。由于刀具磨损的复杂性，不同部分的后刀面磨损区域会在不同角度的图像中凸显。因此，一幅单独的捕获图像不能充分表达所有的刀具磨损特征。

因此，刀具状态图像序列（tool condition image sequence，TCIS）指的是在情况（2）中形成的多幅连续图像序列。在这种情形下，刀具磨损区域的反射分量接近于 1。这种情况下，刀具磨损区域的特征在 TCIS 中得到增强，有助于提高在刀具全寿命周期内刀具状态监测和刀具磨损测量的准确性和鲁棒性。

6.2.2　刀具磨损区域自适应定位和跟踪

刀具磨损区域的自适应定位和跟踪主要分为三个部分：TCIS 的初始帧定位方法、

TCIS 的终止帧定位方法以及刀具磨损区域的定位与跟踪方法。根据刀具磨损特性的变化，实现 TCIS 初始帧和终止帧的自适应定位。首先，通过构建相邻图像之间的定向梯度直方图来生成时序梯度图，用于定位 TCIS 的初始帧。然后，对初始帧的后续图像进行编码，并输入逻辑回归分类模型以确定 TCIS 的终止帧。最后，通过平衡磨损测量的要素和基准来定位 TCIS 初始帧中的刀具磨损区域，并利用运动模型和局部搜索方法实现后续刀具磨损区域的精确跟踪。刀具磨损区域自适应定位和跟踪流程如图 6-8 所示。

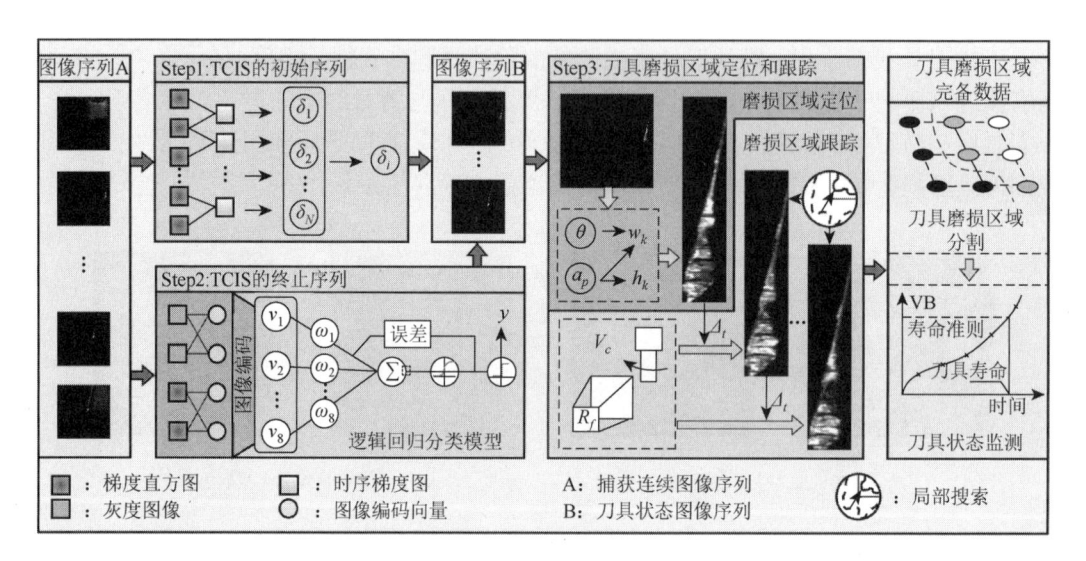

图 6-8 刀具磨损区域自适应定位和跟踪流程图

1. 基于梯度直方图的图像序列初始定位

TCIS 的初始帧是指在连续图像序列中高对比度刀具磨损区域首次出现的图像帧。如图 6-9 所示，为在主轴旋转下刀具状态监测试验中连续捕获的相邻两帧图像。图 6-9（a）和（b）分别表示连续图像序列中 TCIS 的前一帧及其初始帧。

(a) TCIS前一帧　　　　　　(b) TCIS初始帧

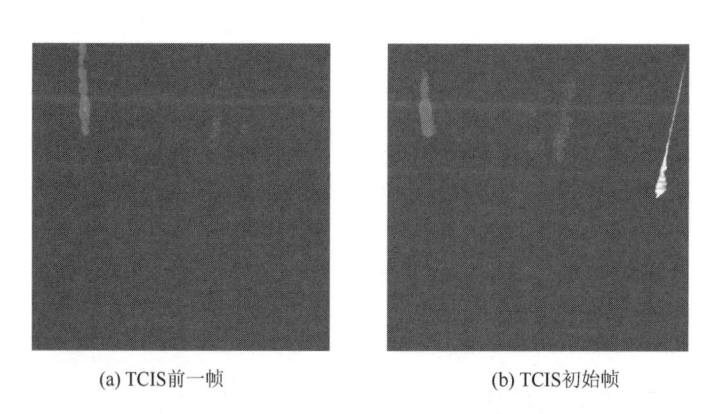

图 6-9 当 TCIS 的初始帧出现时连续图像序列中的相邻两帧图像

依据 6.2.1 节的描述，TCIS 中，刀具磨损区域与其他区域之间的边缘对比度被最大限度地提高，即梯度达到最大值。同时，在 TCIS 的前一帧中，捕获了刀杆的凹槽区域，如图 6-9（a）所示。在这一时刻，相机的焦距范围内没有物体表面反射光，因此梯度值几乎为零。理论上，TCIS 的前一帧和初始帧之间的梯度变化是最为显著的。因此，可以通过计算时序梯度图（参见式（6-2））实现在连续图像序列中定位 TCIS 的初始帧：

$$\arg\max_{\delta_1,\delta_2,\cdots,\delta_{N-1}}\{\delta_1,\delta_2,\cdots,\delta_i,\cdots,\delta_{N-1}\} \tag{6-2}$$

式中，$\delta_i = \max TH_{i,i+1}$ 表示相邻图像帧之间的时序梯度图 $TH_{i,i+1}$ 的最大值。

在像素级别下，时序梯度图 $\{TH_{1,2}, TH_{2,3}, \cdots, TH_{N-1,N}\}$ 描述了捕获的动态图像序列 $\{C_1, C_2, \cdots, C_N\}$ 中的相邻图像帧之间的梯度变化。

$$TH_{i,i+1} = H_{i+1} - H_i, \quad i \in \{1, 2, \cdots, N-1\} \tag{6-3}$$

式中，$TH_{i,i+1}$ 表示相邻图像帧之间的时序梯度图；H_i、H_{i+1} 分别表示相邻图像帧 $\{C_i, C_{i+1}\}$（$i \in \{1, 2, \cdots, N-1\}$）的定向梯度直方图。

定向梯度直方图[242]是基于稠密网格中归一化的局部方向梯度直方图，它通过图像中局部梯度或边缘方向分布的方式以实现目标外观和形状的描述。此外，它能对图像几何和光学形变保持良好的不变性。

在计算定向梯度直方图的过程中，最小的连通区域在图像中被定义为细胞，而这些细胞再组合成块。在计算定向梯度直方图时，首先以细胞为基本单位进行统计，然后以块为单位进行处理。在细胞单元级别下，计算定向梯度直方图的步骤如下：首先，将图像分割成小的连通区域，即细胞单元；然后，在每个细胞单元的各个像素位置处计算方向梯度或边缘直方图；最后，将这些直方图组合起来，形成在细胞单元级别下的定向梯度直方图特征描述器。

整幅图像的定向梯度直方图的详细计算过程如下：

（1）通过一阶微分求导处理得到像素级别下的图像梯度。选择运算符 $[-1, 0, 1]$ 和 $[1, 0, -1]^T$，它不仅可以捕捉边缘信息，还可以削弱光照影响。因此，像素级别下的图像梯度可以定义为

$$\begin{aligned} G_x(x,y) &= I(x+1,y) - I(x-1,y) \\ G_y(x,y) &= I(x,y+1) - I(x,y-1) \end{aligned} \tag{6-4}$$

式中，$I(x,y)$ 为图像在像素点 (x,y) 处的灰度值；$G_x(x,y)$ 和 $G_y(x,y)$ 分别为图像在像素 (x,y) 处的水平方向和垂直方向的梯度值。

因此，像素点 (x,y) 处的梯度大小和梯度方向可以定义为

$$\begin{aligned} G(x,y) &= \sqrt{G_x^2(x,y) + G_y^2(x,y)} \\ \alpha(x,y) &= \arctan\left(\frac{G_y(x,y)}{G_x(x,y)}\right) \end{aligned} \tag{6-5}$$

式中，$G(x,y)$ 为在像素点 (x,y) 处的梯度大小；$\alpha(x,y)$ 为在像素点 (x,y) 处的梯度方向。

（2）在图像的细胞单元级别进行定向梯度直方图的计算。在每个细胞单元中，各像素为某个梯度方向的直方图通道进行加权投票。权值是基于该像素点的梯度大小计算得出的，具体计算方式如式（6-5）所示。此外，为了获得最佳效果，这里将梯度方向通道分为九个维度。因此，在每个细胞单元中，定向梯度直方图是一个九维向量。

（3）在图像的块级别进行定向梯度直方图的计算。这一过程主要通过串联所有细胞单元的特征向量来形成块级别的梯度方向直方图。例如，一个块包含四个细胞单元，则块的梯度方向直方图的维度为 $4\times9=36$ 。随后，对每个块内梯度的局部对比度进行归一化，以进一步消除光照、阴影和边缘的影响。归一化操作可按如下方式定义：

$$\begin{cases} L_2-\text{norm}, & v\to v\Big/\sqrt{\|v\|_2^2+\varepsilon^2} \\ L_1-\text{norm}, & v\to v\Big/(\|v\|_1+\varepsilon) \\ L_1-\text{sqrt}, & v\to v\Big/\sqrt{\|v\|_1+\varepsilon} \end{cases} \quad (6\text{-}6)$$

式中，v 为非归一化描述符向量；$\|v\|_k$ 表示非归一化描述符向量的 k 范数，$k=1,2$；ε 为常数。

2. 基于逻辑回归的图像序列终止定位

TCIS 的终止帧是指在连续图像序列中高对比度刀具磨损区域最后出现的图像帧，图 6-10 为在主轴旋转下刀具状态监测试验中连续捕获的相邻两帧图像。

(a) TCIS 终止帧　　　　　　　(b) TCIS 终止帧后一帧

图 6-10　当 TCIS 的终止帧出现时连续图像序列中的相邻两帧图像

TCIS 的终止帧遵循以下两个准则：①只有刀具磨损区域出现高亮度；②刀具磨损区特征未淹没在背景中。图 6-10（a）和（b）是指连续图像序列中 TCIS 的终止帧及其后一帧。

根据 3.3.1 节确定 TCIS 的初始帧后，其后续的图像被编码后输入分类模型中。然后，训练逻辑回归分类模型以捕获 TCIS 的终止帧。

对捕获的图像 $\{C_1,C_2,\cdots,C_N\}$ 进行编码以获得图像编码向量 $\{V_1,V_2,\cdots,V_N\}$。它由两部分组成：图像分解和以关键指标对图像进行编码。

第一步：捕获的图像 C_i 分为全局图像 G_i（式（6-7））和阈值图像 T_i（式（6-8））。全局图像反映整个图像中有关特征的比例和分布,阈值图像反映去除背景影响后图像中有关特征的比例和分布。

$$G_i = \begin{cases} G_i^g = C_i \\ G_i^h = H_i \end{cases}, \quad i = 1, 2, \cdots, N \tag{6-7}$$

式中,G_i 为全局图像;G_i^g 和 G_i^h 分别为图像的全局灰度图像和全局梯度图像;C_i 为捕获的图像;H_i 为图像的定向梯度直方图。

$$T_i = \begin{cases} T_i^g \\ T_i^h \end{cases}, \quad i = 1, 2, \cdots, N \tag{6-8}$$

式中,T_i 为阈值图像;T_i^g 为灰度阈值图像;T_i^h 为梯度阈值图像。

$$T_i^g(j,k) = \begin{cases} g(j,k), & g(j,k) \geq \lambda_g \\ 0, & g(j,k) < \lambda_g \end{cases} \tag{6-9}$$

式中,$T_i^g(j,k)$ 为灰度阈值图像 T_i^g 在像素点 (j,k) 处的灰度值;$g(j,k)$ 为全局灰度图像 G_i^g 中像素点 (j,k) 处的灰度值;λ_g 为灰度阈值,即在连续图像序列中 TCIS 前一图像帧的最大灰度值。

$$T_i^h(j,k) = \begin{cases} h(j,k), & h(j,k) \geq \lambda_h \\ 0, & h(j,k) < \lambda_h \end{cases} \tag{6-10}$$

式中,$T_i^h(j,k)$ 为梯度阈值图像 T_i^h 在像素点 (j,k) 处的梯度值;$h(j,k)$ 为全局梯度图像 G_i^h 中像素点 (j,k) 处的梯度值;λ_h 为梯度阈值,即在连续图像序列中 TCIS 前一图像帧的最大梯度值。

第二步:应用灰度平均值、灰度方差、梯度平均值和梯度方差四个关键指标对捕获的图像进行编码。

在 TCIS 中,灰度和纹理特征被抑制,且刀具磨损区域与其他区域的亮度对比得到增强。因此,对图像进行灰度分布和梯度分布指标编码可以有效地对 TCIS 和其他类别图像进行分类。灰度分布指标包括灰度平均值和灰度方差,梯度分布指标包括梯度平均值和梯度方差。

图像的灰度平均值是指图像中像素点灰度值的算术平均值,其定义为

$$\bar{g} = \sum_{i=1}^{M}\sum_{j=1}^{N} \frac{g(i,j)}{M \cdot N} \tag{6-11}$$

图像的灰度方差是指每个像素点的灰度值与整个图像的灰度平均值之间的离散程度,其定义为

$$g_v = \frac{1}{M \cdot N} \sum_{i=1}^{M}\sum_{j=1}^{N} (g(i,j) - \bar{g})^2 \tag{6-12}$$

式中,$\bar{g}$ 和 g_v 分别表示大小为 $M \times N$ 的灰度图像的灰度平均值和灰度方差;$g(i,j)$ 为灰度图像中像素 (i,j) 处的灰度值。

图像的梯度平均值是指梯度方向直方图中梯度值的算术平均值,其定义为

$$\bar{h} = \sum_{i=1}^{M}\sum_{j=1}^{N}\frac{h(i,j)}{M \cdot N} \tag{6-13}$$

图像的梯度方差是指每个像素点的梯度值与整个图像的梯度平均值之间的离散程度，其定义为

$$h_v = \frac{1}{M \cdot N}\sum_{i=1}^{M}\sum_{j=1}^{N}(h(i,j)-\bar{h})^2 \tag{6-14}$$

式中，$\bar{h}$ 和 h_v 分别指大小为 $M \times N$ 的灰度图像的灰度平均值和灰度方差；$h(i,j)$ 为灰度图像中像素 (i,j) 处的灰度值。

综上所述，每幅捕获的图像 C 都可以分解为四种类型的图像 $\{G_i^g, G_i^h, T_i^g, T_i^h\}$。从灰度图像 $\{G_i^g, T_i^g\}$ 中提取灰度平均值 $\bar{g}$ 和灰度方差 g_v 的指标，如式（6-11）和式（6-12）所示。从梯度图像 $\{G_i^h, T_i^h\}$ 中提取梯度平均值 $\bar{h}$ 和梯度方差 h_v 的指标，如式（6-13）和式（6-14）所示。从而，每幅捕获的图像 C_i 对应的图像编码向量 v_i 有 8 个属性，即 $\{v_{i1}, v_{i2}, \cdots, v_{i8}\}$。

v_{i1} 和 v_{i2} 分别表示全局灰度图像 G_i^g 的灰度平均值和灰度方差，v_{i3} 和 v_{i4} 分别表示全局梯度图像 G_i^h 的梯度平均值和梯度方差，v_{i5} 和 v_{i6} 分别表示灰度阈值图像 T_i^g 的灰度平均值和灰度方差，v_{i7} 和 v_{i8} 分别表示梯度阈值图像 T_i^h 的梯度平均值和梯度方差。此外，每个向量对应类标签 y_0 或 y_1，y_0 表示编码后捕获的图像不属于 TCIS 的终止帧，y_1 表示编码后的捕获图像属于 TCIS 的终止帧。

因此，确定 TCIS 终止帧的问题转化为基于图像编码向量的输入和输出的分类问题。逻辑回归是一种常见的二分类模型，能够直接对分类概率进行建模，而无须对数据分布做出假设，从而避免了数据分布假设不准确而引发的问题[243]。因此，可以利用逻辑回归对 TCIS 的终止帧进行分类和确定。

逻辑回归在线性回归的基础上加入 Sigmoid 函数来构造预测函数：

$$h_\theta(v) = \frac{1}{1+e^{-\theta^T v}} \tag{6-15}$$

式中，$h_\theta(v)$ 为类别结果为 1 的概率；θ 为逻辑回归模型的参数。

然后，分类结果为类别 1 和类别 0 的概率为

$$\begin{aligned}P(y=1|v;\theta) &= h_\theta(v) \\ P(y=0|v;\theta) &= 1-h_\theta(v)\end{aligned} \tag{6-16}$$

将式（6-15）和式（6-16）结合得到概率方程为

$$p(y|v;\theta) = h_\theta(v)^y(1-h_\theta(v))^{1-y} \tag{6-17}$$

根据最大似然估计，联合概率为

$$\begin{aligned}L(\theta) &= \prod_{i=1}^{n}p(y^{(i)}|v^{(i)};\theta) \\ &= \prod_{i=1}^{n}(h_\theta(v^{(i)}))^{y^{(i)}}(1-h_\theta(v^{(i)}))^{1-y^{(i)}}\end{aligned} \tag{6-18}$$

为了简化运算，对式（6-18）取负对数得到对数似然函数：

$$J(\theta) = -\frac{1}{N}\ln L(\theta) = -\frac{1}{n}\sum_{i=1}^{n} y^{(i)}\ln(h_\theta(v^{(i)})) \\ + (1-y^{(i)})\ln(1-h_\theta(v^{(i)}))$$ （6-19）

使用随机梯度下降法求解损失函数。通过 $J(\theta)$ 对 θ 的一阶导数确定梯度下降方向，并通过迭代的方式更新参数。为了在有限的时间内得到高精度的结果，更新方法为

$$g_i = \frac{\partial J(\theta)}{\partial \theta_i} = (h_\theta(v_i) - y_i)v_i$$
$$\theta_i^{k+1} = \theta_i^k - \alpha g_i$$ （6-20）

$$\text{s.t.} \quad \|J(\theta_i^{k+1}) - J(\theta_i^k)\| < \eta, \quad k < \varphi$$

式中，k 为迭代次数；η 为允许误差阈值；φ 为最大迭代次数。

3. 考虑局部搜索的刀具磨损区域跟踪

为了提高刀具磨损区域分割和识别的计算速度及精度，在 TCIS 中需要对刀具磨损区域进行定位和跟踪。在执行刀具磨损区域的定位和跟踪之前，对原始图像进行预处理操作以去除噪声并增强对比度是必要的。预处理方法主要包括高斯模糊、阈值分割和开运算操作。高斯模糊主要用于降噪和减少细节，阈值分割能够粗略地分割出高对比度的刀具磨损区域，开运算可用于去除阈值分割操作引起的孤立点、毛刺等。

在 TCIS 进行图像预处理之后的图像集合 $\{C_k^p, C_{k+1}^p, \cdots, C_{k+m-1}^p\}$ 中进行刀具磨损区域的定位和跟踪，其主要包括两部分：在初始帧 C_k^p 中进行刀具磨损区域的定位，以及在后续图像 $\{C_{k+1}^p, C_{k+2}^p, \cdots, C_{k+m-1}^p\}$ 中进行刀具磨损区域的跟踪。

第一步：在初始帧中定位刀具磨损区域就是确定刀具磨损区域的矩形包围框 $\{l_k, b_k, w_k, h_k\}$。如图 6-11 所示，$\{l_k, b_k\}$ 表示从图像左下边缘扫描得到的刀具磨损区域的左下角点，w_k 表示刀具磨损区域的宽度，h_k 表示刀具磨损区域的高度。

根据之前的工作[244]，刀具磨损区域分为主要磨损区域和次要磨损区域。其中，主要磨损区域是主要测量要素，而

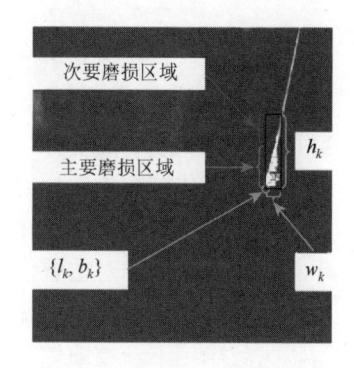

图 6-11 刀具磨损区域示意图

次要磨损区域仅用于作为测量基准。严格来说，次要磨损区域不应全部定位。因此，刀具磨损区域的高度 h_k 和宽度 w_k 是通过平衡刀具磨损测量的要素和基准来确定的：

$$h_k = \gamma \varepsilon a_p$$ （6-21）

式中，γ 为图像像素与物理距离的比例关系；ε 为刀具磨损区域高度的测量系数，本书选择 $\varepsilon = 1.5$；a_p 为切削深度。

根据针孔成像原理，刀具切削刃与垂直线之间的夹角在 TCIS 中保持不变：

$$w_k = \max\{h_k \cdot \tan\theta, \text{VB}_{\max}/\sin\theta\}$$ （6-22）

式中，h_k 为刀具磨损区域的高度；θ 为刀具和主轴轴线的夹角；VB_{max} 为刀具需要替换时最大后刀面磨损值。

由于相机帧率与主轴转速之间的耦合关系，以及不同刀具状态下刀具磨损区域的几何形状不同，TCIS 的初始帧中刀具磨损区域的大小和位置不尽相同，如图 6-12 所示。TCIS 的初始帧中刀具磨损区域的宽度 w_k，需要通过刀具磨损区域的高度 h_k 以及图像水平分辨率来确定。因此，式（6-22）可以转化为

$$w_k = \begin{cases} \max\{h_k \cdot \tan\theta, VB_{max}/\sin\theta\}, & l_k + \max\{h_k \cdot \tan\theta, VB_{max}/\sin\theta\} < R_c \\ R_c - l_k, & l_k + \max\{h_k \cdot \tan\theta, VB_{max}/\sin\theta\} \geq R_c \end{cases} \quad (6-23)$$

式中，l_k 为刀具磨损区域最左侧的像素位置，如图 6-11 所示；R_c 为捕获图像的水平分辨率。

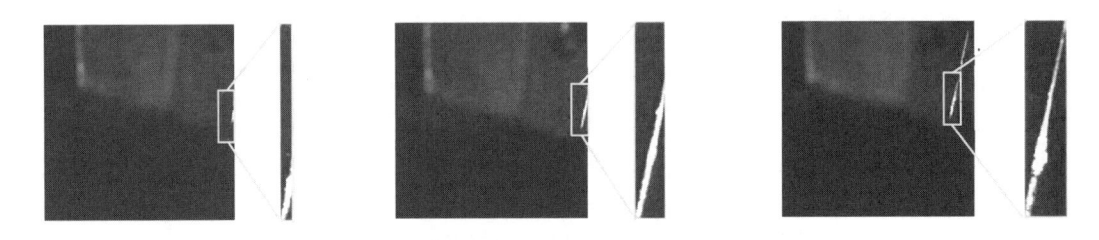

图 6-12 初始帧中刀具磨损区域的大小和位置

第二步：后续图像 $\{C_{k+1}^p, C_{k+2}^p, \cdots, C_{k+m-1}^p\}$ 中刀具磨损区域的跟踪主要取决于刀具磨损区域的变化。例如，在图像 G_{k+1}^p 中确定刀具磨损区域的参数 $\{l_{k+1}, b_{k+1}, w_{k+1}, h_{k+1}\}$，其中刀具磨损区域的宽度和高度 (w_{k+1}, h_{k+1}) 在 TCIS 中是保持恒定的。因此，刀具磨损区域的跟踪算法进行简化以准确定位刀具磨损区域的左下角点 (l_{k+1}, b_{k+1})。

根据相机帧率 R_f 和切削速度 V_c 的先验知识，可以确定刀具磨损区域的运动模型。由于相机和刀杆的相对位置保持不变，刀具磨损区域的旋转运动转化为图像中的平移运动。相邻两帧的像素平移距离 d_t 可由式（6-24）得到。根据像素平移距离和刀具旋转的方向，可以大致确定下一帧图像 G_p 中刀具磨损区域的左下坐标点 $(l'_{k+1} = l_k - d_t, \ b'_{k+1} = b_k)$。

$$d_t = \gamma \cdot \frac{1000 \times V_c}{60 \times R_f} \quad (6-24)$$

式中，γ 为图像像素与物理距离的比例关系；V_c 为切削速度；R_f 为相机帧率。

6.3 基于轻量化网络的刀具磨损状态分类

本节聚焦于工业制造中铣刀状态监测的视觉方法，旨在解决早期更换刀具和过度使用磨损刀具所带来的制造成本增加的问题。首先，介绍工业环境中捕获的刀具图像存在

的各种干扰,如角度变化和光照条件引起的质量差异。这些因素为基于机器视觉的刀具状态监测提出了挑战。

随着图像处理和深度学习的发展,研究人员越来越关注基于机器视觉的方法。对于直接方法,传统的图像处理技术如阈值分割、边缘检测和纹理描述符在特定问题上表现良好,但对专业知识的依赖较大,调试复杂。相比之下,深度学习以数据驱动的方式提取特征,特别适用于大型数据集。近年来,深度学习在刀具状态监测和寿命预测方面展现出潜力。

然而,深度学习对高质量和数量的数据集要求较高,而在工业环境中获取足够数据仍然具有挑战性。因此,为了促进人工智能方法在嵌入式设备中的应用,本节提出基于多重激活函数的轻量级网络模型。该模型通过数据增强解决数据规模问题,并在网络前端和后端引入自适应激活函数和 h-Swish 激活函数,以提高网络的准确性和鲁棒性。最终,构建一个基于边-云协同的轻量化刀具磨损分类网络模型,可在工业应用中不断提高模型的鲁棒性。综上所述,本节的主要内容包括数据增强方法、轻量级网络模型的设计和激活函数的应用,旨在推动刀具状态智能监测在工业领域的实际应用。

6.3.1 考虑工业环境影响的数据增强

鉴于在工业检测领域中获取足够充分和全面的图像数据常显得困难,为解决神经网络可能面临的严重过拟合问题,数据增强技术被认为是最为有效的解决方案之一。本节通过对复杂工况和工业环境中存在的多种干扰因素进行分析,如切削灰尘、环境光照、图像对焦、设备偏移和切屑黏附等,提出采用添加噪声、随机调整亮度、随机对比度、随机旋转,以及随机区域删除等数据增强方法,以更好地适应这些挑战性情境。

1. 切削灰尘对图像质量的影响

在数控机床的切削加工过程中,常常伴随着大量灰尘产生。当刀具图像采集系统长时间置于这样的环境中,且镜头的保护和除灰工作不到位时,镜头上容易积聚细小的灰尘,导致刀具图像上的某些像素被灰尘遮挡,引入图像噪声。此外,图像获取和信号传输过程中也会引入其他噪声。由于图像传感器的特性、复杂的工作环境以及元器件和电路结构等因素的综合影响,图像获取过程中可能引入多种类型的噪声。在图像信号传输和存储过程中,受到传输介质和存储设备等因素的影响,图像也常常受到多种噪声的干扰。

鉴于上述三种情形可能导致图像质量的变化,对已经采集到的图像进行增广操作是必要的。本节考虑添加高斯噪声、泊松噪声、乘性噪声和椒盐噪声这四种常见噪声的方式。高斯噪声的概率密度遵循高斯分布,其产生主要受以下三个因素的影响:①拍摄场景的亮度不足或物体反射光强度不均引入的噪声;②机器视觉系统中各元器件引入的噪声,如热噪声、电流噪声等;③机器视觉系统在长时间不停机工作下,硬件设备温度升高而引入的噪声。高斯噪声的添加可以通过在图像像素层面与符合高斯分布的随机数相加的操作来实现:

$$f(x) = \frac{1}{\sqrt{2\pi}\sigma} \exp\left(-\frac{(x-\mu)^2}{2\sigma^2}\right) \tag{6-25}$$

式中，μ 为平均值；σ 为标准差。

泊松噪声源于电路中的离散电荷性质。此外，由于光学设备中光子计数过程中的不确定性，泊松噪声也会在其中产生。这种噪声与光强密切相关，即光强越大，接收到的光子数的波动越大，因此泊松噪声的影响越为显著。通过使用泊松过程进行建模，可以添加这种噪声，如式（6-26）所示，从而实现数据增强。

$$P(X=k) = \frac{e^{-\lambda}\lambda^k}{k!} \tag{6-26}$$

式中，λ 为单位时间内随机事件的平均发生率，且数学期望 $E(x)=\lambda$，方差 $D(x)=\lambda$。

乘性噪声一般由信道不理想引起。乘性噪声与信号之间是相乘关系，只要信号存在，乘性噪声便存在。乘性噪声模型如式（6-27）所示：

$$\mu_0(x,y) = \mu(x,y)\eta(x,y) \tag{6-27}$$

式中，$\mu_0(x,y)$ 为观察图像；$\mu(x,y)$ 为原图像；$\eta(x,y)$ 为噪声。其中，$\eta(x,y)$ 的分布未知，一般假设它的分布是期望为1、方差为 σ^2 的高斯分布或者 Gamma 分布。

椒盐噪声是由图像传感器、数据传输介质以及图像编码处理引起的盐噪声和椒噪声的组合，又称脉冲噪声。盐噪声指的是白色噪声，即高灰度噪声；而椒噪声则指的是黑色噪声，即低灰度噪声。通常这两种噪声同时出现，形成图像上的黑白杂点。椒盐噪声的概率密度函数如式（6-28）所示：

$$P(z) = \begin{cases} P_a, & z=a \\ P_b, & z=b \\ 0, & \text{其他} \end{cases} \tag{6-28}$$

式中，a 为盐噪声；b 为椒噪声。这两种灰度值出现的概率分别为 P_a 和 P_b。椒盐噪声的出现会随机改变一些像素值，如图 6-13 所示。

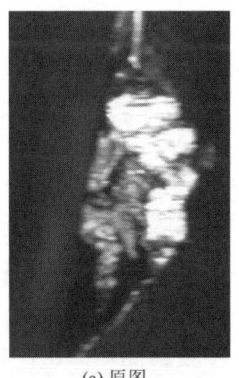

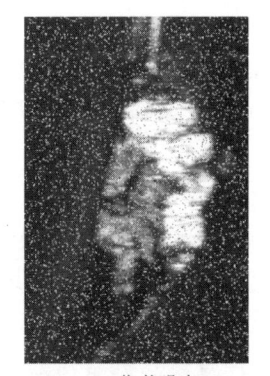

(a) 原图　　　　　　(b) 椒盐噪声

图 6-13　添加椒盐噪声下刀具磨损图像效果图

2. 环境光照对图像质量的影响

数控机床在全天工作期间，镜头的入射光经历了从白天自然光到数控机床照明灯的逐渐变化。此外，当灯光照射到光滑或粗糙的加工零件上时，也会导致镜头入射光量发生波动变化，如图 6-14 所示。

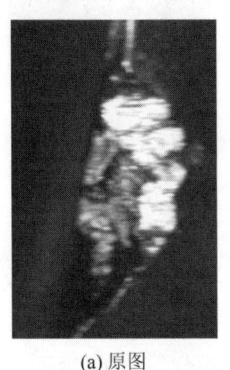

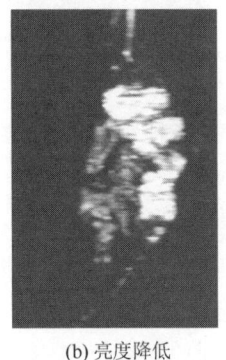

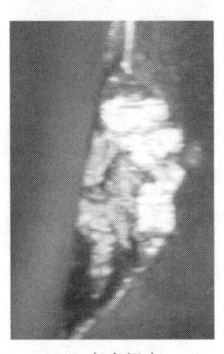

(a) 原图　　　　　　(b) 亮度降低　　　　　　(c) 亮度提高

图 6-14　不同入射亮度下刀具磨损图像效果

因此，通过计算图像亮度值，并在一定范围内调整图像亮度，从而模拟受入光量不同引起的刀具图像灰度值变化，如式（6-29）所示：

$$f_b(x) = \begin{cases} 0, & f(x)+\beta < 0 \\ 255, & f(x)+\beta > 255 \\ f(x)+\beta, & 其他 \end{cases} \quad (6\text{-}29)$$

式中，β 为亮度变化系数，β 越大，图像中各像素亮度值整体越大，从而提升图像的亮度；$f(x)$ 为原图像像素灰度值；$f_b(x)$ 为亮度发生改变情况下输出的图像灰度值。

3. 图像对焦对图像质量的影响

根据 6.2 节的研究，捕获了在刀具旋转情况下刀具磨损区域高对比度的图像序列。然而，由于刀具磨损区域形貌的起伏变化以及磨损程度的差异，捕获的图像集合中刀具磨损边缘的对比度也存在差异。此外，当刀具出现在图像视野的不同位置时，刀具安装在刀杆（圆柱体）可能导致刀具磨损区域偏离相机的对焦范围。因此，通过改变图像的随机对比度（式（6-30））来模拟刀具出现在图像视野内的不同位置、刀具磨损区域形貌变化以及不同刀具磨损程度对刀具磨损边缘对比度的影响。

$$f_c(x) = \alpha(f(x) - T) \quad (6\text{-}30)$$

式中，α 为对比度改变系数；T 为图像的灰度平均值；$f(x)$ 为原图像像素灰度值；$f_c(x)$ 为对比度改变情况下输出图像灰度值。

图 6-15 为不同对比度下刀具磨损图像的变化。

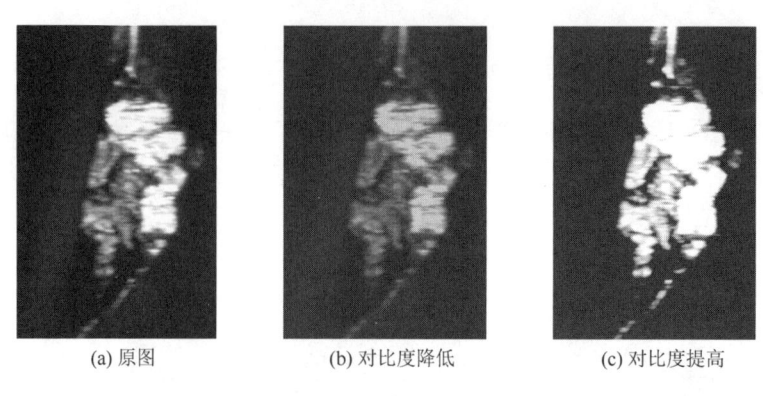

(a) 原图　　　　　　　(b) 对比度降低　　　　　(c) 对比度提高

图 6-15　不同对比度下刀具磨损图像效果

4. 设备偏移对图像质量的影响

在切削加工过程中，由于刀具和工件之间的摩擦以及相互作用力，数控机床不可避免地会发生振动。由于刀具状态监测系统通常部署在数控机床内部或工作台面上，数控机床的振动会传递到机器视觉监测系统中。如果机器视觉监测系统长时间处于振动效应下，系统内各部件之间的连接可能会发生滑移或偏移。因此，通过引入随机旋转（式（6-31）），模拟由数控机床振动引起的刀具磨损区域在相机视野内发生旋转的情况，如图 6-16 所示。

$$[x'\ y'\ 1]=[x\ y\ 1]\begin{bmatrix} \cos\theta & -\sin\theta & 0 \\ \sin\theta & \cos\theta & 0 \\ 0 & 0 & 1 \end{bmatrix} \quad (6\text{-}31)$$

式中，$[x'\ y']$ 为旋转后像素坐标；$[x\ y]$ 为原图像素坐标；θ 为旋转角度。

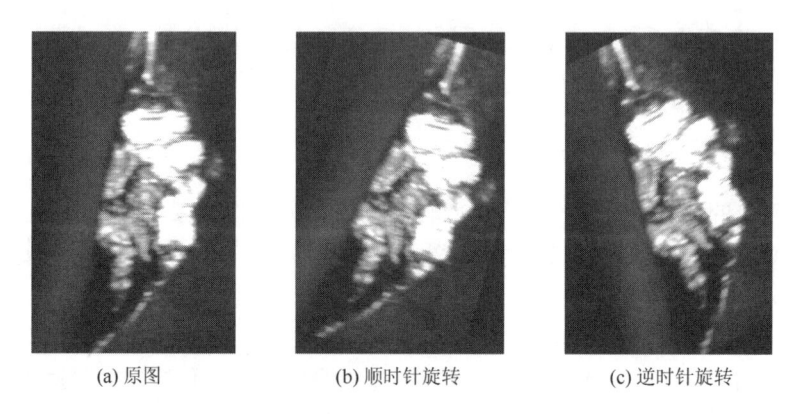

(a) 原图　　　　　　　(b) 顺时针旋转　　　　　(c) 逆时针旋转

图 6-16　不同旋转角度下刀具磨损图像效果

5. 切屑黏附对图像质量的影响

在切削加工过程中，每次完成一道工序后，如果未对刀具表面进行清洁，刀具磨损区域或后刀面可能会黏附切屑、灰尘等杂质，从而影响刀具磨损区域特征的清晰度。

因此，通过引入随机区域删除的方法（图 6-17），模拟图像中出现切屑等干扰物体的情形。

(a) 原图　　　　　　(b) 随机区域删除1　　　　　　(c) 随机区域删除2

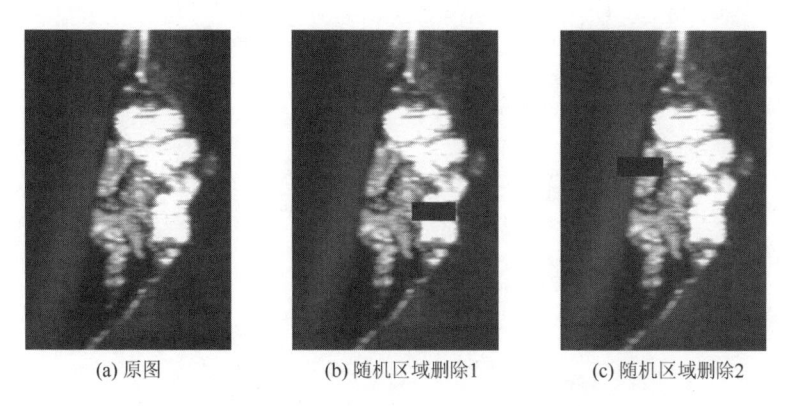

图 6-17　随机区域删除下刀具磨损图像效果

6.3.2　基于多重激活函数的刀具磨损分类网络

基于多重激活函数的刀具磨损分类网络如图 6-18 所示。提出的模型 AH_TCNet 主要由初始阶段、瓶颈层和结束阶段组成。初始阶段包括一个具有自适应激活函数的 3×3 卷积层和一个检测刀具磨损图像中低维特征的 3×3 最大池化层。瓶颈层涵盖了从第二阶段到第四阶段的网络结构。每个阶段由一个步长为 2 的网络单元和多个步长为 1 的网络单元组成。基于自适应激活函数和 h-Swish 激活函数的网络单元结构通过通道分离、深度可分离卷积和通道洗牌等构成。在最后阶段，进行 1×1 卷积层、7×7 全局池化层和全连接层来计算特征图和实现刀具状态分类。

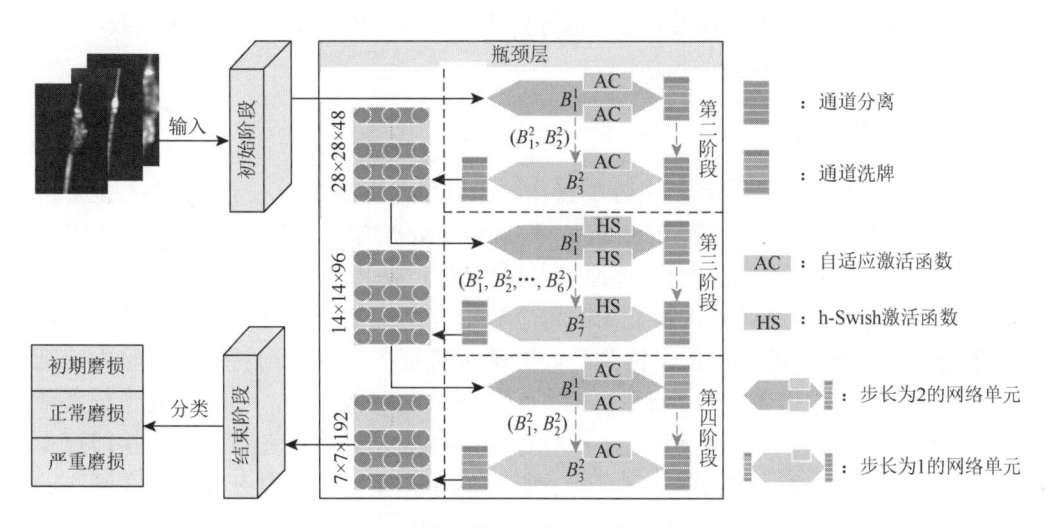

图 6-18　轻量化刀具磨损分类网络结构

具体的网络单元结构如图 6-19 所示。

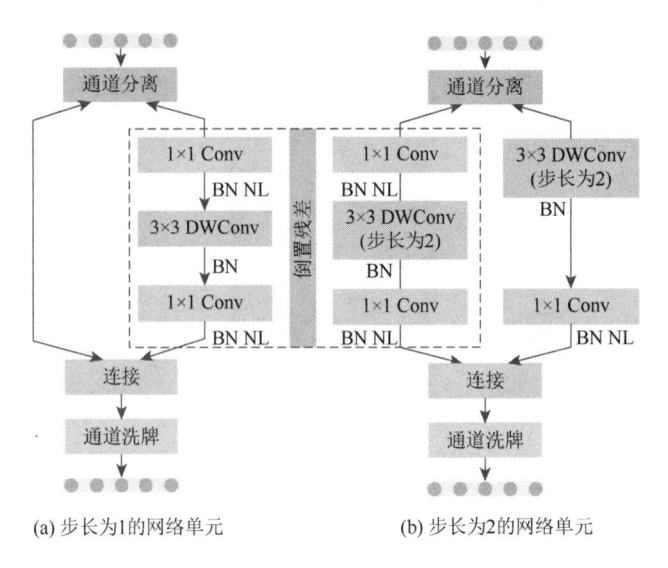

图 6-19 AH_TCNet 的网络单元

(a) 步长为1的网络单元　　(b) 步长为2的网络单元

在瓶颈层，提出的 AH_TCNet 网络模型主要由轻量级网络单元构成，包括通道分离、深度可分离卷积、通道洗牌和多个激活函数，如前所述。

通道分离：它取代了组卷积以实现高效的特征图提取。在每个网络单元的开始，c 个特征通道的输入被分成两个分支，即 $c-c'$ 通道和 c' 通道。其中，一个特征通道保持独立，另一个特征通道由三个具有相同输入通道和输出通道的卷积组成。

在通道分离之后，首先，应用1×1逐点卷积以增加输入特征图的维度。然后，3×3逐通道卷积方式做卷积运算。最后，使用1×1逐点卷积来降低特征图维度。其中，1×1逐点卷积后不再使用 ReLU 激活函数，而是执行自适应激活函数和 h-Swish 激活函数，以保留更多的特征信息并保证模型的表达能力。

1. 深度可分离卷积

通过拆分空间维度和通道相关性的操作，深度可分离卷积相对于传统卷积能够降低参数数量的计算负担，因此在 Xception[245] 和 MobileNet[246-248] 等模型中得到广泛应用。深度可分离卷积包含两个主要部分：逐通道卷积和逐点卷积。

逐通道卷积是通过对输入特征图的每个通道分别应用一个卷积核实现的。然后，将所有卷积核的输出进行拼接，得到最终的输出特征图，该输出特征图与输入特征图具有相同的通道数。如图 6-20 所示，输入特征图的通道数为 N，对 N 个通道分别使用一个卷积核后，得到 N 个通道数为 1 的特征图，将这 N 个特征图按顺序拼接即可得到一个通道数为 N 的输出特征图。这一操作旨在减小模型的计算复杂度，提高网络的计算效率。

由于逐通道卷积后的输入特征图数量与输入层的通道数相同，因此无法实现特征图维度的扩展。此外，逐通道卷积未能有效利用在相同空间位置上的不同输入特征图通道的信息，缺乏对输入特征图通道之间信息的融合。

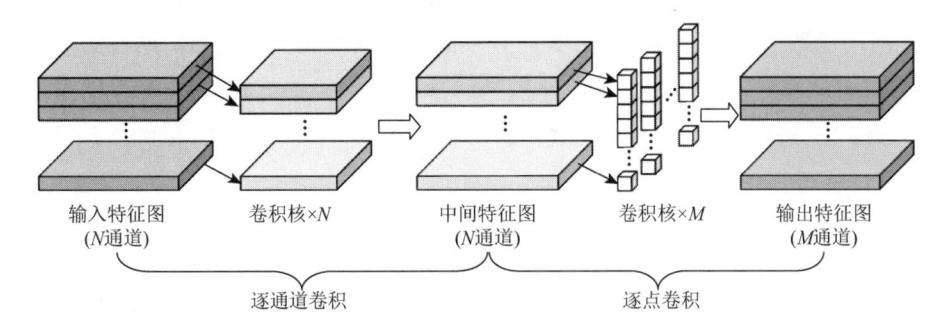

图 6-20 逐通道卷积和逐点卷积示意图

逐点卷积为1×1卷积，它起到了自由改变输出通道数量的作用，并且可以将逐通道卷积输出的特征图进行通道间融合。逐点卷积的卷积核为$1×1×M$，其中，M是输入特征图的通道数。然后，通过控制逐点卷积核的数量来实现特征图的维数变化，如图6-20所示。

假设输入特征图尺寸为$W_i×H_i×N$，卷积核尺寸为$k_f×k_f×N$，其数量为M。

对应特征图空间位置中的每一个点都会进行一次卷积操作，那么可知单个卷积共需要进行$W_i×H_i×k_f×k_f×N$次。这是因为输入特征图空间维度共包含$W_i×H_i$个点，而对每个点进行卷积操作的计算量与卷积核的尺寸一致，即$k_f×k_f×N$，所以对于单个卷积，其总计算量为$W_i×H_i×k_f×k_f×N$。由于卷积核数量为M，传统普通卷积的总计算量为$W_i×H_i×k_f×k_f×N×M$。

相应地，对深度可分离卷积进行相应的分析，其中，逐通道卷积的计算总量为$W_i×H_i×k_f×k_f×N$，逐点卷积的计算总量为$W_i×H_i×N×M$。因此，深度可分离卷积的总计算量为$W_i×H_i×k_f×k_f×N+W_i×H_i×N×M$。

为提升网络整体的非线性表达能力，在深度可分离卷积之后引入激活函数，从而使网络能够更强大地拟合更为复杂的函数。本节主要采用两种激活函数，即自适应激活函数用于网络前端，以及在网络末端采用 h-Swish 激活函数。

2. h-Swish 激活函数

Swish 激活函数在文献[249]中被引入，作为 ReLU 激活函数的替代品，它显著提高了神经网络的准确性。然而，与 ReLU 激活函数相比，Swish 激活函数的计算复杂度更高，因为它由 Sigmoid 函数组成。为了在移动端设备上降低 Swish 激活函数的计算成本并实现高效部署，Howard 等[247]提出了 h-Swish 激活函数，如式（6-32）所示：

$$\text{h-Swish}[x] = x\frac{\text{ReLU6}(x+3)}{6} \tag{6-32}$$

Swish 激活函数和 h-Swish 激活函数之间的函数曲线对比如图 6-21 所示。

Howard 等[247]的研究表明，h-Swish 激活函数在精度上与 Swish 激活函数相差无几。然而，从神经网络部署的角度来看，h-Swish 激活函数具有多个优点。首先，ReLU6 的使用可以在所有软硬件框架中进行优化。其次，h-Swish 激活函数能够在特定模式下消除 Sigmoid 激活函数的不同近似实现方式而导致的计算精度损失。最后，通过实现 h-Swish 激活函数，可以减少内存使用，从而显著降低延迟成本。

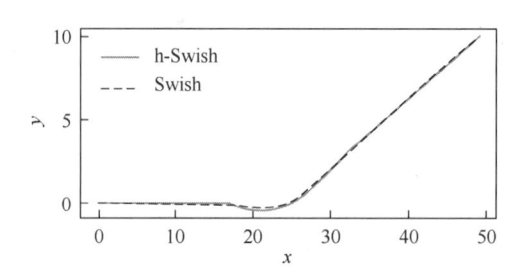

图 6-21　Swish 和 h-Swish 激活函数对比

随着网络维度的增加，非线性激活函数的计算成本降低，计算参量也减少。这是因为每当特征的分辨率降低时，每一层的活动内存通常会减半。h-Swish 激活函数通常在模型的后端执行，这与在模型前端使用 ACON 激活函数的方式有所不同。

3. 通道洗牌

在通道分离中，从输入通道中分离出两个分支，即 $c\text{-}c'$ 通道和 c' 通道。在通道洗牌中，将输出通道尺寸重塑为 $2\times c$，在此基础上将重塑后的输出通道进行转置并展平作为下一层的特征输入，从而让不同通道的数据建立联系。通道洗牌示意图如图 6-22 所示，其具体操作步骤如下：

（1）将特征图展开成 $g\times n\times w\times h$ 的四维矩阵，为便于理解，将 $w\times h$ 降到一维，表示成 s；

（2）沿着尺寸为 $g\times n\times s$ 的矩阵的 g 轴和 n 轴进行转置；

（3）将 g 轴和 n 轴进行平铺后得到洗牌之后的特征图；

（4）进行组内 1×1 卷积。

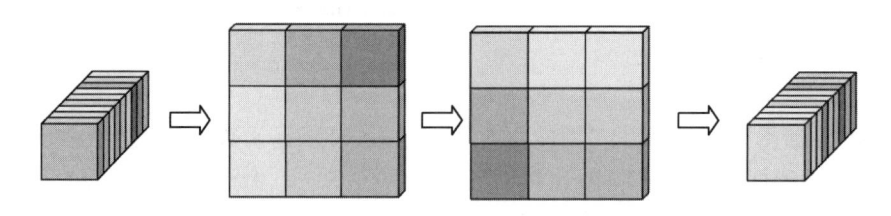

图 6-22　通道洗牌示意图

6.4　基于图论的后刀面磨损精确分割测量

本节专注于解决初期磨损和正常磨损阶段刀具后刀面磨损精确测量问题，以促进刀具寿命预测、加工参数优化和刀具使用策略的制定。由于相机分辨率限制和机器视觉系统成本，研究者通常在小视场内实现对刀具磨损区域的高精度检测，但这会增加机床停机时间，降低刀具状态监测的自动化和智能化水平。

为了应对这一挑战，本节旨在宽视场相机中实现刀具磨损区域的高精度检测，避免过长的机床停机时间，并实现从捕获刀具图像到刀具磨损区域形貌获取和后刀面磨损宽度测量的端到端自动化监测，主要内容包括：

（1）宽视场下的高精度刀具磨损监测方法。针对宽视场下高分辨率相机捕获的刀具图像占用大量内存且刀具磨损区域较小的问题，提出"定位、分割、测量"层层递进的方法，以提高图像处理速度和后刀面磨损量测量精度。

（2）改进的 GrabCut 模型。引入改进的 GrabCut 模型用于精确分割刀具磨损区域，充分利用刀具磨损区域与其他区域之间的高对比度，实现高精度、自适应的分割。

（3）后刀面磨损测量的新基准。提出以刀具主切削刃所在直线作为后刀面磨损测量的新基准，具有实际物理意义，提高测量的准确性。

综合而言，本节提出的刀具磨损精确测量算法包括三个部分：刀具磨损区域定位、分割和后刀面磨损测量。通过同态滤波器、直方图对比度、像素距离度量等方法，实现对刀具磨损区域的快速定位。随后，引入改进的 GrabCut 模型进行精确分割，并以主切削刃为基准进行后刀面磨损测量。

6.4.1 图像预处理

1. 同态滤波器

捕获的刀具图像中刀具磨损区域和背景区域之间的差异，可以用灰度梯度分布来表示。根据相机成像原理，捕获的刀具图像可以用入射分量和反射分量两个分量来表征。其中，入射分量 $f_i(x,y)$ 是指入射到被观察场景的光源照射总量。同时，反射分量 $f_r(x,y)$ 是指被观察场景中物体所反射的光照总量。由 $f_i(x,y)$ 和 $f_r(x,y)$ 这两个变量乘积合并形成了图像 $f(x,y)$：

$$f(x,y) = f_i(x,y) \cdot f_r(x,y) \tag{6-33}$$

式中，$f_i(x,y)$ 由光源性质决定；$f_r(x,y)$ 由物体的特性决定，$f_r(x,y)=0$ 表示光完全被吸收，$f_r(x,y)=1$ 表示光被完全反射。

图像的入射分量频谱处于低频区域，目标反射分量的频谱处于高频区域。如果 $f_i(x,y)$ 和 $f_r(x,y)$ 这两个相乘分量能够在频谱上实现分离，然后采用压缩低频和增强高频的理念使图像更加清晰的同时又不损失图像细节。

同态滤波器是将输入图像进行频域转换后，通过减少低频分量以压缩图像亮度范围，增强高频分量以锐化边缘细节的图像滤波处理方法。首先，需要对原始图像 $f(x,y)$ 取对数，将其中的 $f_i(x,y)$ 和 $f_r(x,y)$ 分开，因为函数乘积的傅里叶变换是不可分的。

然后，在进行快速傅里叶变换后，使用同态滤波函数 $H(u,v)$ 对频域中的图像进行滤波处理。在此基础上，通过快速傅里叶逆变换和指数变换得到滤波后的图像。

同态滤波函数 $H(u,v)$ 的选择决定了同态滤波算法的预处理效果,它对傅里叶变换图像的高频和低频有不同的影响。$H(u,v)$ 定义如下:

$$H(u,v) = (r_h - r_l) \times \left(1 - \exp\left(-c \times \left(\frac{d(u,v)}{d_0}\right)^2\right)\right) + r_l \quad (6\text{-}34)$$

式中,r_h 为高频增益;$d(u,v)$ 为从点 (u,v) 到傅里叶变换中心 $(M/2, N/2)$ 的距离。

$$d(u,v) = \sqrt{\left(u - \frac{M}{2}\right)^2 + \left(v - \frac{N}{2}\right)^2} \quad (6\text{-}35)$$

2. 直方图对比度

通过图像中各像素与其他像素之间的颜色对比,计算捕获刀具图像中各像素的显著性值。因此,图像 I 中像素 I_k 的显著性值为

$$S(I_k) = \sum_{\forall I_i \in I} D(I_k, I_i) \quad (6\text{-}36)$$

式中,$D(I_k, I_i)$ 为像素 I_k 和像素 I_i 在 Lab 颜色空间的距离度量[147]。

按照像素顺序将式(6-36)展开后,得

$$S(I_k) = D(I_k, I_1) + D(I_k, I_2) + \cdots + D(I_k, I_N) \quad (6\text{-}37)$$

式中,N 为图像 I 的像素总数。

显然,式(6-37)中像素显著性值的计算没有考虑空间位置关系,导致相同颜色的像素具有相同的显著性。因此,重新排列式(6-37),将具有相同颜色值 c_j 的像素进行归类,从而得到每个颜色的显著性值:

$$S(I_k) = S(c_l) = \sum_{j=1}^{n} f_j D(c_l, c_j) \quad (6\text{-}38)$$

式中,c_l 为像素 I_k 的颜色值;n 为图像中所含颜色的总数;f_j 为 c_j 在图像 I 中出现的概率。

式(6-38)的时间复杂度为 $O(N) + O(n^2)$。若 $O(n^2) \leq O(N)$,则时间复杂度可以改进到 $O(N)$,降低计算时间复杂度的关键在于减少像素颜色的总数。因此,可以通过选择高频出现的颜色,从而降低方法的时间复杂度。所以,颜色直方图的量化处理可以提高颜色显著性值的计算效率。但是,量化处理会导致相似的颜色被划分为不同的值,从而给像素显著性计算引入噪声。为了减少这种随机性带来的图像噪声,通过平滑操作来改善每个颜色的显著性值,即每个颜色的显著性值被替换为相似的颜色(用 $L^*a^*b^*$ 距离测量)显著性值的加权平均 Z。如式(6-39)所示,选择 $m = n/4$ 个最近邻颜色来改善颜色 c 的显著性值:

$$S'(c) = \frac{1}{(m-1)T} \sum_{i=1}^{m} (T - D(c, c_i)) S(c_i) \quad (6\text{-}39)$$

式中,$D(c, c_i)$ 为颜色 c 和它的最近邻 c_i 之间的距离。

由式(6-40)可以计算归一化因数:

$$\sum_{i=1}^{m}(T-D(c,c_i))=(m-1)T \tag{6-40}$$

根据式（6-39）计算得到的刀具图像中像素显著性值，按照式（6-41）筛选出刀具磨损区域。然后，通过寻找刀具图像像素为 255 的边界即可粗略定位刀具磨损区域的位置信息。

$$I_k = \begin{cases} 255, & S(I_k) \geqslant \delta \\ 0, & S(I_k) < \delta \end{cases} \tag{6-41}$$

式中，δ 为刀具磨损区域和其他区域之间显著性值的界限。根据经验值，其定义为

$$\delta = \frac{S_{\max}(I_k)-S_{\min}(I_k)}{1.8} \tag{6-42}$$

6.4.2 基于图论的后刀面磨损分割和测量

GrabCut 是一种基于图论的图像分割方法，它主要通过构建 $2K$ 维的高斯混合模型更新目标或背景模型，并使用图模型中的最小割方法迭代优化，从而实现刀具磨损区域边缘的精确分割。

1. GrabCut 分割算法

考虑刀具磨损区域图像 $z=(z_1,z_2,\cdots,z_N)$，其中，z_N 表示刀具图像中像素 N 对应的灰度值。对于每个像素使用 $\underline{\alpha}=(\alpha_1,\alpha_2,\cdots,\alpha_N)(\alpha_N \in \{0,1\})$ 进行图像分割，其中，0 代表背景区域，1 代表目标区域。每个高斯混合模型，一个用于背景，一个用于目标，被看成具有 K 个分量的全协方差高斯混合。为了更好地处理每个高斯混合模型，增加一个向量 $k=\{k_1,k_2,\cdots,k_N\}$，$k_N \in \{1,2,\cdots,K\}$。其中，k_N 表示像素 N 对应的目标或背景高斯混合模型中的某个分量。令 $\underline{\theta}$ 表示目标和背景图像的灰度直方图，则 GrabCut 模型的 Gibbs 能量由数据项 U 和平滑项 V 组成，如式（6-43）所示：

$$E(\underline{\alpha},k,\underline{\theta},z)=U(\underline{\alpha},k,\underline{\theta},z)+V(\underline{\alpha},z) \tag{6-43}$$

式中，考虑到图像 z 的高斯混合模型，数据项 U 可以用式（6-44）表示：

$$\begin{aligned} U(\underline{\alpha},k,\underline{\theta},z) &= \sum_n D(\alpha_n,k_n,\underline{\theta},z_n) \\ &= -\sum_n (\lg p(z_n|\alpha_n,k_n,\underline{\theta})+\lg \pi(\alpha_n,k_n)) \end{aligned} \tag{6-44}$$

式中，$p(\cdot)$ 表示高斯概率分布；$\pi(\cdot)$ 表示混合加权系数。因此，D 可以用式（6-45）表示：

$$\begin{aligned} D(\alpha_n,k_n,\underline{\theta},z_n) = &-\lg \pi(\alpha_n,k_n)+\frac{1}{2}\lg \det \Sigma(\alpha_n,k_n) \\ &+\frac{1}{2}(t_n-\mu(\alpha_n,k_n))^{\mathrm{T}}\Sigma(t_n-\mu(\alpha_n,k_n)) \end{aligned} \tag{6-45}$$

因此，高斯混合模型参数如式（6-46）所示：

$$\underline{\theta}=\{\pi(\alpha,k),\mu(\alpha,k),\Sigma(\alpha,k),\alpha=0,1,k=1,2,\cdots,K\} \tag{6-46}$$

式中，π、μ 和 Σ 分别表示对于背景和目标分布 $2K$ 维高斯分量的权重、均值和协方差。式（6-43）中的平滑项 V 定义为

$$V(\underline{\alpha}, z) = \gamma \sum_{(m,n) \in C} \mathrm{dis}(m,n)^{-1}[\alpha_m \neq \alpha_n]\exp(-\beta \| z_m - z_n \|^2) \quad (6\text{-}47)$$

式中，γ 为常数；$\mathrm{dis}(\cdot)$ 为相邻像素的欧氏距离；$[\varnothing]$ 表示对于给定的 $\varnothing$ 判断取值 0 或 1；C 表示一组相邻像素对；β 由图像对比度决定。

综上所述，GrabCut 模型的图像分割整体操作如图 6-23 所示，具体步骤如下。

（1）初始化操作（图 6-23（a））。用 6.4.1 节中刀具磨损定位的矩形框标记图像像素。矩形框外标记为背景像素 T_B，矩形框内标记为可能的目标区域像素 T_U。同时，对于 T_B 内的像素，初始化像素 n 的标签 $\alpha_n = 0$；对于 T_U 内的像素，初始化像素 n 的标签 $\alpha_n = 1$。然后，这些标签用来估计目标和背景的高斯混合模型。

（2）高斯混合模型构建。通过式（6-48）给每个像素分配高斯混合模型的高斯分量。然后，利用图像 z 及式（6-49）实现高斯混合模型参数的优化。

$$k_n := \arg\min_{k_n} D_n(\alpha_n, k_n, \theta, z_n) \quad (6\text{-}48)$$

$$\underline{\theta} := \arg\min_{\underline{\theta}} U(\underline{\alpha}, k, \underline{\theta}, z) \quad (6\text{-}49)$$

（3）图模型的构建（图 6-23（b））。根据 GrabCut 模型的 Gibbs 能量函数中数据项和平滑项，用刀具图像像素以及标记的目标和背景像素构建无向图。

（4）图像分割（图 6-23（c））。基于图论中最小割算法来求解 Gibbs 能量函数的最小值，如式（6-50）所示：

$$\min_{\{\alpha_n : n \in T_U\}} \min_k E(\underline{\alpha}, k, \underline{\theta}, z) \quad (6\text{-}50)$$

（5）迭代收敛。重复步骤（2）～（4），直至收敛。

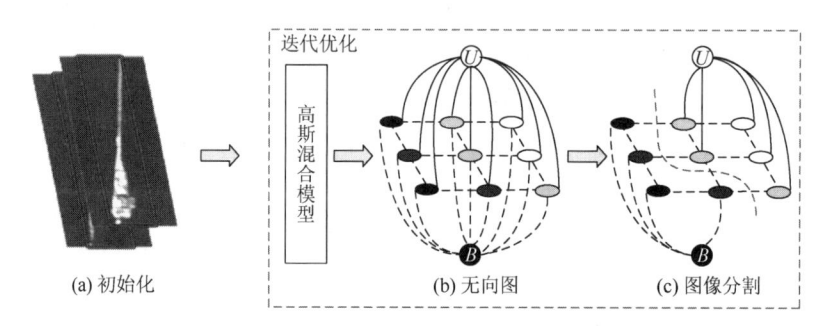

图 6-23 基于 GrabCut 模型的刀具磨损区域提取原理

2. 基于切削刃拟合的后刀面磨损测量

捕获的图像中的刀具磨损区域包括后刀面磨损区域和前刀面磨损区域。为了更准确地测量后刀面磨损，需要基于主切削刃来划分后刀面磨损区域并进行后刀面磨损宽度的测量。

在机械加工过程中，刀具主切削刃中未与工件直接接触的区域会受到切屑分割后的摩擦。这部分摩擦会使主切削刃变得光亮，但不会影响主切削刃的形状。在图像中呈现条带状如图 6-24 中矩形框标记所示。因此，本节将根据这部分特征，实现刀具主切削刃位置的定位，并以此作为测量后刀面磨损的基准。

假设主切削刃中条带状磨损区域的最大包围矩形范围为 $M \times N$，由于该区域为条带状，取每行磨损区域的中点作为主切削刃直线上的点 $(x_i, y_i)(i = 0, 1, \cdots, M)$。因此，假设拟合的主切削刃所在直线为

$$y = ax + b \tag{6-51}$$

式中，a 为直线的斜率；b 为直线的截距。

拟合直线与主切削刃所在直线的平方偏差和为

$$e^2 = \sum_{i=1}^{M}(y_i - y)^2 \tag{6-52}$$

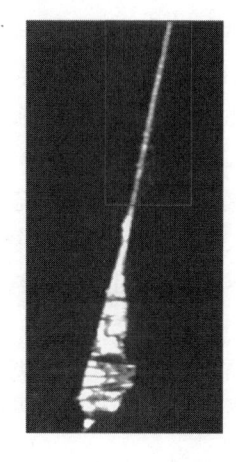

图 6-24 主切削刃上条带磨损区域

将式（6-51）代入式（6-52）中，并利用最小二乘法进行求偏导，使得偏导值为零：

$$\begin{aligned}\frac{\partial e}{\partial a} &= \sum_{i=1}^{M}(ax_i^2 + bx_i - y_i x_i) = 0 \\ \frac{\partial e}{\partial b} &= \sum_{i=1}^{M}(ax_i + b - y_i) = 0\end{aligned} \tag{6-53}$$

联立方程组，即可求得拟合直线参数 a、b 值：

$$\begin{aligned}\left(\sum_{i=1}^{M}x_i^2\right)a + \left(\sum_{i=1}^{M}y_i^2\right)b &= \sum_{i=1}^{M}y_i x_i \\ \left(\sum_{i=1}^{M}x_i\right)a + Mb &= \sum_{i=1}^{M}y_i\end{aligned} \tag{6-54}$$

因此，根据拟合出的主切削刃所在的直线，将刀具磨损区域分割成后刀面磨损区域和前刀面磨损区域，并利用点到直线的距离求得后刀面最大磨损值：

$$VB = \max\left\{\sigma\left|\frac{ax_i - y_i + b}{\sqrt{1+a^2}}\right|\right\} \tag{6-55}$$

式中，σ 为像素到真实物理距离的比例；(x_i, y_i) 为后刀面磨损区域的像素坐标。

6.5　考虑磨损距离离散度的刀具状态评估

除了传统标准 ISO 8688-1:1989 定义的刀具状态评价指标，本节充分利用刀具磨损区域的统计信息和几何特征，提出基于二维和三维评估指标的刀具状态监测方法。

在二维图像方面，研究者提出了磨损纹理描述符和磨损面积来描述刀具状态，这为原位刀具状态监测提供了评价指标。然而，现有方法往往忽略了刀具磨损区域的结构特

征,而这对于区分不同形式的后刀面磨损至关重要。本节针对这一问题,提出一种基于磨损距离离散度的后刀面磨损评估指标,以更详细地描述后刀面磨损形式。本节主要内容包括:

(1)正态分布模型构建。利用先验知识构建正态分布模型,以准确描述刀具-切屑间接接触区内磨损距离的概率分布,从而实现刀具-切屑直接接触区域的特征提取。

(2)基于磨损距离离散度的评估指标构建。提出一种基于刀具-切屑直接接触区内磨损距离离散度的刀具状态监测评价指标,用于表征不同的后刀面磨损形式。

(3)变化率计算。计算磨损距离离散度随加工时间的变化率,即 RDDT(rate of distance dispersion over time),以实现在刀具寿命周期内三种后刀面磨损形式转化时间节点的准确识别。

综上所述,本节通过建立磨损距离离散度评估指标,从不同维度更详细地描绘后刀面磨损形式,为准确预测刀具寿命和实现自适应延长刀具寿命提供重要信息。

6.5.1 后刀面磨损退化状态

后刀面磨损的测量应在平行于磨损带的平面内和在垂直于原始切削刃的方向上,即它是从原始切削刃到磨损带与原始后刀面相交的边缘间的距离。后刀面磨损带的测量值须与切削刃上进行测量的区域或部位相关联,如图 6-25 所示。其中,A 表示区域,P 表示点,角标表示位置。国际标准 ISO 8688-1:1989 定义后刀面磨损有三种退化形式:均匀后刀面磨损、不均匀后刀面磨损和局部后刀面磨损。

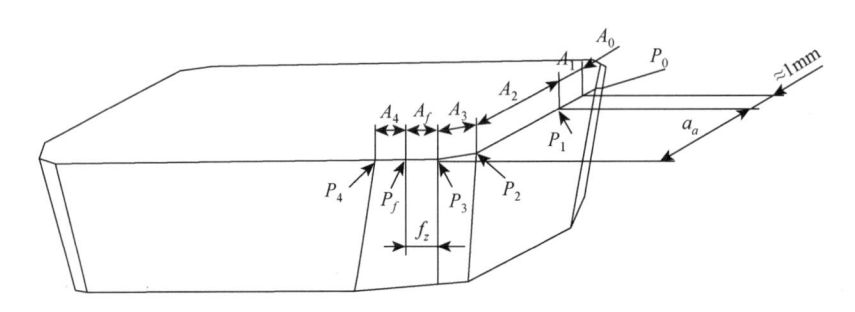

图 6-25 后刀面磨损失效位置表述

1. 均匀后刀面磨损

均匀后刀面磨损表现为沿主切削刃方向形成等宽的磨损带,通常在切削条件稳定、工作材料均质的情况下出现,如图 6-26 所示。

2. 不均匀后刀面磨损

不均匀后刀面磨损则沿主切削刃方向形成宽度不规则的磨损带,可能由切削参数波动、工件材料不均匀或刀具散热不良等因素引起。不均匀后刀面磨损中,与后刀面相交产生的轮廓在各位置的宽度都是变化的,如图 6-27 所示。

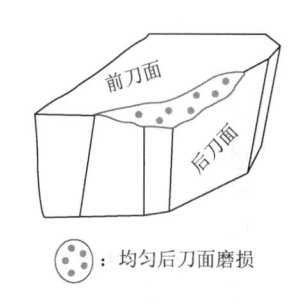

图 6-26　均匀后刀面磨损示意图 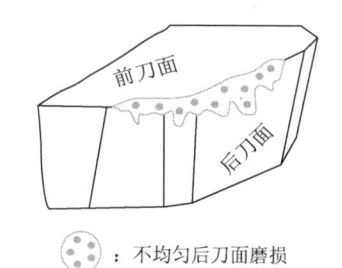　　　图 6-27　不均匀后刀面磨损示意图

3. 局部后刀面磨损

局部后刀面磨损是指刀具后刀面上特定区域出现的过度磨损现象，如图 6-28 缺口磨损和沟槽磨损形式所示。

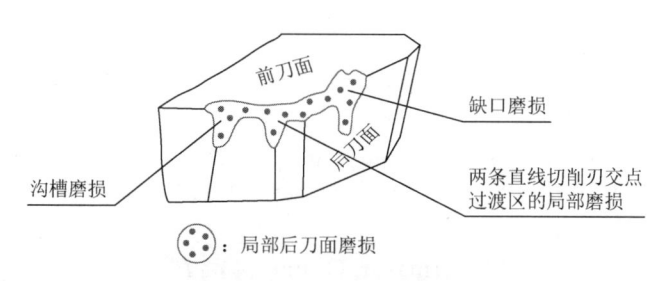

图 6-28　局部后刀面磨损示意图

6.5.2　后刀面退化状态监测指标构建

刀具状态评估指标的构建过程可以分为三个阶段。首先，基于先验区域，利用最小二乘法计算主切削刃的参数。接着，计算后刀面磨损边缘上的点到直线的磨损距离。随后，根据先验区域的磨损距离构建正态分布模型，并以 99.99% 的概率分布阈值计算置信区间，以实现刀具-切屑直接接触区域内后刀面磨损距离的提取选择。最后，构建后刀面磨损距离的标准差，以评估磨损距离的离散程度。在此基础上，计算 RDDT，以实现在刀具寿命周期内三种后刀面磨损形式转化时间节点的准确识别。刀具状态监测指标的构建流程如图 6-29 所示。

1. 后刀面磨损投影距离

后刀面磨损量是指平行于磨损区平面并垂直于原始切削刃的测量值。主切削刃作为测量基准是后刀面磨损测量和刀具状态监测的关键。主切削刃的形状包括直线和曲线。本节考虑主切削刃为直线的情况，这符合大多数刀具的结构。在先前的工作[244]中，刀具次要磨损区域的像素点用于在宽视场下拟合主切削刃。在 6.2 节中通过平衡刀具磨损测量的要素和基准在宽视场中决定刀具磨损图像尺寸。因此，可以逆解获取刀具磨损图像中

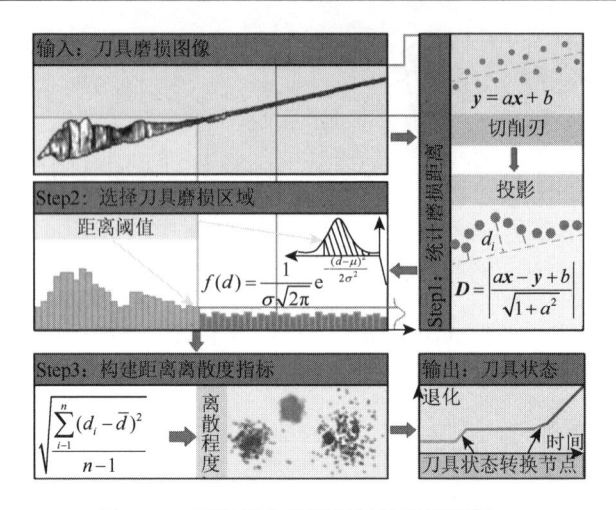

图 6-29 刀具状态监测指标构建流程图

刀具磨损次要磨损区域位置信息,作为主切削刃拟合的先验区域。从而,根据先验知识,在尺寸为 $M×N$ 的捕获图像中,刀具次要磨损区域和整个磨损区域的像素集定义如式(6-56)和图 6-30 所示。

$$P^c = \left\{ \left(\frac{\max\{x,y\} - \min_x\{x,y\}}{2}, y \right) \middle| (x,y) \in P^w, y < k \right\}$$

$$P^f = \{(\max_x\{x,y\}, y) | (x,y) \in P^w\} \quad (6\text{-}56)$$

$$P^r = \{(\min_x\{x,y\}, y) | (x,y) \in P^w\}$$

式中,k 为刀具次要磨损区域的高度阈值,$0<k<N$;P^c 为刀具次要磨损区域中主切削刃上的点集合;P^f 为刀具磨损轮廓上的后刀面磨损特征点集合;P^w 为刀具磨损轮廓上的所有特征点集合;P^r 为刀具磨损轮廓上前刀面磨损特征点集合。

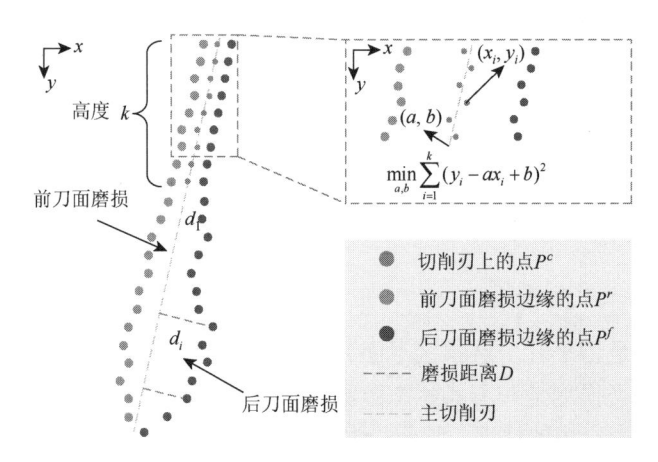

图 6-30 后刀面磨损区域内像素集合定义示意图

基于刀具次要磨损区域中主切削刃上的点集合 P^c，主切削刃所在的直线定义为

$$\hat{y} = ax + b, \quad (x,y) \in P^c \tag{6-57}$$

采用最小二乘原理拟合主切削刃的 a、b 参数，并使用均方误差衡量预测值与实际值的差异：

$$e^2 = \sum_{i=1}^{k}(y_i - \hat{y})^2 \tag{6-58}$$

然后，刀具磨损轮廓上的后刀面磨损特征点集合 P^f 投影到主切削刃所在直线上的磨损距离，如式（6-59）所示：

$$D = d(x,y) = \left|\frac{ax - y + b}{\sqrt{1+a^2}}\right|, \quad (x,y) \in P^f \tag{6-59}$$

式中，a 和 b 分别为由式（6-57）和式（6-58）拟合的主切削刃的斜率和截距。

在本节中，后刀面磨损距离是表征当前刀具状态的基本要素，如图 6-30 所示。

2. 基于正态模型的磨损区域选择

在铣削过程中，刀具-切屑直接接触区域（direct contact zone of tool-chip, DCTC）是用于刀具状态监测的标准。因此，该区域的准确选择是刀具状态监测评估的前提。

根据 Zorev 的黏滑摩擦定律，黏附区和滑动区是 DCTC 的两个区域，如图 6-31 所示。在 $x < l_p$ 的黏附区，剪应力保持为最大常数 $\tau_{\max}$。在滑动区，剪应力与法向应力 σ_n 及摩擦系数有关，且在滑动区 $l_p \leqslant x \leqslant l_c$，摩擦系数为 μ，如式（6-60）所示：

$$\tau_f = \begin{cases} \tau_{\max}, & x < l_p \\ \mu\sigma_n, & l_p \leqslant x \leqslant l_c \end{cases} \tag{6-60}$$

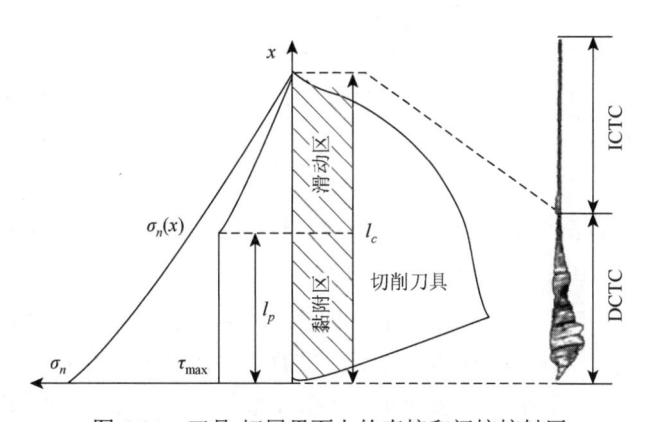

图 6-31 刀具-切屑界面上的直接和间接接触区

除了 DCTC，在切屑的飞溅运动下，刀具-切屑间接接触区域（indirect contact zone of tool-chip, ICTC）也会出现摩擦磨损。在宽视场范围内，这两部分磨损区域（DCTC 和 ICTC）都会被观测到，如图 6-32 所示。因此，准确选择 DCTC，剔除刀具中非工件接触区域的磨损，这是正确判断刀具状态和精确量化刀具磨损的前提。

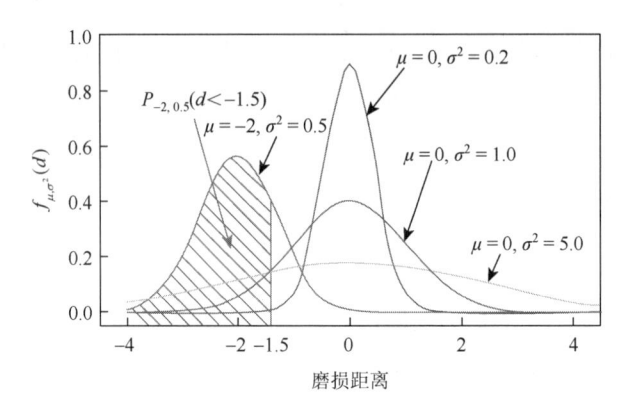

图 6-32 不同均值和方差下的正态分布曲线

本节采用正态分布模型从 6.5.2 节构建的磨损距离 D 中剔除 ICTC 中的磨损距离（D^I），然后选择 DCTC 中的磨损距离（D^D）。

考虑到不同工况下的切屑分割机制，切屑飞溅时，切屑与刀具的接触区域、接触力和接触时间都不确定[250]，这造成垂直于主切削刃的磨损距离是收敛的，即在一定刀具状态下，ICTC 中的磨损距离存在一个平行于主切削刃的基准。但由于个体差异的存在，沿主切削刃刃口的磨损距离分布并不完全一致。一般来说，ICTC 中的磨损距离会围绕某一基准并以一定幅度进行波动。因此，ICTC 中的磨损距离满足正态分布。

用于拟合主切削刃的先验区域中的磨损距离可以作为 ICTC 中的磨损距离的子集，如式（6-61）所示：

$$D^k = d(x,y) = \gamma \left| \frac{ax - y + b}{\sqrt{1+a^2}} \right|, \quad (x,y) \in P^f, y < k \tag{6-61}$$

式中，γ 为图像像素与物理距离的比例关系。

在随机状态下，ICTC 中的磨损距离与其子集的磨损距离是相同的正态分布。因此，D^k 也服从均值为 μ、方差为 σ^2 的正态分布。正态分布的概率密度函数如下：

$$f(d) = \frac{1}{\sigma\sqrt{2\pi}} e^{-\frac{(d-\mu)^2}{2\sigma^2}} \tag{6-62}$$

式中，μ 为位置参数；σ^2 为形状参数。图 6-32 为正态分布中不同均值和标准差下概率密度曲线的形状，$X \sim N(0,1)$ 表示标准正态分布。

在宏观上观察，ICTC 的磨损距离特征点是处于平行于主切削刃的某两条线约束的范围内。这两条线的不同划分便对应着涵盖 ICTC 的磨损距离特征点的概率。根据前面的分析，ICTC 的磨损距离符合正态分布。正态分布曲线下的分布面积便对应的是随机变量在该区间内的概率。如式（6-63）所示，磨损距离 d 在区间 (a,b) 内的概率是概率密度函数在该区间上的积分，即

$$P(a < D < b) = \int_a^b f(d) \tag{6-63}$$

本节认为在 99.99% 概率分布阈值下，计算置信区间内的磨损距离属于 ICTC 中的磨损距离。

3. 基于离散度的后刀面退化状态指标

根据 6.5.2 节筛选出 DCIC 中的磨损距离 D^D，构建了一种基于距离离散度的新型刀具状态监测指标，对不同后刀面退化形式进行了更详细的划分。

根据 6.5.1 节的介绍，后刀面磨损的退化状态可分为均匀后刀面磨损、不均匀后刀面磨损和局部后刀面磨损。不同的退化状态下，刀具报废的标准也各不相同，例如，均匀后刀面磨损、不均匀后刀面磨损和局部后刀面磨损下的刀具失效标准分别为 0.35mm、1.2mm 和 1mm。因此，准确判别后刀面磨损的退化形式对加工参数的优化及刀具寿命的预测至关重要。

这三种形式的后刀面磨损在整个寿命周期中经常出现并相互转化。最大后刀面磨损和磨损面积的评价指标仅从数据统计的角度评价刀具状态，而忽略了磨损区域的结构分布特征。因此，如果只关注最大后刀面磨损和磨损面积，很难确定三类后刀面退化阶段、预测刀具寿命和优化工艺参数。相反，从视觉直观的角度来看，对应于图 6-26～图 6-28 的三种磨损形式下后刀面磨损距离的离散度是逐渐增大的。因此，离散度可以用作划分刀具退化形式的尝试。

磨损距离的离散度反映了磨损距离与其中心值的距离。评价数据离散度的指标包括变异系数、四分位差、极差、平均偏差、方差和标准差。变异系数可以消除数据测量尺度和量纲对数据离散度计算的影响。由于变异系数的定义为标准差与平均值之比，如式（6-64）所示，所以变异系数只在当测量数据的平均值不为零的情况下才有定义。

$$c_v = \frac{\sigma}{\mu} \tag{6-64}$$

式中，σ 为数据的标准差；μ 为数据的平均值。

四分位差是指测量数据中上四分位数与下四分位数的差。较小的四分位差表示数据中间部分较为集中，而较大的四分位差表示数据中间部分更为分散。极差是用于确定数据变动程度最简单的指标，计算方式为最大值与最小值之差。平均偏差用于表示数据中各数值相对于平均值的离散程度。

方差从概率论角度出发，用于度量数据的离散程度，衡量随机变量与其数学期望之间的偏离程度。标准差是方差的算术平方根，提供了与原始数据相同单位的度量。

变异系数主要用于度量分类数据的离散程度，四分位差用于度量序列数据的离散程度，而方差和标准差主要用于度量数值数据的离散程度，因此后面主要讨论考虑磨损距离分布的方差和标准差。

方差是指磨损距离的每个值与其平均值的平方偏差的平均值，标准差是方差的平方根。因此，磨损距离的方差和标准差越大，表明磨损距离的分散程度越高；相反，磨损距离的方差和标准差越小，则表明磨损距离的分布越集中。给定磨损距离数据 $D^D = \{d_1, d_2, \cdots, d_n\}$，方差如下：

$$s^2 = \frac{\sum_{i=1}^{n}(d_i - \bar{d})^2}{n-1} \tag{6-65}$$

式中，n 为数据的数量；$\bar{d}$ 为数据的平均值，如式（6-66）所示：

$$\bar{d} = \frac{\sum_{i=1}^{n} d_i}{n} \tag{6-66}$$

标准差是方差的平方根，如式（6-67）所示，与方差的区别在于标准差与磨损距离中每个值的测量单位相同，它有维度，实际含义比方差更清晰。

$$s = \sqrt{\frac{\sum_{i=1}^{n}(d_i - \bar{d})^2}{n-1}} \tag{6-67}$$

综上所述，本节采用标准差作为磨损距离离散程度的衡量标准。如图 6-33 所示，不同形式的后刀面磨损的标准差会发生变化。

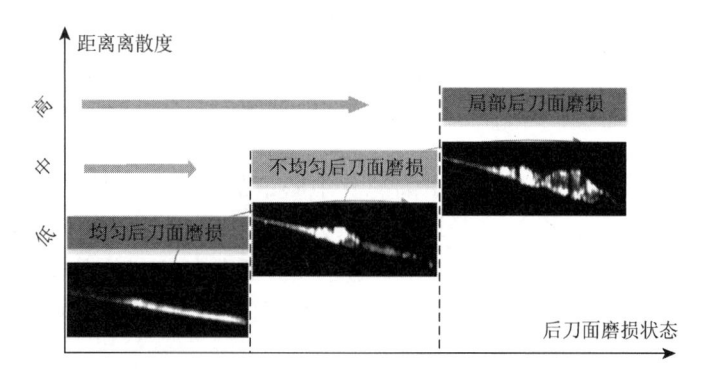

图 6-33 不同形式的后刀面磨损退化的标准差

因此，刀具全寿命周期下的距离离散度定义为 $S = \{s_1, s_2, \cdots, s_f\}$。其中，$s_f$ 表示刀具失效或加工质量不符合要求时的磨损距离离散度。

在此基础上，计算 RDDT，如式（6-68）所示，以实现在刀具寿命周期内三种后刀面磨损形式转化时间节点的准确识别。它是一个无量纲变量，表示所提出的度量随时间的变化程度：

$$\text{RDDT}_i = \frac{s_i - s_{i-1}}{s_{i-1} \times (t_i - t_{i-1})}, \quad i = 2, 3, \cdots, f \tag{6-68}$$

式中，s_i 为加工时间 t_i 下刀具磨损距离离散度；t_i 的单位为 min。

一般来说，所提出的磨损距离离散度更详细地描述了后刀面磨损形式，并且在给定阈值时，RDDT 可以在时间维度上判断刀具退化状态转换的时间节点。

第 7 章　基于纹理的表面质量监测

加工工件基于纹理的表面质量监测是一种先进的技术手段，通过对工件表面纹理的精密分析和测量，以评估加工质量。在这个过程中，光学、机械或电子设备被用于对工件表面进行高精度的扫描和数据采集。光学传感器，如激光扫描仪和三维光学显微镜，能够捕捉微观结构和纹理，提供详细的表面拓扑信息。通过纹理分析、图像处理和机器视觉技术，可以获取有关表面质量的定量和定性信息。

纹理分析不仅涵盖了颗粒、凹凸、线条等纹理特征的检测，还包括了对表面轮廓的全面跟踪。机械或光学表面轮廓仪通过检测表面的高低变化，包括微小的凹凸和颗粒，为评估表面整体质量提供了可靠的数据。同时，颜色和亮度的变化也是一个重要的方面。通过颜色传感器或相机，可以实现对异常颜色或亮度变化的检测，从而揭示表面的瑕疵或不均匀性。

纹理指标在这个过程中发挥着关键的作用。方差、均值、能量等纹理指标用于量化表面纹理，建立数学模型，并与质量标准进行比较。这种整合了各种表面分析手段的方法，为实时监测加工过程中的质量变化提供了强大的工具。在高精度和高要求的制造领域，如航空航天、医疗设备和汽车制造，这种技术对及时发现可能影响产品性能的问题至关重要。通过加工工件基于纹理的表面质量监测，制造商能够保证产品达到设计要求，并提高生产效率和产品质量。

7.1　基于仿真与采集纹理图像的粗糙度识别

7.1.1　切削面的纹理特征提取

切削工件的表面质量直接关系到工件的力学性能，其优劣会在多个方面影响工件的性能特征[251]。首先，在工件的疲劳寿命方面，表面质量直接影响了工件的耐久性。光滑且无缺陷的表面有助于减缓疲劳裂纹的扩展，增加工件的疲劳寿命。其次，表面质量还对工件的耐磨性产生显著影响，一个平滑、均匀的表面有助于减少表面与切削刃之间的摩擦，降低磨损的程度[252]。此外，表面质量对工件与其他零件或材料接触时的摩擦性能也有直接影响，影响零件之间的相对滑动性能[253]。另外，工件表面的裂纹、凹坑和其他缺陷会影响材料的疲劳性能，可能导致疲劳裂纹的产生。综合而言，保持切削工件表面质量的高水平对于确保工件的力学性能，包括耐疲劳、耐磨和摩擦性等方面，都至关重要。这需要在切削过程中仔细控制工艺参数，确保刀具状态的良好以及可能的后续表面处理，以获得符合设计要求的最终工件性能[254, 255]。

基于手工特征分析的机器视觉粗糙度评估算法的流程可以简要概述为几个步骤。首先，建立一个机器视觉系统，包括光源、工业相机和图像采集与处理设备，用于获取切削加工表面的纹理图像。接下来,选择适当的预处理算法,对采集到的纹理数据进行处理以增强图像。然后,在试验中,通过特征工程对纹理图像的各种特征进行分析,包括结构特征、不同阶次的统计学算子以及空间频域特征。在这个过程中,通过相关性分析筛选出与粗糙度相关度较高的特征。最后,利用智能算法,如支持向量机或随机森林,对这些特征进行监督学习训练,使算法能够基于这些特征识别对应的粗糙度类别。另一种方式是使用无监督学习算法,如聚类、自编码器或距离度量方法,实现对这些特征的模式提取和识别,从而对纹理图像进行分类或估计,反映不同粗糙度水平。这个算法流程结合了机器视觉、特征工程和智能算法,旨在有效评估切削加工表面的粗糙度[256]。

1. 纹理图像数据集的建立

试验中,对立铣加工的粗糙度对比样块的纹理数据以及切削加工试验数据进行采集。为了充分了解不同倍率下的加工表面情况,对粗糙度对比样块在不同倍率下的加工表面进行了采样,以获取丰富的训练和测试数据。所获得的工件在不同倍率及粗糙度下的加工纹理数据在图 7-1 中展示。铣削试验方面,采集了整体式立铣刀(C1)和方肩立铣刀(C2)在不同工况下的纹理图像,并且使用触针式粗糙度仪对工件进行了测量和图像标注。通过这些采集到的数据,旨在深入了解不同切削条件对工件表面纹理的影响,为后续的分析和算法训练提供支持。

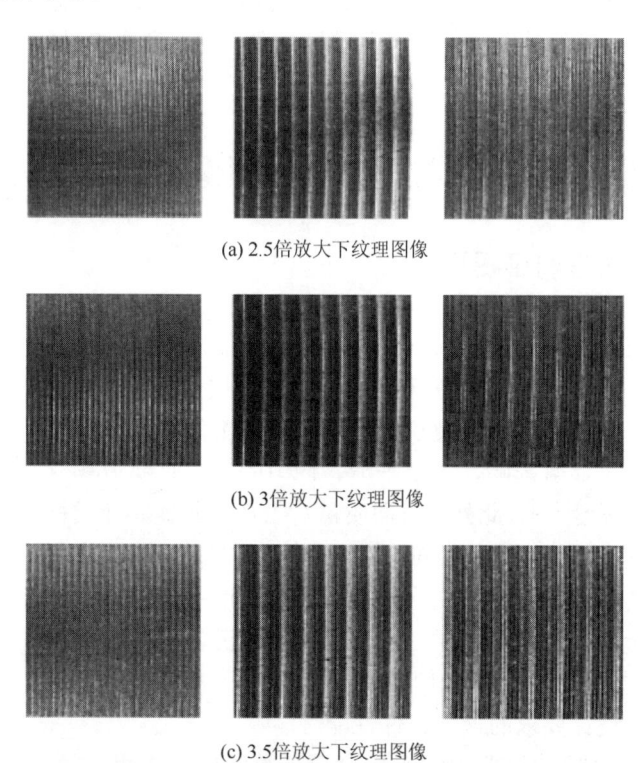

(a) 2.5倍放大下纹理图像

(b) 3倍放大下纹理图像

(c) 3.5倍放大下纹理图像

图 7-1 对比不同倍率及粗糙度下的纹理采集

2. 工件切削后纹理特征的提取

对切削加工纹理的统计学特征与粗糙度之间的关系进行分析。一阶纹理统计学特征中，灰阶分布直方图的特征包括直方图的最大值、最小值、均值、方差和熵等，而二阶特征则以灰度共生矩阵（gray-level co-occurrence matrix，GLCM）为代表，具有更强的局部纹理细节表征能力。另外，纹理分析方法包括基于 Gabor 滤波器、傅里叶变换和小波包的变换域特征。图像的空间域与频域可以相互转化，通过二维离散傅里叶变换或小波类变换，纹理图像可以从空间域转换到频域，反之亦然。

对于不同粗糙度的工件加工表面，纹理基元尺寸存在差异。在纹理基元尺寸较大的粗糙表面纹理中，低频成分较为丰富；由于实际加工中刀具磨损的影响，纹理出现断续情况，高频成分较为丰富，空间频域的功率谱能量分布较为分散，熵值较大。因此，在不考虑其他工况等因素的情况下，随着工件实测的粗糙度值增加，加工表面的熵值应呈现增加趋势。本研究通过提取铣削加工纹理图像的傅里叶变换频域特征和小波变换的熵值特征，对其在粗糙度分类任务上的性能进行测试。具体而言，根据小波变换提取对应的熵值特征，而对于傅里叶变换的低频与高频成分，通过对频谱中心区域取掩模得到。对于纹理描述子 $\Lambda_{i,j}$，其熵值计算公式为

$$\text{Ent}(\Lambda_{i,j}) = -\sum_{i=1}^{M}\sum_{j=1}^{N} p(i,j)\lg(p(i,j)) \tag{7-1}$$

为了评估特征在刀具退化过程中对粗糙度变化的表征能力，引入敏感度和单调度作为评价指标。敏感度的衡量采用了纹理特征的类间方差 C_{sen}，计算方法如下：

$$C_{\text{sen}} = \frac{1}{N} \cdot \sum_{j=1}^{N}\left(\frac{\sum_{i=1}^{N_j} F_i}{w_j} - \bar{F}\right)^2 \tag{7-2}$$

式中，F_i 为单幅纹理图像在某一粗糙度值下的特征；N 为不同粗糙度值的类别总数；$\bar{F}$ 为所有类别纹理图像特征的均值。令 C_{trend} 为趋势性判定，其计算方法如下：

$$C_{\text{trend}} = \sum_{j=1}^{N-1}\left(\frac{\sum_{i=1}^{N_j} F_i}{w_{j+1}} - \frac{\sum_{i=1}^{N_j} F_i}{w_j}\right) \tag{7-3}$$

7.1.2 基于仿真与采集纹理图像的粗糙度识别模型构建

在实际切削加工制造过程中，考虑到切削加工参数（如主轴转速、切削深度、进给速度）以及切削过程中主轴偏心等因素对加工表面纹理的潜在影响，通过基于切削参数的形貌仿真获取的加工表面仿真纹理图像，可以用于验证基于采集纹理图像构建的智能

识别模型的特征。这有助于提升估计模型在多种工况测试中的鲁棒性，确保其在不同切削条件下能够准确地识别和估计加工表面的纹理特征。

1. 识别模型框架

本节提出的粗糙度识别模型框架如图 7-2 所示，主要包括数据处理与划分、模型训练与特征校验两个部分。首先，切削加工表面形貌仿真根据切削加工参数和刀具、工件相关参数，对刀齿切削工件表面的运动学过程进行仿真。基于瞬时切削过程中获取的主轴窜动位移数据，修正形貌仿真模型的结果。最后，通过对比仿真结果得到的纹理图像与实际加工对应工况下的纹理图像特征，实现基于加工表面纹理信息对不同工况下粗糙度的鲁棒有效估计，具体步骤如下：

（1）特征提取。采用 7.1.1 节介绍的多种特征方法对切削加工表面纹理图像进行特征提取，包括统计学特征和空域/频域特征。

（2）模型训练。将提取的特征及其对应的粗糙度标签输入机器学习模型，在划分后的训练集上进行训练，在测试集上进行测试，并选择拟合效果最优的模型。

（3）特征分析。使用事后可解释性方法 SHAP 对主要贡献特征进行分析，以了解各特征对粗糙度识别的贡献。

（4）特征筛选。筛选出贡献度前五的特征，并与通过历史数据训练模型的经验性最优特征进行比较。

（5）模型分析。通过分析模型的经验性特征及历史数据训练得到的相关特征之间的关联程度，来评估当前模型在粗糙度识别方面的可信度。

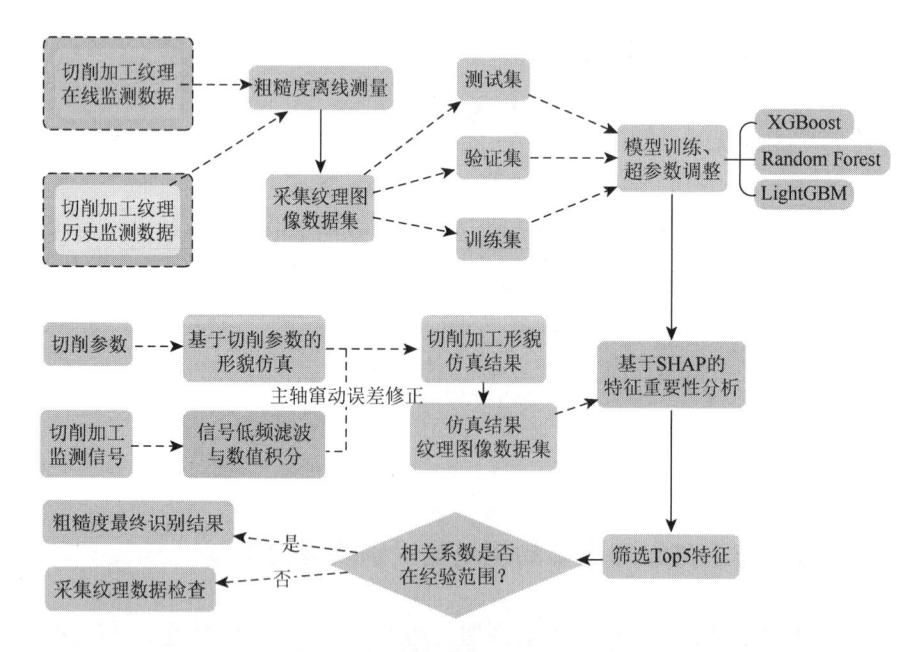

图 7-2 智能粗糙度估计算法示意图

通过这一流程，旨在建立一个可靠的粗糙度识别模型，该模型能够在实际工况下鲁棒地估计加工表面的粗糙度，为工业制造中的表面质量控制提供有效的支持。

2. 粗糙度监测模型可解释性

可解释性指的是系统、模型或算法的输出或决策能够被清晰、透明地理解和解释的程度。在计算机科学、人工智能和机器学习领域，可解释性是一个关键的概念，涉及对模型的决策过程和输出结果进行理解和解释的需求。一个可解释性强的系统或模型意味着其内部结构和运作方式对用户或相关利益方来说是容易理解的。在机器学习中，构建可解释的模型通常包括使用简单的算法，如线性回归或决策树[257-259]，这些模型相对于复杂的深度神经网络更容易被理解和解释。此外，可解释性还包括了解模型对输入特征的依赖程度，即理解每个特征对最终输出的贡献程度。因此，特征重要性成为评估可解释性的一个重要指标。此外，可解释性还涉及理解模型输出与输入之间的因果关系，即用户希望能够了解为什么模型会做出特定的决策或预测。可视化工具和方法在提高可解释性方面起到关键作用，通过可视化模型的输出、决策过程或特征的重要性，用户可以更直观地理解模型的工作方式。在一些应用场景中，尤其是在医疗、金融和司法等领域，可解释性是至关重要的，因为这些领域的决策通常需要透明、可信赖的解释，以确保合规性和公正性。因此，提高可解释性不仅有助于用户对模型的信任，也有助于确保决策的合理性和可接受性。

SHAP 是一种用于解释机器学习模型预测的方法，其灵感来自合作博弈论中的 Shapley 值。SHAP 值的核心思想是为每个特征的贡献分配一个"价值"，以解释模型输出的变化。

具体来说，SHAP 值提供了每个特征对模型输出的贡献度，即每个特征在模型预测中所起的作用。SHAP 值的计算基于以下原则：

（1）合作博弈论。SHAP 值采用了合作博弈论中 Shapley 值的概念，在合作博弈论中，Shapley 值用于衡量合作博弈中每个玩家对整体收益的贡献度。

（2）特征排列组合。SHAP 值通过考虑每个特征的所有可能排列组合，计算模型输出的不同组合下的预测值。然后，根据这些不同组合下的贡献度来为每个特征分配 SHAP 值。

（3）Shapley 公平分配。对于每个特征，通过对所有可能的特征排列组合进行平均，以确保每个特征都得到公平的贡献分配。

SHAP 解释方法在提供模型解释性方面具有广泛的应用，特别是在需要理解模型预测背后因果关系的情境下。SHAP 值的计算方式使其适用于多种机器学习模型，包括树模型、线性模型和神经网络等。

在子模型集成策略上，通过比较各个模型在测试集上的准确率，从而决定集成模型中各个模型的权值比重。式（7-4）为集成模型的特征重要度 M_{Ensem} 的计算方法：

$$M_{Ensem} = \sum_{i=1}^{N} w_i M_i \tag{7-4}$$

式中，w_i 为单个模型权值；M_i 为对应模型特征重要性的分布。刀具旋转运动过程的示意图如图 7-3 所示。

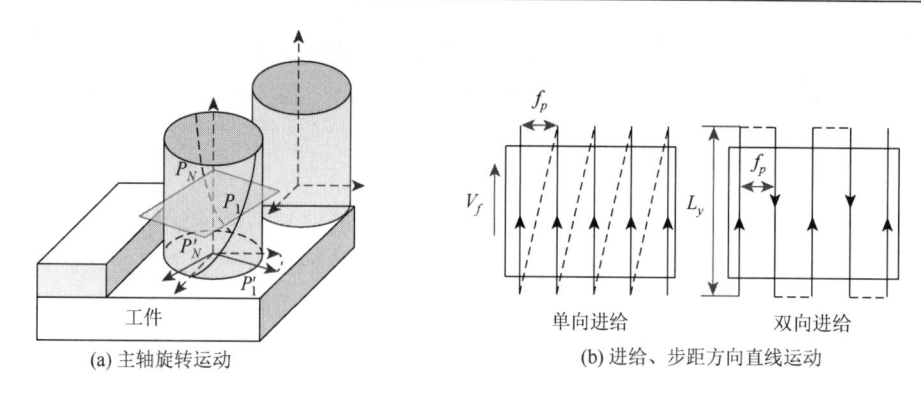

(a) 主轴旋转运动　　　　(b) 进给、步距方向直线运动

图 7-3　刀具切削加工运动过程的分解

1) 单切削点轨迹建模

铣刀刃齿在加工空间中的运动轨迹可以根据切削参数（如主轴转速、进给速度、切削深度等参数）以及坐标系变换方法对刀具的扫略运动进行建模仿真。扫略运动包括刀具的回转运动、沿加工方向的进给运动以及主轴回转过程的轴心窜动。对于同一平面上的离散切削点，其多个刀齿旋转方程仅存在相位差，因而对于刀齿上任意点，在第 m 次进给过程中，各个刀齿旋转的初始相位角可表示为

$$\phi_{m,n} = \phi_{m,n} + 2\pi(n-1)/Z_n \tag{7-5}$$

那么，刀齿的运动可以描述为主轴旋转与进给方向、步距方向的直线运动过程的叠加。对于主轴旋转，其运动方程可描述为

$$M_2 = \begin{bmatrix} \cos(\phi_{m,n}+w\Delta t) & \sin(\phi_{m,n}+w\Delta t) & 0 & 0 \\ -\sin(\phi_{m,n}+w\Delta t) & \cos(\phi_{m,n}+w\Delta t) & 0 & 0 \\ 0 & 0 & 1 & 0 \\ 0 & 0 & 0 & 1 \end{bmatrix} \tag{7-6}$$

式中，Δt 为离散单位时间；w 为主轴转速。

对于连续进给方向和步距方向的直线运动过程，根据进给方式，可分为单向进给和双向进给。当设置为单向进给时，其运动方程可描述为

$$M_{3\text{-}1} = \begin{bmatrix} 1 & 0 & 0 & x_0+(m-1)f_p \\ 0 & 1 & 0 & y_0+v_f\Delta t \\ 0 & 0 & 1 & z_0 \\ 0 & 0 & 0 & 1 \end{bmatrix} \tag{7-7}$$

式中，x_0、y_0、z_0 为切削加工初始阶段的第一刀齿位置；f_p 为多次进给的步距；v_f 为进给速度。

当设置为双向进给时，其运动方程可描述为

$$M_{3\text{-}2} = \begin{bmatrix} 1 & 0 & 0 & x_0 + (m-1)f_p \\ 0 & 1 & 0 & y_0 + \left[1+(-1)^m\right]L_y/2 + (-1)^{m+1}v_f\Delta t \\ 0 & 0 & 1 & z_0 \\ 0 & 0 & 0 & 1 \end{bmatrix} \tag{7-8}$$

式中，L_y 为进给方向的运动距离。

综合考虑上述运动过程中的坐标系变换关系，对于立铣刀加工过程，刀齿上任意一点从刀齿局部坐标系到工件坐标系的运动方程可描述为

$$\begin{bmatrix} x_p^w \\ y_p^w \\ z_p^w \\ 1 \end{bmatrix} = M_{3\text{-}2} M_{3\text{-}1} M_2 M_1 \begin{bmatrix} x_p^l \\ y_p^l \\ z_p^l \\ 1 \end{bmatrix} \tag{7-9}$$

式中，$\left[x_p^w, y_p^w, z_p^w, 1\right]^T$ 为刀齿离散点在工件坐标系下的坐标；$M_{3\text{-}x}$ 为考虑进给和步距的运动方程。

2）刀齿刃型的离散建模

这里针对刀齿刃型的切削点离散方式，建立刀齿内刃、外刃的离散模型。考虑到形貌仿真在粗糙度监测的实时性需求，这里对加工形貌的计算方式进行比较与优化。常见的 Zmap 刀齿离散建模包括两种计算流程。第一种以单切削点在整个进给过程的完全轨迹为最小计算单元，通过循环遍历所有切削点轨迹，并将总切削轨迹与初始化的工件表面 Z 方向高度进行比较，得到最终形貌。第二种以刀齿当前旋转位置下的局部形貌为最小计算单元，通过循环遍历整个加工平面情况，得到完整加工表面形貌的仿真结果。由于轨迹点高度与工件残留高度的比较是一个较为费时的步骤（图 7-4），这里采用第一种方法，即先计算单点轨迹，再遍历完整刀齿。

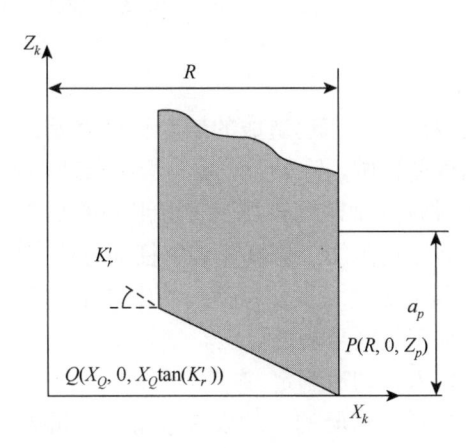

图 7-4 可转位铣刀刀齿的离散建模

刀齿局部坐标系为 $X^lY^lZ^l$ 选取刀柄轴线作为 Z 方向，以远离工件为正方向。为简化计算，设置刀齿安装方式为中置方式，并与刀柄轴线（即 Z 方向）重合。以刀齿最低点

为 Z 方向起始点。那么，对于 X 方向的离散，内刃上任意一点 P 在刀齿坐标系 $X^IY^IZ^I$ 下的坐标可表示为

$$P = \left(X_p^I,\ 0,\ \left(R - X_p^I\right)\tan(K_r')\right) \tag{7-10}$$

$$X_p^I = R - d_{cx}t_{cx} \tag{7-11}$$

将式（7-11）代入式（7-10），P 点 Z 方向坐标可简化为

$$Z_p^I = d_{cx}t_{cx}\tan(K_r') \tag{7-12}$$

那么，内刃上动点 P 的坐标表达式可表示为

$$P = \left(R - d_{cx}t_{cx}, 0, d_{cx}t_{cx}\tan(K_r')\right) \tag{7-13}$$

式中，d_{cx} 为 X 方向刀齿的离散单位，设置为 0.2mm；$t_{cx} \in [0, N_{cx}]$ 为 X 方向离散点的位置控制因子，且

$$t_{cx} \in [0, N_{cx}] \tag{7-14}$$

同理，可得外刃上任意一点坐标如下所示：

$$Q = (R, 0, t_{cz}d_{cz}) \tag{7-15}$$

对于整体式铣刀，设螺旋升角为 β，在不同高度 z 处切削点的主轴旋转坐标系下的运动学方程可表示为

$$\begin{cases} X_p^s = ft + R\sin\left(w\Delta t - \dfrac{2\pi k}{K} - Z\dfrac{\tan\beta}{R}\right) \\ y_p^s = R\cos\left(wt - \dfrac{2\pi k}{K} - Z\dfrac{\tan\beta}{R}\right) \\ Z_p^s = z \end{cases} \tag{7-16}$$

式中，R 为刀具半径；Z 为切削点相对刀尖底部的长度，最大为设定的切削深度；K 为刀齿总数量，k 为当前刀齿序号。

3）主轴窜动误差校正

铣削加工过程中，会受到主轴窜动造成的切削轨迹误差。虽然通过千分表能够测量主轴动态旋转过程的窜动误差范围，但却无法实时给出窜动误差对加工表面形貌的影响。因此，难以量化切削加工过程主轴窜动对加工表面形貌的影响。这里提出一种通过激光测振信号描述主轴窜动并修正切削加工仿真形貌特征的方法[260]，来提升模型在真实切削环境下的形貌仿真能力，其关键技术步骤包括：切削加工过程的切入、切出判定，频域数值积分以及窜动误差对加工表面形貌的修正。

（1）切削加工过程的切入、切出判定

由于振动信号目前主要通过试验的手动设置采集。而机床加工过程存在刀具加工的切入、切出与退刀、快速定位过程，人工采集无法准确对应切削加工过程。因此，为提升数据质量，对滑窗采样后的数据 S_n，选用旁瓣较低的汉明窗函数进行信号开窗，减少数据选取的截断效应。然后，采用短时能量法以及短时过零率方法筛选出切削加工过程的监测信号。

$$\mathrm{Eng}(t) = \frac{1}{N}\sum_{n=0}^{N}\left|S_n^*\right| \tag{7-17}$$

式中，$\mathrm{Eng}(\cdot)$ 表示得到的开窗后振动信号序列数据 S_n^* 的短时能量值；$\sum|\cdot|$ 为待测信号短时能量的绝对值求和结果。

$$Z_{w_i} = \sum_{n=0}^{w_i-1}\left|\mathrm{sgn}\left[y(n) - \mathrm{sgn}\left[y(n-1)\right]\right]\right|/(2w_i) \tag{7-18}$$

式中，Z_{w_i} 为长度为 w_i 信号的短时过零率；符号函数 $\mathrm{sgn}[\cdot]$ 用于统计信号在时间轴上的过零次数。

（2）频域数值积分

基于频域数值积分法将原始监测信号的速度谱转换为位移谱。对于任意一段切削加工过程某一走刀过程的原始监测信号，其可表示为

$$v(t) = A\mathrm{e}^{\mathrm{i}\omega t} \tag{7-19}$$

式中，$v(t)$ 为原始监测信号在频率 ω 下的傅里叶分量。初速度为零时，对速度信号分量进行积分即可获得位移信号分量：

$$x(t) = \int_0^t a(\tau)\mathrm{d}\tau = \int_0^t A\mathrm{e}^{\mathrm{i}\omega t}\mathrm{d}\tau = X\mathrm{e}^{\mathrm{i}\omega t} \tag{7-20}$$

式中，$x(t)$ 为位移信号在频率 ω 下的傅里叶分量。

（3）窜动误差对加工表面形貌的修正

对主轴的窜动误差的修正可以分解为在加工平面的横（X）、纵（Y）方向振动位移的叠加。因此，其振动位移修正矩阵可表示为

$$T_{sr} = \begin{bmatrix} 1 & 0 & 0 & \Delta x(t) \\ 0 & 1 & 0 & \Delta y(t) \\ 0 & 0 & 1 & 0 \\ 0 & 0 & 0 & 1 \end{bmatrix} \tag{7-21}$$

式中，$\Delta x(t)$ 和 $\Delta y(t)$ 分别为切削加工过程中 X 方向和 Y 方向的瞬时振动位移量。

图 7-5 为主轴窜动误差修正加工表面形貌特征的流程示意图，其步骤如下：

（1）针对刀具切削加工过程的切入、切出判定方法，划分并获得每刀的激光测振主轴监测信号片段。

（2）将划分后的片段信号进行低通滤波处理去除趋势项。

（3）对信号做快速傅里叶变换转换到频域，并通过频域积分法将速度谱变换到位移谱。

（4）将位移谱信号还原到时域。

（5）将主轴窜动位移利用式（7-21）叠加到形貌仿真结果，得到最终窜动误差修正后的仿真形貌特征。

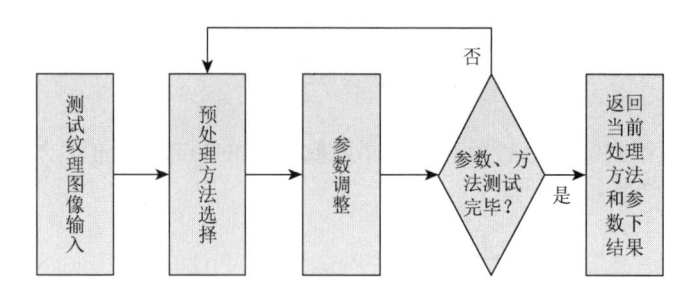

图 7-5 主轴窜动误差修正加工表面形貌特征的流程示意图

7.2 工件关键加工面识别与切屑检测

7.2.1 工件关键加工面识别

工件关键加工面识别是制造过程中的一项重要任务，旨在确定对于最终产品性能、质量或装配至关重要的加工表面。这个过程涉及多方面的分析，首先详细分析工件几何特征，以确定具有特殊形状、曲率或连接方式的表面。其次，进行功能分析，考虑工件在整个产品中的作用和功能，以确定选用哪些表面实现这些功能。再次，考虑到工件要与其他零件进行组装，需要进行装配分析，确定哪些表面对正确装配是关键的。此外，对工件在使用中承受的负载和应力进行分析，以确定哪些工件表面需要特殊加工以满足强度和耐久性要求。还需要考虑制造过程中的工艺要求，确定哪些表面可能需要额外的加工步骤或控制以确保其质量。随着自动化和机器视觉技术的发展，可以利用图像识别、模式识别等方法在制造过程中实时识别关键加工面。综合来说，工件关键加工面识别是一个多方面综合考虑的任务，通过深入分析工件的形状、功能、装配方式、负载和应力等因素，确保在制造过程中重点关注和优化对这些关键加工面的处理，从而提高产品质量和性能。

目标检测是机器视觉领域的一项关键任务，旨在识别图像或视频中存在的物体，并准确地标定它们的位置。这个任务对许多应用场景都至关重要，包括自动驾驶、视频监控、医学影像分析等。目标检测要解决的主要难题之一是在图像中同时识别出多个目标，并为每个目标确定其边界框的位置。

深度学习在目标检测中的应用极大地推动了机器视觉领域的发展，为高效而准确的目标检测提供了强大的工具和方法。深度学习方法利用深度神经网络的多层次抽象能力，能够学习图像中丰富的特征表示，使得目标检测模型能够更好地理解图像语义信息。

近年来，许多基于深度学习的目标检测算法如 Faster R-CNN[261]、YOLO（you only look once）[262-264]、SSD（single shot multibox detector）[265]等相继涌现，不断提高了目标检测的准确性和效率。这些方法利用深度神经网络的强大特征学习能力，实现了对多个目标类别的快速而准确的检测。目标检测技术的进步不仅为机器视觉应用提供了更可靠的基础，也推动了许多领域的自动化和智能化发展。

深度学习在目标检测中的应用还推动了研究者对神经网络结构和训练方法的不断创新。这种技术的发展为实现更广泛的自动化、智能化应用提供了坚实的基础，对于推动人工智能技术在实际场景中的应用具有重要作用。

7.2.2 基于卷积神经网络的目标检测

基于深度学习的目标检测算法利用深度神经网络的多层次特征提取能力，采用端到端的训练方式，实现了高效而准确的目标检测，其具体流程如图 7-6 所示。它们通过引入区域提议网络或采用单次前向传播的策略，能够在图像中同时识别和定位多个目标，广泛应用于自动驾驶、视频监控和工业质检等领域。这些算法的成功推动了目标检测领域的发展，为实现更智能的机器视觉应用奠定了基础[266]。

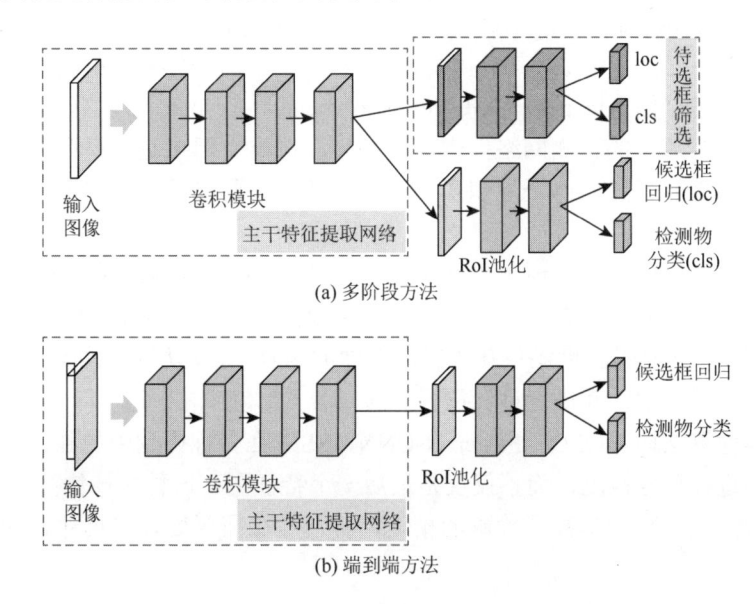

图 7-6　基于深度学习的目标检测算法基本流程

RoI 指感兴趣区域

其基本框架主要为图像输入预处理、主干特征提取网络和非极大值抑制。

深度学习中的图像输入预处理是指对输入模型的图像进行调整和标准化的一系列操作，包括调整尺寸、归一化、均值减法、标准化、数据增强等，以确保输入符合模型的要求并提高训练效果。

主干特征提取网络是深度学习模型中负责提取图像高级特征的核心部分。这个网络通常由深层卷积神经网络（CNN）构成，能够学习和提取输入图像的抽象表示，捕捉图像中的语义信息。主干特征提取网络在目标检测、图像分类等任务中扮演着重要角色，其输出的特征图被用于后续任务的处理和预测。

非极大值抑制（non-maximum suppression，NMS）是一种用于目标检测和边界框回归的技术。在检测任务中，模型通常会输出多个可能的目标框，而 NMS 的目标是去除冗余的框，保留最可能包含目标的框。具体而言，NMS 会根据框的置信度分数，筛选出置信度最高的框，并抑制与该框高度重叠的其他框，以保留唯一、最有可能包含目标的框。这有助于提高检测结果的准确性和鲁棒性[267]。

多阶段目标检测算法以两阶段算法为主,在第一阶段通过提取图像中所有待检测目标的候选框,然后在第二阶段对候选框目标进行二次修正得到最终的检测结果。双阶段目标检测算法在近年来发展较为迅速,检测精度相对较高,但自身结构中多阶段的框架体系限制了其检测速度。单阶段目标检测算法与双阶段目标检测算法的最大差别在于取消了第一阶段的候选框区域推荐,即直接通过一个阶段的端到端训练确定目标类别并对候选框位置进行回归分析。这使得模型的计算量得到大幅降低,训练过程也得到简化。

1. SSD 目标检测网络

SSD(single shot multibox detector)是一种目标检测框架,其架构由基础网络、自定义网络和预测网络三部分组成,其具体结构如图 7-7 所示。基础网络的选择通常采用高质量的图像分类网络,如 Alexnet、VGGNet、Googlenet、Resnet 等,这些网络用于学习目标类别的特征,为后续的预测网络提供基础特征。自定义网络是一系列包含多个卷积组的层次结构,每个卷积组由两个卷积层和两个激活函数层组成,其作用是提供不同尺寸的特征图至卷积预测层。

预测网络负责目标类别的预测和目标位置的回归。在预测网络中,采用 3×3 的卷积核进行目标类别的预测和位置回归。与其他目标检测算法不同的是,SSD 的候选检测框是直接由检测网络生成的,而不依赖于输出图像的内容。预测层对每幅特征图进行判断,确定是否包含目标类别,并进行目标位置的回归。

相较于其他算法如 YOLO、Faster R-CNN,SSD 在目标检测中的独特之处在于它从多个特征图上进行目标检测,而不仅仅是最后一个特征图。这种设计使得 SSD 能够更好地适应不同尺寸的目标,提高了检测的精度,特别是在需要处理多尺寸目标的情况下表现更为出色。

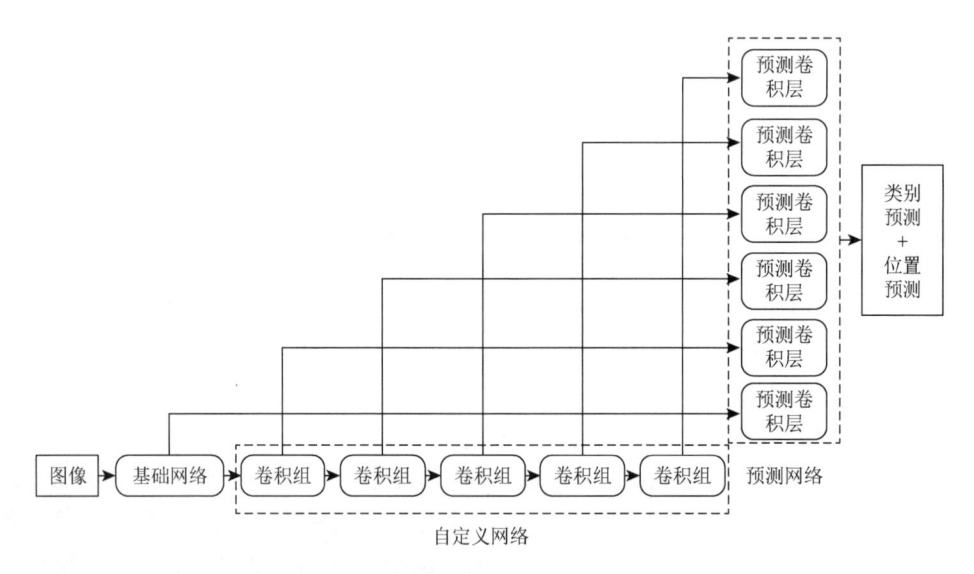

图 7-7 SSD 目标检测网络结构图

2. 单次检测网络

鉴于 SSD 架构对于一些小尺寸工件的检测精度可能存在不足,针对工件检测提出了一种改进型目标单次检测网络,简称 ISSD(improved single shot multiBox detector for workpiece)。ISSD 在 SSD 架构的基础上引入了特征融合结构,旨在提高检测成功率。这里将这一网络称为单次检测网络。

工件检测网络的结构包括基础网络、自定义网络、特征融合结构及检测网络。首先,目标图像输入基础网络,通过多个卷积层进行特征的自动提取和学习。接着,卷积运算后的特征图传入自定义网络,该网络同样由多个卷积组组成,在提取特征的同时为后续的检测网络生成检测特征图。特征融合结构以基础网络和自定义网络的输出为输入,对低层和高层特征图进行融合处理。最后,部分特征图被送入检测网络,用于确定图像中包含的目标类别和位置。检测网络对目标和位置进行独立预测,图中仅画出了一组卷积层以简便表示。这一结构的引入旨在优化对工件的检测性能。

1)基础网络

基础网络通过卷积与池化层对输入图像的特征进行学习和提取并调整特征图大小,通常使用去除全连接层的分类网络作为基础网络,常用的分类网络有 VGGnet[268]、Alexnet[269]、Resnet[270]、Googlenet[271]等,基础网络选择的关键在于其特征提取能力和收敛速度,在基础网络的选择上 Alexnet 收敛速度快但特征提取能力相对较弱,Googlenet 和 Resnet 特征提取能力强但层级结构复杂、收敛速度慢,会影响整个网络的收敛速度,因此选择特征提取能力较强同时收敛速度较快的 VGG16 作为工件检测网络的基础网络,VGG16 结构如图 7-8 所示。

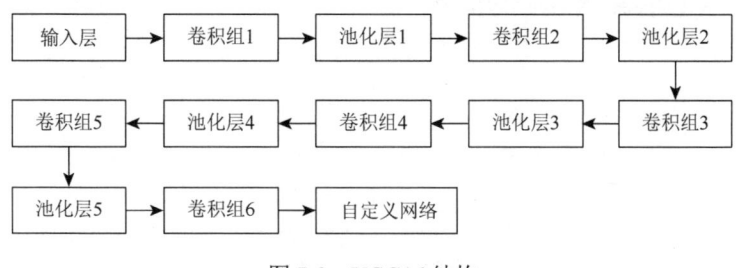

图 7-8 VGG16 结构

(1) 卷积层

VGG16 包含 6 个卷积组共 16 个卷积层,即同卷积组中特征图的通道数相同,VGG16 中卷积核的大小均为 3×3,这种小卷积核堆叠的好处在于使用较少的卷积核参数就能实现较好的非线性功能。卷积运算后特征图的宽度与高度由式(7-22)和式(7-23)计算,当边缘填充与步长参数均设置为 1 时,卷积运算后特征图的宽和高将保持不变,这种多层不改变特征图大小的卷积运算将增加特征图的多样性,同时基础网络中部分特征图将作为后续检测网络的输入。

$$w_1 = \frac{w_0 + 2p - k_w}{s} + 1 \qquad (7\text{-}22)$$

式中，w_0、w_1 为卷积运算前后的宽度；p 为边缘填充率；k_w 为卷积核宽度；s 为卷积运算步长。

$$h_1 = \frac{h_0 + 2p - k_h}{s} + 1 \tag{7-23}$$

式中，h_0、h_1 为卷积运算前后的高度；k_h 为卷积核高度。

（2）激活层

激活层包含于卷积组中，通常是每个卷积层后面接一个激活层，通过非线性激活函数为模型增加非线性功能，采用 ReLU 非负激活函数如式（3-3）所示，它能够高效地处理具有稀疏特征的卷积运算。

$$\text{ReLU}(x) = \begin{cases} 0, & x \leqslant 0 \\ x, & x > 0 \end{cases} \tag{7-24}$$

（3）池化层

池化层均选用最大池化，且每次的池化空间为 2×2，池化步长均设置为 2，池化后特征图的宽度与高度均为原来的二分之一。

2）自定义网络

自定义网络将持续对图像进行卷积运算，以获取多个不同尺寸的特征图。这些自定义网络的特征图将成为预测网络的主要输入。在进行单个工件的检测时，预测网络会在所有自定义网络输出的特征图上寻找目标检测后置信度最高的候选区域，该区域将被认定为该类工件的检测结果。自定义网络由 5 个卷积组组成，每个卷积组的结构如图 7-9 所示，包含两个卷积层和两个激活层。前一个卷积组的输出将作为后一个卷积组的输入，而激活层中同样采用 ReLU 激活函数。这一设计旨在通过自定义网络提取多尺寸的特征图，为后续目标检测提供更全面的信息。

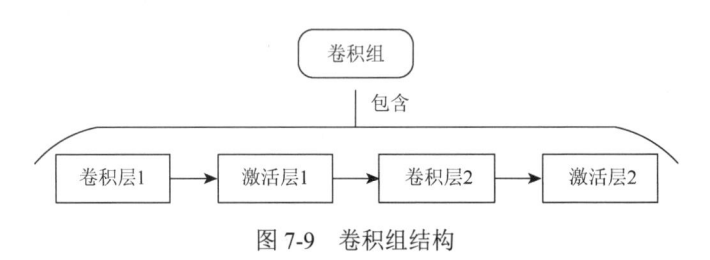

图 7-9 卷积组结构

为了减少参数的规模及增加特征的多样性，所有卷积层的卷积核大小均为 3×3，由式（7-22）和式（7-23）可知，当采用 3×3 大小卷积核，卷积步长设置为 1 时，特征图进行卷积操作后图像的长宽不变，当步长设置为 2 时，特征图长宽将变为原来的一半，在一个卷积组结构中卷积层 1 的步长均设置为 1，这样不改变特征图尺寸进一步学习图像特征，而在卷积层 2 中步长设置为 1 或 2 用于调整最终输出的特征图大小。

3）特征融合

为了克服在检测任务中对多尺度物体检测的困难，Facebook 人工智能实验室提出了使用特征金字塔网络来修改原始网络连接方式，以提高小尺寸物体的检测性能。另外，Refined Anchors 结构也被引入，以提高小尺寸物体的检测准确度。这里结合这两种思想，提出一种特征融合结构,用于将工件检测网络中的低层特征图与高层特征图进行信息融合,从而提高小尺寸工件的检测准确性。特征融合结构如图 7-10 所示,其根据输入的不同可以分为以下两种情况:①对于最深层的特征融合结构,输入层 1 和 2 分别是自定义网络中最深层的两个卷积组的特征图。其中,输入层 2 是来自自定义网络中最后一个卷积组的特征图,相较于输入层 1 具有更小的特征图。因此,通过反卷积层增加特征图的大小,使得两个输入层的特征图大小相同,然后将这两个层输出的特征图信息进行融合。②对于剩余的特征融合结构,输入层 1 是来自自定义网络中上一个卷积组的相应特征图,输入层 2 是更深一层特征融合结构的输出层。这两层将通过反卷积层后再与输入层 1 的特征信息进行融合。

4)检测网络

检测网络运用卷积层来预测工件的类别和位置。检测网络的输入特征图包括基础网络、自定义网络和特征融合结构输出的部分特征图。预测过程如下:参考图 7-11,将用于检测网络的特征图中的每个像素点作为一个单元,以每个单元中心建立多个候选检测框,也称为默认检测框。这些默认检测框可以是正方形或长方形,在同一特征图中每个单元的默认检测框形状和大小相同(如图中虚线框所示)。生成的默认检测框将计算每个检测框对于所有类别工件的置信度 $(c_1, c_2, \cdots, c_p)$,同时还将计算默认框与真实框的相对位置偏差 $\Delta(c_x, c_y, w, h)$。通过误差反向传播,将更新检测网络中卷积核的权值参数。对于目标图像中某个工件的检测结果,系统将输出对该工件置信度最高且经过回归调整的检测框。

检测网络展示在图 7-11 中,由位置预测网络和类别预测网络组成,两者都使用多维卷积核进行预测。在类别预测网络中,每个卷积层与一个特征图相连接,卷积核的权值数量与预测的类别数及默认候选框的数量相关。如式(7-25)所示,卷积核中的每个权值对应于每个默认框在每一类工件上的置信度预测值。通过比较这些预测值与真实值,计算类别预测的损失函数,以便进行权值的训练。对于位置预测网络,虽然同样连接到用于类别预测的特征图,但其卷积核中的权值则用于预测默认框与真实框的中心点位置偏差以及默认框的宽高偏差。

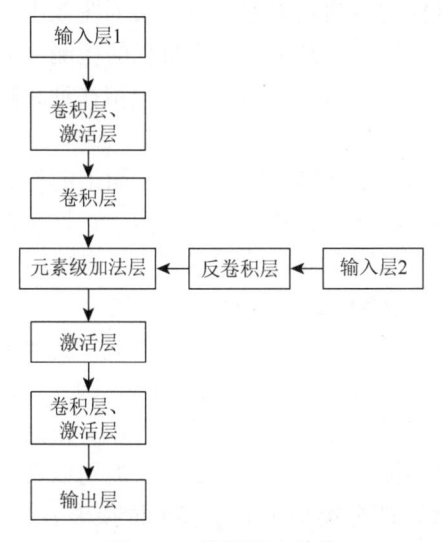

图 7-10 特征融合结构

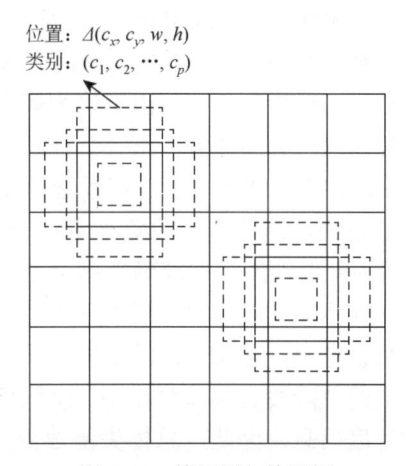

图 7-11 特征图与检测框

$$n = m \times (n_0 + 1) \tag{7-25}$$

式中，n 为卷积核权值数量；m 为特征图单元上默认检测框数量；n_0 为预测所包含的工件总类别数量。

检测网络根据损失函数对卷积核权值进行训练，损失函数由两部分组成，分别是位置损失函数和置信度损失函数，损失函数将作为网络训练的指导，计算公式如式（7-26）～式（7-29）所示：

$$L(x,c,l,g) = \frac{1}{N}\left(L_{\text{conf}}(x,c) + \alpha L_{\text{loc}}(x,l,g)\right) \tag{7-26}$$

$$L_{\text{conf}}(x,c) = -\sum_{i \in \text{Pos}}^{N} x_{ij}^p \lg\left(\hat{c}_i^p\right) - \sum_{i \in \text{Neg}} \lg\left(\hat{c}_i^0\right), \quad \hat{c}_i^p = \frac{\exp\left(c_i^p\right)}{\sum_p \exp\left(c_i^p\right)} \tag{7-27}$$

$$L_{\text{loc}}(x,l,g) = \sum_{i \in \text{Pos}, m \in \{c_x, c_y, w, h\}}^{N} x_{ij}^k \text{smooth}_{L_1}\left(l_i^m - \hat{g}_j^m\right) \tag{7-28}$$

$$\text{smooth}_{L_1}(x) = \begin{cases} 0.5x^2, & |x| < 1 \\ |x| - 0.5, & \text{其他} \end{cases} \tag{7-29}$$

式中，N 为正向候选框数量；α 为位置损失函数权重系数；p 为类别；0 为背景类别；i 和 j 分别为第 i 个预测框与第 j 个真实框；c 为置信度；k 为类别匹配系数，其值为 0 或 1；l 为预测框大小，g 为真实框大小。

7.2.3 代价敏感损失函数的构建

基于深度学习的单阶段目标检测算法虽然能够较好地满足工业流水线的实时性检测需求，但其检测精度与双阶段模型相比稍显逊色，尤其是针对小目标的检测任务。考虑到在采集图像尺寸确定的前提下，对切屑等小目标的检测效果差，可转换为图像中目标与背景尺度不匹配的问题。为保证算法检测效率的同时提升模型对小目标的检测能力，通过引入聚焦损失（focal loss）函数，并重构标准交叉熵损失函数，使得模型在训练阶段偏向于难分类的小目标对象，从而有效提升模型识别能力。

对于切屑检测任务，由于检测模型构建的目的在于准确识别关键加工面上的切屑位置。算法为二分类任务，正、负样本分别为待检测的切屑和背景环境。由于正、负样本在像素占比上的极不平衡，在候选框生成阶段会生成较多的背景类候选框。在模型迭代训练过程中，这些大量的负样本候选框干扰了交叉熵损失函数对正样本的分类判别能力，因为一般性的模型准确性指标是对所有类别进行平权的评价。在负样本分类效果较好而正样本分类较差时，模型分类的整体准确性无法准确表现出下降趋势。因此，在损失函数设计上，应减少负样本损失计算的累积对正样本分类性能变化的影响。作为一个端到端的单阶段目标检测模型，模型预测结果直接提供预测框位置、识别类别以及对应的置信度信息。因此，总损失函数由两部分组成，即分类损失 L_{conf} 和定位损失 L_{loc}，损失函数可表示为

$$L_{\text{SSD}} = \lambda_1 \frac{1}{N} L_{\text{conf}} + \lambda_2 L_{\text{loc}} \tag{7-30}$$

式中，λ_1 和 λ_2 分别为分类损失和定位损失的权重；N 为实际参与分类损失 L_{conf} 计算过程的正、负样本数量。分类损失和定位损失的具体计算方式如下：

$$L_{\text{conf}} = -\alpha_{\text{cls}}(1-p_t)^\gamma \lg p_t \tag{7-31}$$

$$L_{\text{loc}} = \begin{cases} \lambda_{\text{loc}} \text{var}^2, & |\text{var}| < 1 \\ |\text{var}| - 0.5, & \text{其他} \end{cases} \tag{7-32}$$

式中，类别权值因子 α_{cls} 和调制因子 $(1-p_t)^\gamma$ 分别决定了模型对数据类间不平衡和样本难、易程度数量不均衡的权值调整。由于正负样本的不均衡性，损失函数计算需要筛选去除一定量的较容易分类的负样本。而直接去掉过多负样本的方法容易丢失部分难分类样本，影响模型对部分样本的分类能力，进而丧失对部分样本的分类能力。对于分类损失 L_{conf}，设计复合式的代价敏感损失函数，即同时考虑正、负样本的类别间不均衡问题和训练过程难区分样本（如切屑等微小目标）与容易区分样本不均衡性对模型性能的影响。当分类损失的类别权值因子均匀分配，调制因子系数取零时，损失函数简化为标准的交叉熵损失函数。对于预测框位置预测的回归损失，为保证模型的快速收敛，当预测框与标签真值差别较大时，获得的损失值不应过大。

图 7-12 可视化了复合式的代价敏感损失不同调制因子下损失值与预测结果置信度之间的关系。难区分样本对应着较低的分类置信度而容易区分的样本分类置信度较高。可以观察到，对于复合式代价敏感损失函数曲线，当调制因子 $(1-p_t)^\gamma$ 的系数 γ 增大时，随着预测结果的置信度增加，其贡献的损失值相比于正常交叉熵损失明显降低。即当存在较多容易区分样本时，模型不会因此无法训练具有少量难区分样本的类，从而提升模型对小像素占比的微小目标的检测能力。

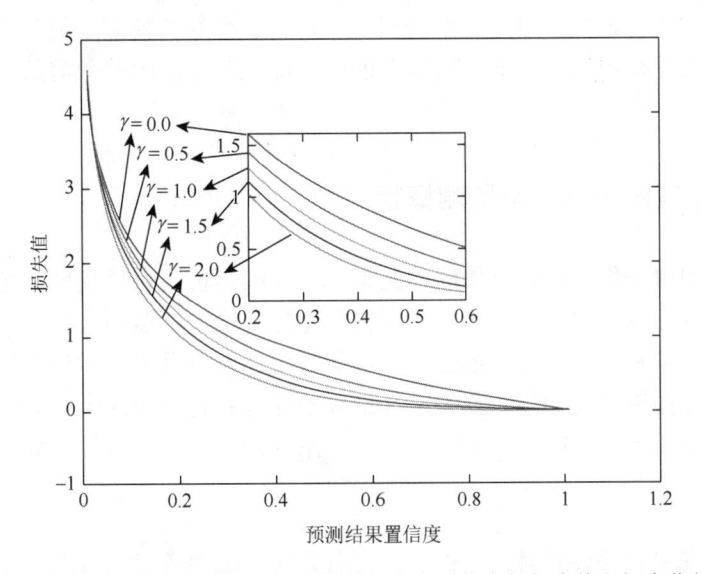

图 7-12 不同调制因子系数下代价敏感损失中置信度与损失值之间变化关系

训练过程的损失函数计算流程如下：

（1）计算预测框和标签真值的交并比，将大于阈值 Δ_{thresh} 的预测框标记为正样本，反之标记为负样本；

（2）计算所有预测框的交叉熵损失，对负样本的损失进行排序，按照分类分数序负样本，记为序列 $\{X_1^{Neg}, X_2^{Neg}, \cdots, X_{N_{ag}}^{Neg}\}$；

（3）根据正样本的数量，设置应选取的负样本数量为 4000，并选择前 4000 个较难分类的负样本用于分类损失计算；

（4）对筛选后的正、负样本，根据式（7-31）计算交叉熵损失，并更新模型的分类损失值，其中回归损失只计算正样本回归误差。

7.3 基于纹理分析的铣削加工监测系统实用化研究

随着深度学习技术的飞速发展，涌现出各种深度学习和机器学习的开源平台与框架，使得训练深度学习模型的流程逐渐标准化、简化。然而，在实际工业监测应用场景中，产业需求更加关注如何有效采集现场数据，并基于监测数据的特点实现模型的快速训练和调试，以最终投入生产。本节从工业应用的实际需求出发，重点研究监测数据的在机采集、软件系统的后端/前端设计与实现等方面。这项研究的目标是填补现有铣削加工过程监测系统在工件表面纹理分析方面的不足，特别关注切削加工刀具磨损的在线监测、粗糙度的在线识别以及铣刀健康状态评估等关键问题。

具体而言，本节对铣刀状态监测系统进行在机采集系统的设计，并实现工具集与用户的可视化交互程序设计。通过将云端训练模型框架与现场边缘在机监测硬件高效交互，实现在机采集系统中参数的快速调整、数据集的自动整合与上传。在云端高性能服务器上完成深度学习或传统机器学习模型的训练，再将训练好的模型下载至边缘计算设备完成部署。这一系统使得模型能够根据最新的监测图像输出准确的预测结果，实现监测系统的高效运作。

7.3.1 工件纹理图像采集与监测框架

首先，对图像采集系统的整体硬件配置进行详细分析，包括相机、光源、镜头，以及边缘计算硬件等设备的部署。接着，根据实际加工工况下监测过程的参数需求，对关键硬件设备的选型和设计进行仔细分析，确保系统能够满足监测过程中的各项要求。最后，对纹理图像在机采集的整体流程进行细致的梳理，特别关注微距对焦与校正流程，以确保图像采集过程的准确性和稳定性。这一系列的分析可为图像采集系统的优化和性能提升提供清晰的指导和依据。

1. 图像采集系统总体设计

图 7-13 为基于工件纹理图像的在机监测系统的硬件布置总体示意图，其主要包括两

大模块，分别是工件纹理图像在机采集模块以及用作监测信号标签参考值的后刀面磨损测量模块。由于工具显微镜需要固定被测刀具的旋转角度，并采用手动调焦，因而对于不具备主轴旋转角设置功能的机床只能采用离线测量方式。

(a) 工件纹理图像在机采集模块　　(b) 后刀面磨损测量模块（离线）

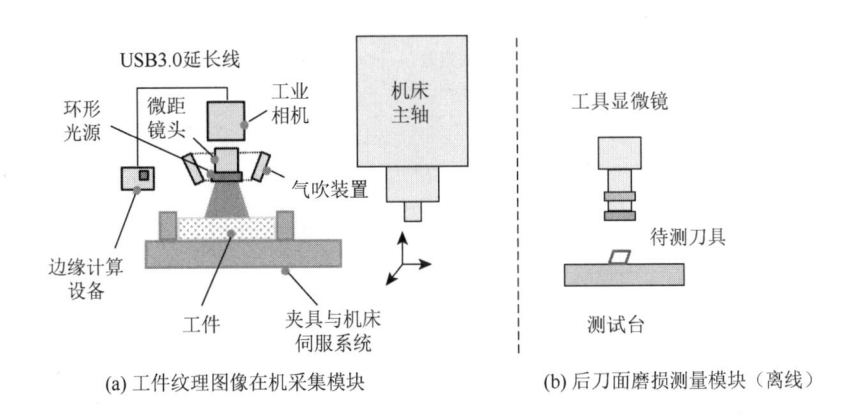

图 7-13　基于工件纹理图像的在机监测系统的硬件布置总体示意图

鉴于切削试验参数设置和在机采集的需求，以下是硬件选型的具体要求。铣刀退化监测试验主要关注粗铣和半精铣加工工序，测试用刀杆尺寸在 16~20mm，机器视觉测试系统的最大视野应保持在 15mm 左右，以确保能够有效采集到加工纹理图像的中心区域。在测试倍率方面，应选择具备变倍功能的镜头，以便获取在最佳尺度下的工件纹理图像。此外，镜头与被测工件表面的距离应保持在 30mm 以上，以避免在采集过程中便携式采集系统的镜头与工件发生碰撞。这些硬件选型的要求旨在确保系统在实际应用中能够满足切削试验的参数需求并提供高效的纹理图像采集。

2. 有关铣削加工试验中工件纹理图像的在机采集总体流程

考虑到在机监测现场环境的多样性以及定焦微距镜头的对焦问题，这里设计加工区域识别、加工纹理区域校正和自动对焦算法，以与铣削试验的加工参数相结合，实现加工表面完成后的高效采集。

如图 7-14 所示，这是一个示意图，演示了与平面铣削试验配合的铣削加工过程的纹理图像在机采集流程。总体流程概述如下：为了实现等间隔的离散采样，程序设定了完成设置的加工表面数量后，机床伺服系统按照设定值调整主轴和工作台到特定位置。在等待机床伺服系统调整到位后，便携式纹理采集机器视觉工作台被放置在指定位置，并通过调整配重或磁力座将纹理采集系统固定。接下来，机器视觉系统启动纹理微距对焦与校正子程序。当对焦和校正完成后，机器视觉系统依据加工过程中的走刀路径规划，按顺序采集切削加工表面的纹理图像。然后，采集的图像根据前面提出的手工特征方法（如灰度共生矩阵方法）验证其趋势性，以确认光源、相机曝光等参数的正确性和环境干扰水平是否在可控范围内。最后，确认无误后即可采集工件纹理图像。在获得工件纹理图像后，根据刀具磨损和工件表面粗糙度智能监测算法，对识别的刀具磨损状态和工件关键加工面的粗糙度情况进行评估。此外，基于刀具磨损、工件粗糙度分类结果以及双健康指标构建方法，对当前刀具的退化状态进行评估。

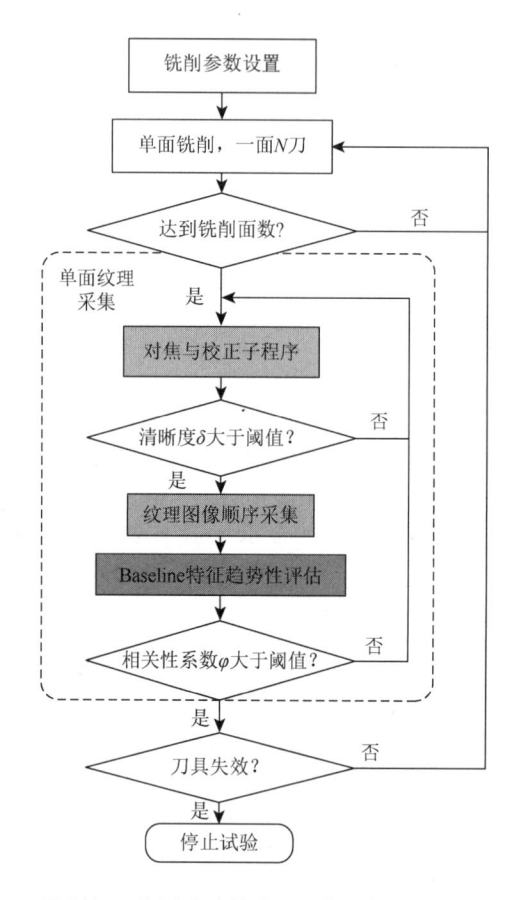

图 7-14　铣削加工监测试验的纹理图像在机采集的流程示意图

3. 纹理图像的微距对焦与校正

工件纹理图像的采集过程采用了不带自动对焦功能的变倍微距镜头。为了方便采集，对焦过程通过无参考的评价指标来判定当前采集纹理的清晰度质量。这类评价指标常用的包括拉普拉斯函数和熵值函数，纹理图像的微距对焦过程响应曲线见图 7-15。在纹理采集过程中，环形光源的持续照明时间设置为 2s。在伺服电机的驱动下，由镜头和相机组成的成像系统以恒定速度完成对焦过程。观察到拉普拉斯函数对伺服运动过程过于敏感，而熵值函数的清晰度指标在峰值附近变化率过低，难以找到最佳对焦点。在调焦过程中，指标变化的波动较小且趋势性明显有利于对焦过程的快速调整。

基于这一观察，首先提取纹理图像经傅里叶变换并低通滤波后的成分，设计基于低频成分对数变换谱（FFT-LPF）的均值函数的清晰度指标。图像的空间频域信息描述了纹理图像在长、宽方向上变化的剧烈程度。类似于拉普拉斯函数的高通低阻特性，通过低通滤波后的傅里叶变换，能够表征纹理图像中纹理色块变化程度（轮廓、角点）的清晰程度。其中，二维离散傅里叶变换的表达式可表示为

$$F^*(k,l) = \sum_{m=0}^{M-1}\sum_{n=0}^{N-1} f(m,n) \mathrm{e}^{-2\pi\left(\frac{ki}{M}+\frac{lj}{N}\right)} \tag{7-33}$$

式中，M 和 N 分别为采集纹理图像像素上的长和宽；$f(m,n)$ 为图像空间频域矩阵中的元素。对于任意空间频域成分 $F^*(k,l)$，通过将空间频域与相应的基函数相乘并将结果相加得到。通过高通低阻滤波后，将图像信息从空间频域恢复到空间域，变换过程可表示为

$$f(a,b) = \frac{1}{N^2}\sum_{k=0}^{M-1}\sum_{l=0}^{N-1} F^*(k,l) \mathrm{e}^{2\pi\left(\frac{ka}{M}+\frac{kb}{N}\right)} \tag{7-34}$$

式中，$1/N^2$ 为正则化逆变换系数；$F^*(k,l)$ 为空间频域成分。可以观察到，FFT-LPF 均值函数折中了拉普拉斯函数和熵值函数的敏感性与单调性，适合在机监测。

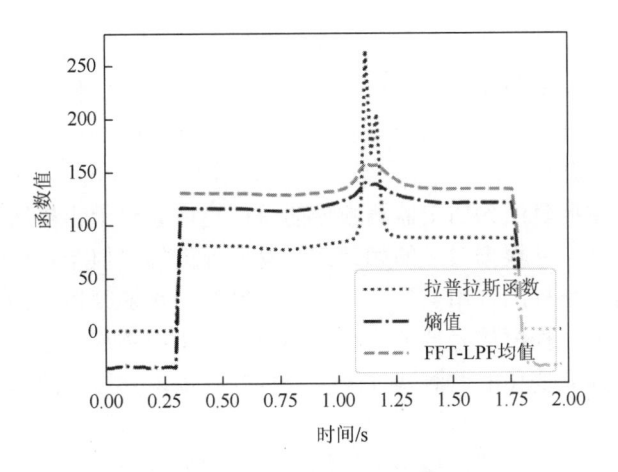

图 7-15　不同清晰度指标的采集过程响应曲线

7.3.2　铣削监测软件系统的前、后端设计及实现

1. 软件系统架构

软件系统整体框架如图 7-16 所示，其主要包括登录管理模块、在机监测与纹理采集模块、在机切削加工状态监测模块和刀具健康指标构建与退化评估模块四个部分；集成了前述章节中基于切削加工纹理图像分析的刀具磨损监测、粗糙度识别、双指标刀具健康指标模型构建以及切削加工纹理在机采集的相关研究与算法。软件系统的前端界面采用 PyQt5 和 Qt Designer 进行开发。后端状态监测与健康指标构建算法采用 Python 语言开发。考虑到切削加工纹理的采集与监测系统主要采用的传感器为高分辨率工业相机，

带宽和实时性要求较高,因此界面主要面向工件监测现场的边缘计算设备进行开发。选用的边缘计算硬件为英伟达公司的 Jetson Nano 单板计算机。

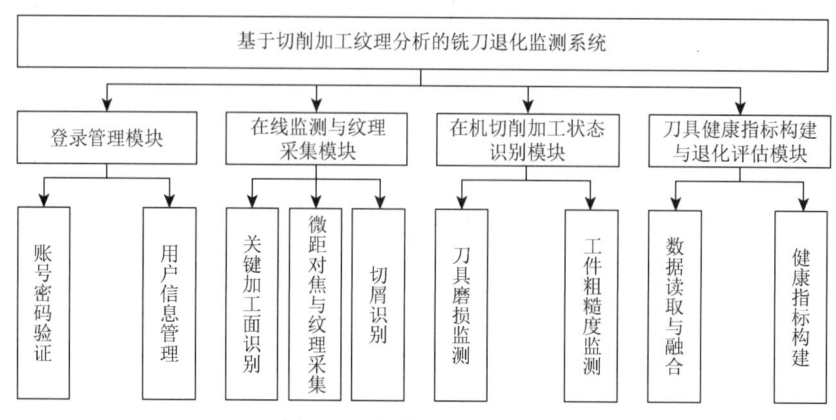

图 7-16 软件系统整体框架

2. 软件系统的后端设计与实现

软件系统的后端主要包括特征提取层和模型层,不同层分配有不同的功能。特征提取层用于提取特定模型的数据。模型层包括模型调用、模型优化及结果保存。后端设计采用 TensorFlow 开源框架作为深度学习算法库。采用 scikit-learn 和 pandas 作为监测数据特征提取与分析的工具包。

特征提取层的主要目的为历史监测数据的特征提取。对于粗糙度识别任务,主要提取加工纹理图像特征,并根据对应的触针式粗糙度计的标签值予以标注。对于刀具健康指标构建任务,根据指标的选用类型,采用刀具磨损、粗糙度值作为标签,录入刀具整个退化过程的标签值;根据信号特征与纹理图像特征采样频次关系,采用插值法构建特征随刀具磨损和粗糙度变化的监测特征表。根据实际需求,可选用单一源或多源特征构建刀具退化健康指标模型。

模型层(图 7-17)是对监测模型与指标构建模型的调用模块。本软件系统针对切削加工纹理信息的刀具磨损、粗糙度在机识别与刀具健康退化评估问题,给出了其对应的

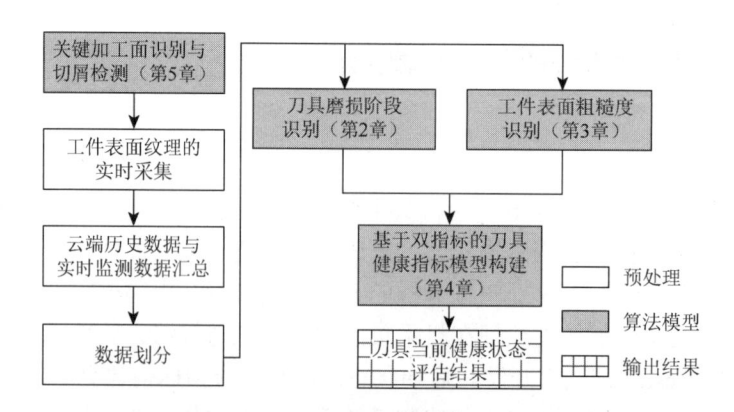

图 7-17 软件系统的模型层设计逻辑

刀具磨损、工件表面粗糙度的智能监测模型和刀具健康指标模型。为提升用户与软件系统的交互性，减少用户端非必要性参数调整，软件系统预设了智能监测模型的深度学习模型结构、网络超参数、深度集成学习模型的权值等参数。

3. 软件系统的前端设计与实现

软件系统的前端主要由 PyQt5 和 Qt Designer 开发完成，实现了刀具退化监测系统各模块的界面设计，主要包括登录界面、在机图像采集界面、刀具磨损监测界面、工件表面粗糙度识别界面以及刀具健康指标构建与状态评估界面。

为保障客户的使用安全性，软件初始化后首先进入登录界面对访问者身份进行鉴别。来访者在登录后才能获取权限使用功能模块（如数据分析与处理模块、粗糙度监测、刀具磨损监测模块与健康指标构建模块）。当来访者点击登录时，系统会自动匹配当前系统存储的账户信息。若匹配成功，则跳转界面至功能模块部分。登录界面如图 7-18 所示。

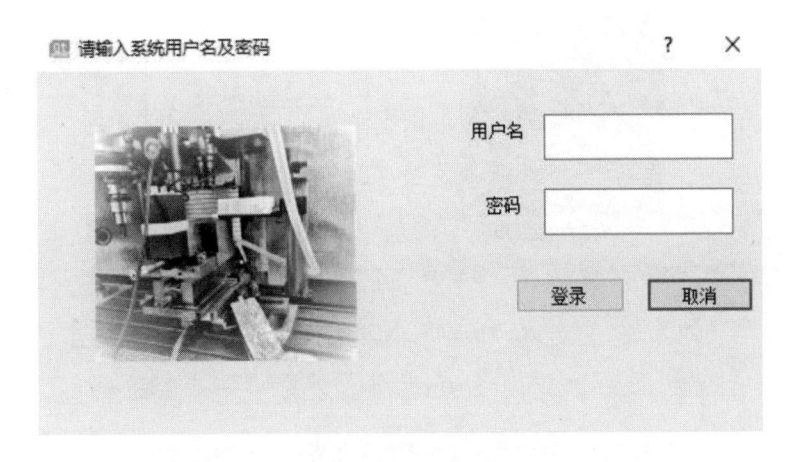

图 7-18 登录界面

在机图像采集界面主要实现三个功能模块。前两个功能模块用于配合气吹装置去除加工表面的切屑干扰，通过被动触发式的监测与告警形式实现采集过程前的干扰检测，界面如图 7-19 和图 7-20 所示。其功能选项包括对机器视觉系统相关采集参数的设置，如光源亮度调节（默认为 200lx）、感光度（ISO）、光圈大小、曝光时间等，以及对当前任务的设定和工件尺寸的选择，以调用不同的工业相机对关键加工面进行识别或者实现切屑检测功能。

第三个功能优化加工表面纹理图像的采集过程，实现微距采集过程的清晰度指标实时显示，辅助微距采集的对焦过程。

图 7-21 为工件表面粗糙度识别、刀具磨损监测界面，其以考虑形貌仿真先验的粗糙度监测模型和刀具磨损监测模型 NDTL-GA 为基础，给出了两个监测模型的训练过程参数设置与可视化界面。形貌仿真部分也单独给出了参数设置与可视化的子栏。

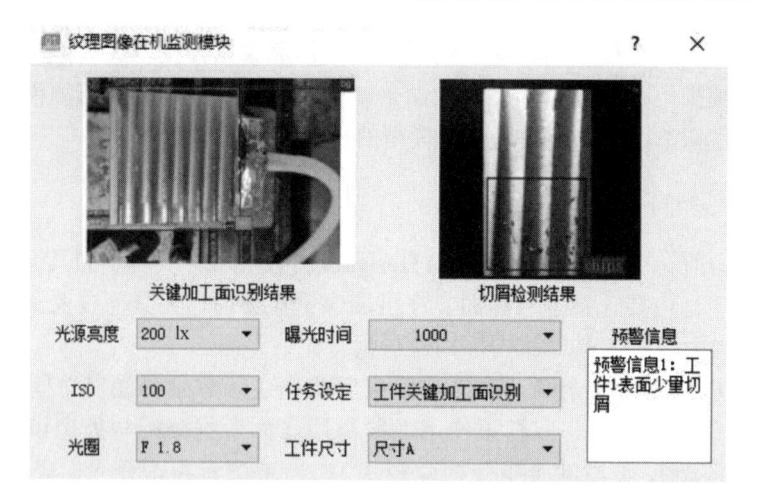

图 7-19　软件系统在机图像采集界面——关键加工面识别与切屑检测

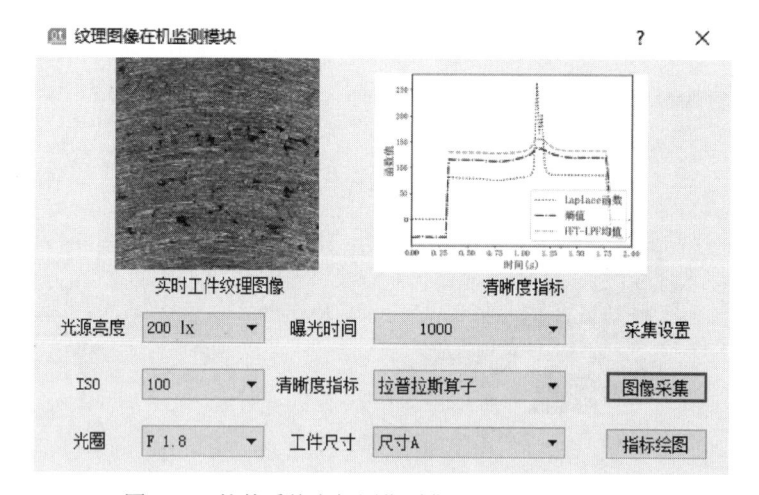

图 7-20　软件系统在机图像采集界面——微距对焦

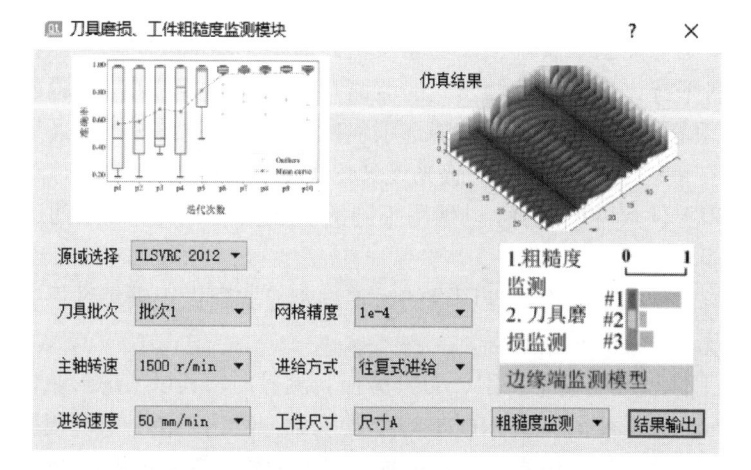

图 7-21　软件系统的工件表面粗糙度与刀具磨损监测界面

4. 刀具健康指标构建与状态评估界面

刀具健康指标构建与状态评估界面以基于加工表面纹理信息与振动信号的双指标（工件表面粗糙度、刀具磨损状态）健康指标模型为基础，具体的界面功能如图 7-22 所示。界面有刀具批次选择、用于特征提取的监测信号选择，以及指标个数选取等功能。此外，对于历史监测数据的轨迹提取，也给出了对应的选项卡，选项包括滑动平均、核回归以及局部加权回归。

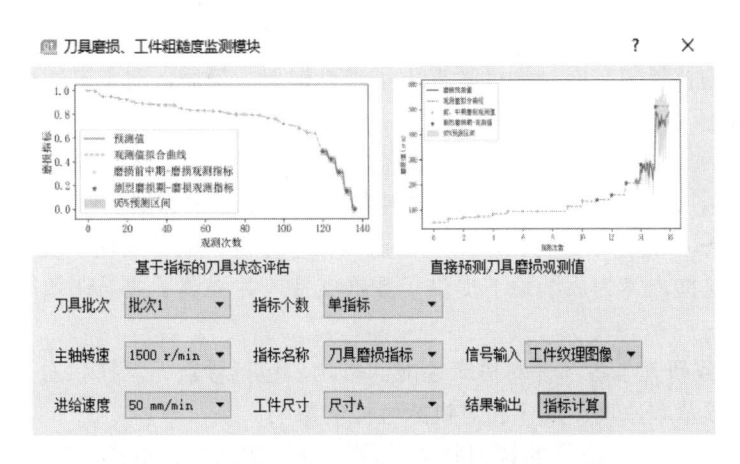

图 7-22　软件系统的刀具健康指标构建与状态评估界面

7.4　本　章　小　结

本章主要探讨了在机械加工过程中，对工件表面纹理图像进行采集和监测的实用技术。首先详细介绍了被加工工件表面纹理图像采集与监测系统的框架结构，包括在机采集的整体流程以及微距对焦算法。其次，对刀具状态监测软件系统的架构进行了阐述，包括前端设计和后端实现过程。在前端设计方面，利用 PyQt5 设计了软件系统的用户界面，该界面充分考虑了机器视觉系统的采集参数设置和算法调试的模块选择等因素。在后端实现方面，结合 OpenCV 库和 Basler 工业相机软件开发工具包，开发了巴斯勒相机的微距对焦与校正模块。采用 TensorFlow 框架构建了深度迁移学习模型算法和刀具磨损识别模块，利用 MATLAB 开发了加工表面形貌仿真与特征提取模块。使用 scikit-learn、pandas 等开源库作为数据分析和特征提取工具，开发了刀具退化评估算法及相应的后端模块。总体而言，本章提出的在机状态监测与退化监测的原型软件系统对提升工业监测应用的智能水平，以及提高刀具维修和更换效率具有积极意义。

第 8 章　结论与展望

8.1　本书主要内容

　　第 1 章为全书打下基础，介绍了机械加工的重要性与挑战；然后深入研究了智能监测与控制技术的背景与发展，为读者提供了理论框架；最后，对本书的内容与章节安排进行了简要概述。

　　第 2 章深入讨论了机械加工的基础概念，以及传统质量控制方法的局限性；然后介绍了先进的机械加工工艺，并强调了质量控制在机械加工中的重要性。

　　第 3 章聚焦于数据采集与处理，包括监测信号分析、信号处理手段、视觉分析和图像处理技术，这些内容为后续章节提供了数据支持，并强调了数据在智能监测与控制中的关键作用。

　　第 4 章细致研究了各部件对机床性能的影响，包括导轨、丝杠和刀具，其中详细探讨了刀具的磨损基本原理、规律和对机床性能的影响。

　　第 5 章着眼于基于信号的铣刀状态监测，包括切削力、电流、加速度和声发射等方面。这些方法提供了多样化的手段，用于及时监测铣刀的状态，以确保高效的机械加工过程。

　　第 6 章将焦点转向基于机器视觉的铣刀状态监测，涵盖了主轴旋转下刀具磨损区域定位和跟踪、轻量化网络的刀具磨损状态分类、图论的后刀面磨损精确分割测量以及磨损距离离散度的刀具状态评估等方面。

　　第 7 章探讨了基于纹理的表面质量监测，包括仿真与采集纹理图像的粗糙度识别、工件关键加工面识别与切屑检测，以及纹理分析在铣削加工监测系统中的实际应用。

　　第 8 章展望智能监测与控制技术在机械加工领域的未来发展方向，以及智能监测与控制技术同机械加工的融合。

8.2　智能监测与控制技术同机械加工的融合

1. 数据采集与监测

　　在智能监测与控制技术的实施中，数据采集与监测是其关键步骤之一。随着传感器技术的不断进步，机械加工过程中涉及的各项参数，如温度、振动、压力等，得以实时高效地被采集。这一技术进展为机械加工提供了全新的可能性，使得生产环境中的数据获取变得更加全面和及时。传感器的广泛应用使得整个机械加工过程的各个环节都能够得到细致入微的监测，为后续智能监测与控制模型提供了丰富的信息基础。未来，随着传感器技术的不断成熟，数据采集将更全面、更精准，从而进一步提高对机械加工过程的整体了解。

2. 机器学习算法在预测中的应用

数据的采集为机器学习算法提供了训练和学习的数据集，为智能监测与控制技术的实现奠定了基础。目前，支持向量机、神经网络等机器学习算法在机械加工质量预测中得到了广泛应用。这些算法通过对大量历史数据的学习，建立了复杂而准确的预测模型。在实时数据输入的情况下，它们能够快速而准确地做出预测，为机械加工过程提供了实时的质量控制和生产优化手段。随着深度学习算法的不断发展，预测模型将更智能、适应性更强，能更好地满足不同加工场景和工艺的要求。

3. 实时调整与优化

智能监测与控制技术的价值不仅在于作为被动监测系统，更体现在其能够主动调整和优化机械加工过程的智能特性。通过实时监测和预测，系统能够对机械加工设备进行及时的调整，以适应不同的工艺要求。这种实时调整既提高了生产的灵活性，又最大限度地提升了生产效率。系统通过对大量实时数据的分析，可以快速做出决策，实现生产线的优化配置。这种实时调整与优化能让资源浪费最小化，从而实现可持续生产的目标。

在未来，智能监测与控制技术有望在数据采集、机器学习算法应用以及实时调整与优化方面取得更进一步的突破。传感器技术的不断创新将为数据采集提供更多元、更精准的信息，机器学习算法的发展将使预测模型更智能且广泛适应，而实时调整与优化将更加精准、迅速地适应不断变化的生产环境。这一系列的技术进步将共同推动智能监测与控制技术在机械加工领域的深入应用，为制造业发展注入新活力。

8.3　智能监测与控制技术的未来发展方向

机械加工质量智能监测与控制技术是近年来随着人工智能和大数据技术的迅猛发展而备受关注的研究方向之一。制造业的不断发展，对机械加工质量的要求也越来越高，因此如何通过先进的技术手段提前预测和控制机械加工质量，成为制造业的热点问题之一。未来，机械加工质量智能监测与控制技术有望在多个方面取得更为深入的发展，包括数据采集、算法优化、智能硬件等方面。

首先，未来机械加工质量智能监测与控制技术的发展方向之一是数据采集的精细化和智能化。目前，随着传感器技术的不断进步，可以实时采集到大量的机械加工过程中的数据，包括温度、压力、振动等多个方面的参数。未来，随着传感器技术的进一步成熟，数据采集将更加精细，不仅能够获取更多的参数，而且能够实现对这些参数的实时监测和分析。此外，随着物联网技术的发展，机械加工设备之间可以实现更加智能的信息交互，形成一个整体的数据网络。这将为机械加工质量的智能监测与控制提供更为丰富和准确的数据基础，使得预测模型的精度和可靠性更高。

其次，未来机械加工质量智能监测与控制技术的另一个发展方向是算法优化的深入研究。目前，机械加工质量预测主要依赖于数据驱动的机器学习算法，如支持向量机、神经网络等。未来，随着深度学习等算法的不断发展，机械加工质量预测的算法将更加复杂和智能化。深度学习算法具有更强的特征提取和模式识别能力，能够更好地适应复杂多变的机械加工环境。此外，未来还有望通过将深度学习算法与领域知识相结合，提高预测模型对特定加工工艺的适应性和泛化能力，使得预测模型更具实际应用价值。

此外，未来机械加工质量智能监测与控制技术还有望在智能硬件方面取得新的突破。随着嵌入式系统和芯片技术的不断进步，智能硬件在机械加工领域的应用将更加广泛。未来，可以预见的是，机械加工设备将会配备更智能化的控制系统，能够实时监测加工过程中的各种参数，并根据预测模型进行实时调整和优化。同时，智能硬件还有望实现对机械加工设备的远程监控和管理，使得生产过程更加灵活且高效。此外，智能硬件还有望与虚拟现实、增强现实等技术相结合，为操作人员提供更直观的工作界面，提高操作的精准性和效率。

综合来看，未来机械加工质量智能监测与控制技术的发展方向主要体现在数据采集的精细化和智能化、算法优化的深入研究以及智能硬件的广泛应用等方面。这些发展方向将为机械加工质量的智能监测与控制提供更为丰富和可靠的技术支持，推动制造业向着更智能、高效的方向发展。同时，随着技术的不断进步，机械加工质量智能监测与控制技术有望在更多领域取得新突破，为制造业的发展注入新动力。

参 考 文 献

[1] 张定华，侯永锋，杨沫，等. 智能加工工艺引领未来机床发展方向[J]. 航空制造技术，2014，57（11）：34-38.

[2] 蒋平. 机械制造的工艺可靠性研究[D]. 长沙：国防科学技术大学，2010.

[3] 王素玉，赵军，艾兴，等. 高速切削表面粗糙度理论研究综述[J]. 机械工程师，2004（10）：3-6.

[4] 王彦. 高速切削过程工件材料表面质量影响因素研究[D]. 沈阳：沈阳理工大学，2015.

[5] 王素玉. 高速铣削加工表面质量的研究[D]. 济南：山东大学，2006.

[6] 李月恩. 模具钢高速球头铣削加工表面质量的研究[D]. 济南：山东大学，2011.

[7] 康小健. 高速铣削45钢铣削力及表面质量研究[D]. 湘潭：湖南科技大学，2012.

[8] 张蕊. 切削力与工件材料表面质量关系研究[D]. 沈阳：沈阳理工大学，2016.

[9] 聂胜才，唐晓青. 机械加工过程质量控制集成模型研究与实现[J]. 制造业自动化，2000，22（9）：37-40.

[10] 于忠海，吴凤和. 计算机辅助加工质量控制系统[J]. 制造技术与机床，2000（2）：48-49.

[11] 刘军，全林斯，吕梁. 机械加工工艺过程质量控制模型的研究[J]. 组合机床与自动化加工技术，2006（9）：82-84.

[12] 康政. 影响机械加工质量因素的控制[J]. 科技传播，2012，4（15）：169-170.

[13] 赵明光，易红. 网络化制造环境下机械加工质量控制系统的设计与实现[J]. 中国制造业信息化（学术版），2005（2）：92-93，95.

[14] 刘长义. 基于不确定性测度的机械零部件再制造加工质量控制理论与方法研究[D]. 合肥：合肥工业大学，2015.

[15] 张俊红. 机械零件加工过程中实时质量监测系统的开发[D]. 大连：大连工业大学，2008.

[16] 万迪斐. 高精度内孔加工质量的控制方法及应用[D]. 上海：上海交通大学，2009.

[17] 刘希凡. 面向修复叶片的机器人砂带磨削方法与加工质量调控策略研究[D]. 重庆：重庆大学，2021.

[18] 王洪祥，董申，李旦，等. 通过切削参数的优选控制振动对超精密加工表面质量影响[J]. 中国机械工程，2000，11（4）：452-455.

[19] 胡全，刘海军，吴冬波. 现代机械的先进加工工艺与制造技术的应用[J]. 中小企业管理与科技（中旬刊），2016（3）：221.

[20] 额日登桑. 先进机械制造技术现状研究及展望[J]. 内燃机与配件，2021（18）：186-187.

[21] 牟海，王怀坤. 浅谈先进制造的几种关键技术及其发展趋势[J]. 新材料产业，2019（11）：49-51.

[22] 杨威斌. 船用柴油机机身加工质量预测及控制方法研究[D]. 镇江：江苏科技大学，2022.

[23] 柳伟. 拉伸套膜机典型零件加工质量控制方法研究[D]. 哈尔滨：哈尔滨工业大学，2022.

[24] 战惠惠. 电机转轴加工质量检测与控制系统开发[D]. 马鞍山：安徽工业大学，2010.

[25] 黄涛，冯丽艳. 现代机械的先进加工工艺及制造技术探索构架[J]. 科技创新导报，2019，16（16）：75-76.

[26] 顾建森，倪飞. 先进机械制造技术的发展现状和发展趋势[J]. 造纸装备及材料，2021，50（8）：90-91.

[27] 高宏力，孙弋，郭亮，等. 机械加工质量预测研究现状与发展趋势[J/OL]. 西南交通大学学报，https://kns.cnki.net/kcms/detail/51.1277.U.20221012.1617.010.html[2022-10-13].

[28] 史雪春. 基于机器学习的切削状态监测技术研究[D]. 北京：北京理工大学，2018.

[29] 杜小虎. 基于智能制造的磨削参数优化及质量监管系统研发[D]. 无锡：江南大学，2021.

[30] 覃孟扬. 基于预应力切削的加工表面残余应力控制研究[D]. 广州：华南理工大学，2012.

[31] 周余庆. 立铣刀状态监测与剩余有效寿命预测方法研究[D]. 杭州：浙江工业大学，2020.

[32] 华家玘，李迎光，刘长青. 基于切削力信号-几何信息-工艺信息的铣削加工刀具状态实时辨识[J]. 航空制造技术，2018，61（11）：48-54，67.

[33] 袁敏，王玫，潘玉霞，等. 基于改进果蝇优化算法的铣削力信号特征选择方法[J]. 振动与冲击，2016，35（24）：196-200，206.

[34] Huang P B，Ma C C，Kuo C H. A PNN self-learning tool breakage detection system in end milling operations[J]. Applied Soft Computing，2015，37：114-124.

[35] 徐涛，李亮，郭月龙，等. 基于铣削力仿真样本和降维分类算法的刀具状态监测方法[J]. 工具技术，2018，52（8）：30-33.

[36] Koike R，Ohnishi K，Aoyama T. A sensorless approach for tool fracture detection in milling by integrating multi-axial servo information[J]. CIRP Annals，2016，65（1）：385-388.

[37] 樊志刚. 基于深度学习的刀具磨损监测研究[D]. 包头：内蒙古科技大学，2021.

[38] Hsieh W H，Lu M C，Chiou S J. Application of backpropagation neural network for spindle vibration-based tool wear monitoring in micro-milling[J]. The International Journal of Advanced Manufacturing Technology，2012，61（1）：53-61.

[39] Madhusudana C K，Kumar H，Narendranath S. Condition monitoring of face milling tool using K-star algorithm and histogram features of vibration signal[J]. Engineering Science and Technology，2016，19（3）：1543-1551.

[40] Shi C M，Panoutsos G，Luo B，et al. Using multiple-feature-spaces-based deep learning for tool condition monitoring in ultraprecision manufacturing[J]. IEEE Transactions on Industrial Electronics，2019，66（5）：3794-3803.

[41] 任振华. 基于振动信号的PCB微钻刀具磨损状态监测研究[D]. 上海：上海交通大学，2012.

[42] Gao C，Xue W，Ren Y，et al. Numerical control machine tool fault diagnosis using hybrid stationary subspace analysis and least squares support vector machine with a single sensor[J]. Applied Sciences，2017，7（4）：346.

[43] 陶欣，朱锟鹏，高思煜. 基于形态分量分析的高速铣削加工刀具磨损在线监测[J]. 中国科学技术大学学报，2017，47（8）：699-707.

[44] 李宏坤，阚洪龙，魏兆成，等. 复杂曲面加工过程中铣刀在线监测方法[J]. 振动 测试与诊断，2018，38（4）：658-665，866.

[45] Drouillet C，Karandikar J，Nath C，et al. Tool life predictions in milling using spindle power with the neural network technique[J]. Journal of Manufacturing Processes，2016，22：161-168.

[46] 张锟. 基于切削力实时监测的铣削加工智能控制系统[D]. 济南：山东大学，2022.

[47] 桂宇飞，官威，陈标，等. 基于HHT算法与主轴功率信号的刀具磨损状态在线监测[J]. 机械设计与研究，2019，35（5）：63-69.

[48] Stavropoulos P，Papacharalampopoulos A，Vasiliadis E，et al. Tool wear predictability estimation in milling based on multi-sensorial data[J]. The International Journal of Advanced Manufacturing Technology，2016，82（1）：509-521.

[49] Ammouri A H，Hamade R F. Current rise criterion：A process-independent method for tool-condition monitoring and prognostics[J]. The International Journal of Advanced Manufacturing Technology，2014，72（1）：509-519.

[50] 李康，黄民，吴国新，等. 基于变频器输入电流的刀具磨损状态监测系统设计与实现[J]. 组合机床

与自动化加工技术，2017（6）：90-92，96.

[51] Lee B Y, Tarng S Y. Application of the discrete wavelet transform to the monitoring of tool failure in end milling using the spindle motor current[J]. The International Journal of Advanced Manufacturing Technology，1999，15（4）：238-243.

[52] 关山. 基于声发射信号多特征分析与融合的刀具磨损分类与预测技术[D]. 长春：吉林大学，2011.

[53] Ravindra H V, Srinivasa Y G, Krishnamurthy R. Acoustic emission for tool condition monitoring in metal cutting[J]. Wear，1997，212（1）：78-84.

[54] Quadro A L, Branco J R T. Analysis of the acoustic emission during drilling test[J]. Surface and Coatings Technology，1997，94：691-695.

[55] Vetrichelvan G, Sundaram S, Senthil Kumaran S, et al. An investigation of tool wear using acoustic emission and genetic algorithm[J]. Journal of Vibration and Control，2015，21（15）：3061-3066.

[56] Mathew M T, Pai P S, Rocha L A. An effective sensor for tool wear monitoring in face milling: Acoustic emission[J]. Sadhana，2008，33（3）：227-233.

[57] Ren Q, Balazinski M, Baron L, et al. Type-2 fuzzy tool condition monitoring system based on acoustic emission in micromilling[J]. Information Sciences，2014，255：121-134.

[58] 张栋梁，莫蓉，孙惠斌，等. 基于混沌时序分析方法与支持向量机的刀具磨损状态识别[J]. 计算机集成制造系统，2015，21（8）：2138-2146.

[59] Cuka B, Kim D W. Fuzzy logic based tool condition monitoring for end-milling[J]. Robotics and Computer-Integrated Manufacturing，2017，47：22-36.

[60] 邵芳. 难加工材料切削刀具磨损的热力学特性研究[D]. 济南：山东大学，2010.

[61] Kulkarni A P, Joshi G G, Karekar A, et al. Investigation on cutting temperature and cutting force in turning AISI 304 austenitic stainless steel using AlTiCrN coated carbide insert[J]. International Journal of Machining and Machinability of Materials，2014，15（3-4）：147.

[62] Korkut I, Acır A, Boy M. Application of regression and artificial neural network analysis in modelling of tool-chip interface temperature in machining[J]. Expert Systems with Applications，2011，38（9）：11651-11656.

[63] Jauregui J C, Resendiz J R, Thenozhi S, et al. Frequency and time-frequency analysis of cutting force and vibration signals for tool condition monitoring[J]. IEEE Access，2018，6：6400-6410.

[64] Shankar S, Mohanraj T, Rajasekar R. Prediction of cutting tool wear during milling process using artificial intelligence techniques[J]. International Journal of Computer Integrated Manufacturing，2019，32（2）：174-182.

[65] Torabi A J, Er M J, Li X, et al. Application of clustering methods for online tool condition monitoring and fault diagnosis in high-speed milling processes[J]. IEEE Systems Journal，2016，10（2）：721-732.

[66] Torabi A J, Er M J, Li X, et al. Sequential fuzzy clustering based dynamic fuzzy neural network for fault diagnosis and prognosis[J]. Neurocomputing，2016，196：31-41.

[67] Wang G F, Zhang Y C, Liu C, et al. A new tool wear monitoring method based on multi-scale PCA[J]. Journal of Intelligent Manufacturing，2019，30（1）：113-122.

[68] 徐彦伟，陈立海，袁子皓，等. 基于信息融合的刀具磨损状态智能识别[J]. 振动与冲击，2017，36（21）：257-264.

[69] Zhou Y Q, Xue W. A multisensor fusion method for tool condition monitoring in milling[J]. Sensors，2018，18（11）：3866.

[70] Rao C S, Srikant R R. Tool wear monitoring: An intelligent approach[J]. Proceedings of the Institution of Mechanical Engineers，Part B：Journal of Engineering Manufacture，2004，218（8）：905-912.

[71] 刘锐，王玫，陈勇. 铣刀磨损量监测和剩余寿命预测方法研究[J]. 现代制造工程，2010（6）：102-105.

[72] 李锡文，杜润生，杨叔子. 立铣刀渐进磨损过程中主电机功率信号的时域特性研究[J]. 工具技术，2000，34（12）：7-9.

[73] Yen C L, Lu M C, Chen J L. Applying the self-organization feature map（SOM）algorithm to AE-based tool wear monitoring in micro-cutting[J]. Mechanical Systems and Signal Processing，2013，34（1-2）：353-366.

[74] Marinescu I, Axinte D A. A critical analysis of effectiveness of acoustic emission signals to detect tool and workpiece malfunctions in milling operations[J]. International Journal of Machine Tools and Manufacture，2008，48（10）：1148-1160.

[75] Zhu K P, Wong Y S, Hong G S. Wavelet analysis of sensor signals for tool condition monitoring：A review and some new results[J]. International Journal of Machine Tools and Manufacture，2009，49（7-8）：537-553.

[76] 吴迪，黄民. 振动信号监测在刀具磨损故障诊断中的应用[J]. 机械工程与自动化，2014，（2）：121-122，125.

[77] 朱会杰，王新晴，芮挺，等. 基于频域信号的稀疏编码在机械故障诊断中的应用[J]. 振动与冲击，2015，34（21）：59-64.

[78] Li X L, Yuan Z J. Tool wear monitoring with wavelet packet transform：fuzzy clustering method[J]. Wear，1998，219（2）：145-154.

[79] Madhusudana C K, Kumar H, Narendranath S. Face milling tool condition monitoring using sound signal[J]. International Journal of System Assurance Engineering and Management，2017，8（2）：1643-1653.

[80] Sevilla-Camacho P Y, Robles-Ocampo J B, Jauregui-Correa J C, et al. FPGA-based reconfigurable system for tool condition monitoring in high-speed machining process[J]. Measurement，2015，64：81-88.

[81] Benkedjouh T, Zerhouni N, Rechak S. Tool wear condition monitoring based on continuous wavelet transform and blind source separation[J]. The International Journal of Advanced Manufacturing Technology，2018，97（9）：3311-3323.

[82] Pechenin V A, Khaimovich A I, Kondratiev A I, et al. Method of controlling cutting tool wear based on signal analysis of acoustic emission for milling[J]. Procedia Engineering，2017，176：246-252.

[83] Wang M, Wang J. CHMM for tool condition monitoring and remaining useful life prediction[J]. The International Journal of Advanced Manufacturing Technology，2012，59（5）：463-471.

[84] Liu M K, Tseng Y H, Tran M Q. Tool wear monitoring and prediction based on sound signal[J]. The International Journal of Advanced Manufacturing Technology，2019，103（9）：3361-3373.

[85] Hong Y S, Yoon H S, Moon J S, et al. Tool-wear monitoring during micro-end milling using wavelet packet transform and Fisher's linear discriminant[J]. International Journal of Precision Engineering and Manufacturing，2016，17（7）：845-855.

[86] 胡金龙，王杰，王玫，等. 基于系统辨识方法的铣刀磨损状态识别[J]. 组合机床与自动化加工技术，2018（4）：107-110，115.

[87] Shi X H, Wang R, Chen Q T, et al. Cutting sound signal processing for tool breakage detection in face milling based on empirical mode decomposition and independent component analysis[J]. Journal of Vibration and Control，2015，21（16）：3348-3358.

[88] Babouri M K, Ouelaa N, Djebala A. Experimental study of tool life transition and wear monitoring in turning operation using a hybrid method based on wavelet multi-resolution analysis and empirical mode decomposition[J]. The International Journal of Advanced Manufacturing Technology，2016，82（9）：2017-2028.

[89] Wu Z H, Huang N E. Ensemble empirical mode decomposition: A noise-assisted data analysis method[J]. Advances in Adaptive Data Analysis, 2009, 1（1）: 1-41.

[90] Wang Y H, Yeh C H, Young H W V, et al. On the computational complexity of the empirical mode decomposition algorithm[J]. Physica A: Statistical Mechanics and Its Applications, 2014, 400: 159-167.

[91] Zhou Y Q, Xue W. Review of tool condition monitoring methods in milling processes[J]. The International Journal of Advanced Manufacturing Technology, 2018, 96（5）: 2509-2523.

[92] Kamarthi S V, Pittner S. Fourier and wavelet transform for flank wear estimation: A comparison[J]. Mechanical Systems and Signal Processing, 1997, 11（6）: 791-809.

[93] 孙惠斌, 牛伟龙, 王俊阳. 基于希尔伯特黄变换的刀具磨损特征提取[J]. 振动与冲击, 2015, 34（4）: 158-164, 183.

[94] Liu C, Wang G F, Li Z M. Incremental learning for online tool condition monitoring using Ellipsoid ARTMAP network model[J]. Applied Soft Computing, 2015, 35: 186-198.

[95] Zhang C J, Yao X F, Zhang J M, et al. Tool condition monitoring and remaining useful life prognostic based on a wireless sensor in dry milling operations[J]. Sensors, 2016, 16（6）: 795.

[96] Geramifard O, Xu J X, Zhou J H, et al. A physically segmented hidden Markov model approach for continuous tool condition monitoring: Diagnostics and prognostics[J]. IEEE Transactions on Industrial Informatics, 2012, 8（4）: 964-973.

[97] Wang J J, Xie J Y, Zhao R, et al. Multisensory fusion based virtual tool wear sensing for ubiquitous manufacturing[J]. Robotics and Computer-Integrated Manufacturing, 2017, 45: 47-58.

[98] 肖鹏飞, 张超勇, 罗敏, 等. 基于自适应动态无偏最小二乘支持向量机的刀具磨损预测建模[J]. 中国机械工程, 2018, 29（7）: 842-849.

[99] 高宏力, 许明恒, 傅攀. 基于集成神经网络的刀具磨损量监测[J]. 西南交通大学学报, 2005, 40（5）: 641-644, 653.

[100] 卢志远, 马鹏飞, 肖江林, 等. 基于机床信息的加工过程刀具磨损状态在线监测[J]. 中国机械工程, 2019, 30（2）: 220-225.

[101] 张吉林. 基于机器视觉的铣削刀具磨损监测技术研究[D]. 南京: 南京航空航天大学, 2013.

[102] 迟健男. 视觉测量技术[M]. 北京: 机械工业出版社, 2011.

[103] 计时鸣, 张宪, 张利, 等. 计算机视觉在刀具状态监测中的应用[J]. 浙江工业大学学报, 2002, 30（2）: 143-148.

[104] 李凡. 基于工件表面图像的刀具磨损状态监测[D]. 西安: 西安理工大学, 2007.

[105] 路元刚. 基于CCD图像的切屑形态参数检测技术研究[D]. 南京: 南京航空航天大学, 2002.

[106] Kim J H, Moon D K, Lee D W, et al. Tool wear measuring technique on the machine using CCD and exclusive jig[J]. Journal of Materials Processing Technology, 2002, 130: 668-674.

[107] Niranjan Prasad K, Ramamoorthy B. Tool wear evaluation by stereo vision and prediction by artificial neural network[J]. Journal of Materials Processing Technology, 2001, 112（1）: 43-52.

[108] 杨吟飞, 李亮, 何宁. 一种新的刀具磨损面图像边界提取方法[J]. 南京航空航天大学学报, 2007, 39（6）: 786-789.

[109] Castejón M, Alegre E, Barreiro J, et al. On-line tool wear monitoring using geometric descriptors from digital images[J]. International Journal of Machine Tools and Manufacture, 2007, 47（12-13）: 1847-1853.

[110] Lanzetta M. A new flexible high-resolution vision sensor for tool condition monitoring[J]. Journal of Materials Processing Technology, 2001, 119（1-3）: 73-82.

[111] 熊四昌. 基于计算机视觉的刀具磨损状态监测技术的研究[D]. 杭州: 浙江大学, 2003.

[112] 刘荣涛. 基于计算机视觉的刀具后刀面磨损检测技术[D]. 西安：西安理工大学，2008.

[113] 张悦. 基于计算机视觉的刀具磨损检测技术的研究[J]. 机械工程与自动化，2008（4）：107-109.

[114] 王楚杰，王中任，刘海生，等. 一种铣刀磨损在机立体视觉测量系统[J]. 机械工程与自动化，2017（6）：178-179.

[115] 柳国栋. 基于机器视觉的盘铣刀磨损状态检测方法研究[D]. 西安：西京学院，2022.

[116] 岳大森. 房屋建筑裂缝图像识别与测量方法研究[D]. 南京：南京理工大学，2020.

[117] 尹如海，王明秋. 功率、切削力、AE 组合刀具监控系统的研究[J]. 工具技术，2006，40（7）：79-82.

[118] 刘长清. 数控铣削过程离线优化技术研究[D]. 哈尔滨：哈尔滨工业大学，2007.

[119] 程耀楠，丁娅，盖小羽，等. 刀具磨损监测技术及其在重型切削中的应用[J]. 哈尔滨理工大学学报，2022，27（1）：79-91.

[120] 冯元彬. 基于多源信号特征融合的刀具磨损状态在线监测[D]. 西安：西安理工大学，2021.

[121] 高宏力. 切削加工过程中刀具磨损的智能监测技术研究[D]. 成都：西南交通大学，2005.

[122] 李德华. 数控加工刀具磨损量与剩余使用寿命自适应预测方法[D]. 哈尔滨：哈尔滨理工大学，2020.

[123] 李涛，黄新宇，罗明. 基于小波包分解的刀具磨损特征分析[J]. 组合机床与自动化加工技术，2020（7）：10-15.

[124] 库祥臣，周芸梦，高鹏磊，等. 基于小波包和 BP 神经网络的刀具磨损状态识别[J]. 现代制造工程，2014（12）：68-72.

[125] 向阳. 基于深度学习的刀具磨损监测软件开发[D]. 哈尔滨：哈尔滨工业大学，2021.

[126] 谢丽蓉，杨欢，李进卫，等. 基于 GA-ENN 特征选择和参数优化的双馈风电机组轴承故障诊断[J]. 太阳能学报，2021，42（1）：149-156.

[127] 刘亳. 基于刀具磨损状态检测的铣削加工参数优化技术研究[D]. 哈尔滨：哈尔滨工业大学，2016.

[128] 戴伟，张静，李彦平，等. 基于满意度函数法的油松固体燃料工艺参数优化[J]. 太阳能学报，2022，43（2）：40-48.

[129] Zhu W G，Zhuang J C，Guo B S，et al. An optimized convolutional neural network for chatter detection in the milling of thin-walled parts[J]. The International Journal of Advanced Manufacturing Technology，2020，106（9）：3881-3895.

[130] Jia F，Lei Y G，Guo L，et al. A neural network constructed by deep learning technique and its application to intelligent fault diagnosis of machines[J]. Neurocomputing，2018，272：619-628.

[131] 杨锋，李睿，朱立坚，等. 基于满意度函数的强力旋压壁厚偏差稳健设计优化[J]. 锻压技术，2021，46（2）：130-135.

[132] 秦国华，谢文斌，王华敏. 基于神经网络与遗传算法的刀具磨损检测与控制[J]. 光学精密工程，2015，23（5）：1314-1321.

[133] Huang N E，Shen Z，Long S R，et al. The empirical mode decomposition and the Hilbert spectrum for nonlinear and non-stationary time series analysis[J]. Proceedings of the Royal Society of London Series A：Mathematical，Physical and Engineering Sciences，1998，454（1971）：903-995.

[134] Yang B S，Kim K J. Application of Dempster-Shafer theory in fault diagnosis of induction motors using vibration and current signals[J]. Mechanical Systems and Signal Processing，2006，20（2）：403-420.

[135] 胡桥，何正嘉，张周锁，等. 基于提升小波包变换和集成支持矢量机的早期故障智能诊断[J]. 机械工程学报，2006，42（8）：16-22.

[136] Jackson J E. A Use's Guide to Principal Components[M]. New York：Wiley，1991.

[137] 虞和济，陈长征，张省，等. 基于神经网络的智能诊断[M]. 北京：冶金工业出版社，2000.

[138] 何学文，孙林，付静. 基于小波分析和支持向量机的旋转机械故障诊断方法[J]. 中国工程机械学报，2007，5（1）：86-90.

[139] 陈侃, 傅攀, 李威霖, 等. 钛合金车削加工过程中刀具磨损状态监测的小波包子带能量变换特征提取新方法[J]. 组合机床与自动化加工技术, 2011（1）: 35-38.

[140] Shelhamer E, Long J, Darrell T. Fully convolutional networks for semantic segmentation[J]. IEEE Transactions on Pattern Analysis and Machine Intelligence, 2017, 39（4）: 640-651.

[141] Kang E, Min J H, Ye J C. A deep convolutional neural network using directional wavelets for low-dose X-ray CT reconstruction[J]. Medical Physics, 2017, 44（10）: e360-e375.

[142] He M, Zhang S, Mao H, et al. Recognition confidence analysis of handwritten Chinese character with CNN[EB/OL]. https://arxiv.org/pdf/1505.06623[2024-02-15].

[143] 郝腾飞, 陈果. 基于贝叶斯最优核判别分析的机械故障诊断[J]. 振动与冲击, 2012, 31（13）: 26-30.

[144] 李天恩, 何桢. 基于主成分修整和线性判别分析的重叠故障识别[J]. 系统工程学报, 2012, 27（5）: 712-718.

[145] 段振云, 王宁, 杨旭, 等. 一种改进B样条曲线拟合算法研究[J]. 机械设计与制造, 2016（5）: 17-19, 23.

[146] 王涛, 徐涛. 基于EMD和SVM的刀具故障诊断方法[J]. 工具技术, 2011, 45（2）: 63-67.

[147] 陈高波. 基于最小二乘支持向量机的刀具磨损预报建模[J]. 武汉工业学院学报, 2009, 28（2）: 112-114, 118.

[148] Scheffer C, Kratz H, Heyns P S, et al. Development of a tool wear-monitoring system for hard turning[J]. International Journal of Machine Tools and Manufacture, 2003, 43（10）: 973-985.

[149] Albertelli P, Braghieri L, Torta M, et al. Development of a generalized chatter detection methodology for variable speed machining[J]. Mechanical Systems and Signal Processing, 2019, 123: 26-42.

[150] 鲍平平. 基于信号特征库的铣刀状态监测研究[D]. 南昌: 南昌航空大学, 2011.

[151] Kilundu B, Dehombreux P, Chiementin X. Tool wear monitoring by machine learning techniques and singular spectrum analysis[J]. Mechanical Systems and Signal Processing, 2011, 25（1）: 400-415.

[152] Prasad B S, Sarcar M M M, Ben B S. Surface textural analysis using acousto optic emission- and vision-based 3D surface topography: A base for online tool condition monitoring in face turning[J]. The International Journal of Advanced Manufacturing Technology, 2011, 55（9）: 1025-1035.

[153] 罗欢, 张定华, 罗明. 航空难加工材料切削刀具磨损与剩余寿命预测研究进展[J]. 中国机械工程, 2021, 32（22）: 2647-2666.

[154] Gutkin R, Green C J, Vangrattanachai S, et al. On acoustic emission for failure investigation in CFRP: Pattern recognition and peak frequency analyses[J]. Mechanical Systems and Signal Processing, 2011, 25（4）: 1393-1407.

[155] Li X L. A brief review: Acoustic emission method for tool wear monitoring during turning[J]. International Journal of Machine Tools and Manufacture, 2002, 42（2）: 157-165.

[156] 李勇. 基于振动和声发射信号融合的铣刀状态监测技术研究[D]. 南昌: 南昌航空大学, 2009.

[157] Kurada S, Bradley C. A machine vision system for tool wear assessment[J]. Tribology International, 1997, 30（4）: 295-304.

[158] Sortino M. Application of statistical filtering for optical detection of tool wear[J]. International Journal of Machine Tools and Manufacture, 2003, 43（5）: 493-497.

[159] Mikołajczyk T, Kłodowski A, Mrozinski A. Camera-based automatic system for tool measurements and recognition[J]. Procedia Technology, 2016, 22: 1035-1042.

[160] Campatelli G, Scippa A. Development of an artificial vision system for the automatic evaluation of the cutting angles of worn tools[J]. Advances in Mechanical Engineering, 2016, 8（3）: 1-11.

[161] Hocheng H, Tseng H C, Hsieh M L, et al. Tool wear monitoring in single-point diamond turning using

laser scattering from machined workpiece[J]. Journal of Manufacturing Processes, 2018, 31: 405-415.
[162] 梁伟云, 郭井宽, 陈晓波, 等. 基于影像视觉的立铣刀磨损状态检测技术研究与系统开发[J]. 工具技术, 2012, 46 (12): 59-64.
[163] 秦国华, 易鑫, 李怡冉, 等. 刀具磨损的自动检测及检测系统[J]. 光学精密工程, 2014, 22 (12): 3332-3341.
[164] 迟辉, 张伟, 陈颖, 等. 图像处理技术在刀具磨损检测中的应用[J]. 工具技术, 2007, 41 (8): 100-102.
[165] Weis W. Tool wear measurement on basis of optical sensors, vision systems and neuronal networks (application milling) [C]//Proceedings of WESCON, San Francisco, 1993: 134-138.
[166] Schmitt R, Hermes R, Stemmer M, et al. Machine vision prototype for flank wear measurement on milling tools[J]. Proceedings of 38th CIRP—International Seminar on Manufacturing Systems, 2005: 123-134.
[167] Zhang Y H, Zhang Y C, Tang H Q, et al. Images acquisition of a high-speed boring cutter for tool condition monitoring purposes[J]. The International Journal of Advanced Manufacturing Technology, 2010, 48 (5): 455-460.
[168] Lins R G, Guerreiro B, de Araujo P R M, etc. In-process tool wear measurement system based on image analysis for CNC drilling machines[J]. IEEE Transactions on Instrumentation and Measurement, 2020, 69 (8): 5579-5588.
[169] Lins R G, de Araujo P R M, Corazzim M. In-process machine vision monitoring of tool wear for Cyber-Physical Production Systems[J]. Robotics and Computer-Integrated Manufacturing, 2020, 61: 101859.
[170] Xu L M, Fan F, Zhang Z, et al. Methodology and implementation of a vision-oriented open CNC system for profile grinding[J]. The International Journal of Advanced Manufacturing Technology, 2019, 100 (5): 2123-2131.
[171] Mannan M A, Kassim A A, Jing M. Application of image and sound analysis techniques to monitor the condition of cutting tools[J]. Pattern Recognition Letters, 2000, 21 (11): 969-979.
[172] Zhang C, Zhang J L. On-line tool wear measurement for ball-end milling cutter based on machine vision[J]. Computers in Industry, 2013, 64 (6): 708-719.
[173] Li L H, An Q B. An in-depth study of tool wear monitoring technique based on image segmentation and texture analysis[J]. Measurement, 2016, 79: 44-52.
[174] Sharma E, Mahapatra P, Doegar A, et al. Tool condition monitoring using the chain code technique, pixel matching and morphological operations[C]//The 3rd IEEE International Conference on Computational Intelligence & Communication Technology, Ghaziabad, 2017: 3-8.
[175] Sukeri M, Paiz Ismadi M Z, Othman A R, et al. Wear detection of drill bit by image-based technique[J]. IOP Conference Series: Materials Science and Engineering, 2018, 328: 012011.
[176] Mehta S, Singh R A, Mohata Y, et al. Measurement and analysis of tool wear using vision system[C]// The 6th International Conference on Industrial Engineering and Applications, Tokyo, 2019: 45-49.
[177] Kerr D, Pengilley J, Garwood R. Assessment and visualisation of machine tool wear using computer vision[J]. The International Journal of Advanced Manufacturing Technology, 2006, 28 (7): 781-791.
[178] Barreiro J, Castejón M, Alegre E, et al. Use of descriptors based on moments from digital images for tool wear monitoring[J]. International Journal of Machine Tools and Manufacture, 2008, 48 (9): 1005-1013.
[179] Alegre E, Alaiz-Rodríguez R, Barreiro J, et al. Use of contour signatures and classification methods to optimize the tool life in metal machining[J]. Estonian Journal of Engineering, 2009, 15 (1): 3.
[180] Chethan Y D, Ravindra H V, Krishne gowda Y T, et al. Machine vision for tool status monitoring in

turning inconel 718 using blob analysis[J]. Materials Today: Proceedings, 2015, 2 (4-5): 1841-1848.

[181] García-Olalla O, Alegre E, Barreiro J, et al. Tool wear classification using LBP-based descriptors combined with LOSIB-based enhancers[J]. Procedia Engineering, 2015, 132: 950-957.

[182] García-Ordás M T, Alegre E, González-Castro V, et al. aZIBO shape descriptor for monitoring tool wear in milling[J]. Procedia Engineering, 2015, 132: 958-965.

[183] García-Ordás M T, Alegre E, González-Castro V, et al. A computer vision approach to analyze and classify tool wear level in milling processes using shape descriptors and machine learning techniques[J]. The International Journal of Advanced Manufacturing Technology, 2017, 90 (5): 1947-1961.

[184] García-Ordás M T, Alegre-Gutiérrez E, González-Castro V, et al. Combining shape and contour features to improve tool wear monitoring in milling processes[J]. International Journal of Production Research, 2018, 56 (11): 3901-3913.

[185] García-Ordás M T, Alegre-Gutiérrez E, Alaiz-Rodríguez R, et al. Tool wear monitoring using an online, automatic and low cost system based on local texture[J]. Mechanical Systems and Signal Processing, 2018, 112: 98-112.

[186] Ye Z K, Wu Y L, Ma G C, et al. Visual high-precision detection method for tool damage based on visual feature migration and cutting edge reconstruction[J]. The International Journal of Advanced Manufacturing Technology, 2021, 114 (5): 1341-1358.

[187] D'Addona D M, Teti R. Image data processing via neural networks for tool wear prediction[J]. Procedia CIRP, 2013, 12: 252-257.

[188] 徐露艳, 仇中军. 基于形状匹配的刀具在机监测方法研究[J]. 纳米技术与精密工程, 2017 (5): 419-424.

[189] Stemmer M, Pavim A, Adur M, et al. Machine vision and neural networks applied to wear classification on cutting tools[J]. Proceedings of EOS Conference on Industrial Imaging and Machine Vision, 2005: 139-142.

[190] Klancnik S, Ficko M, Balic J, et al. Computer vision-based approach to end mill tool monitoring[J]. International Journal of Simulation Modelling, 2015, 14 (4): 571-583.

[191] D'Addona D M, Ullah A M M S, Matarazzo D. Tool-wear prediction and pattern-recognition using artificial neural network and DNA-based computing[J]. Journal of Intelligent Manufacturing, 2017, 28 (6): 1285-1301.

[192] Ong P, Lee W K, Lau R J H. Tool condition monitoring in CNC end milling using wavelet neural network based on machine vision[J]. The International Journal of Advanced Manufacturing Technology, 2019, 104 (1): 1369-1379.

[193] 吴雪峰, 刘亚辉, 毕淞泽. 基于卷积神经网络刀具磨损类型的智能识别[J]. 计算机集成制造系统, 2020, 26 (10): 2762-2771.

[194] Lutz B, Kisskalt D, Regulin D, et al. Evaluation of deep learning for semantic image segmentation in tool condition monitoring[C]//The 18th IEEE International Conference on Machine Learning and Applications, Boca Raton, 2019: 2008-2013.

[195] Bergs T, Holst C, Gupta P, et al. Digital image processing with deep learning for automated cutting tool wear detection[J]. Procedia Manufacturing, 2020, 48: 947-958.

[196] Fernández-Robles L, Azzopardi G, Alegre E, et al. Machine-vision-based identification of broken inserts in edge profile milling heads[J]. Robotics and Computer-Integrated Manufacturing, 2017, 44: 276-283.

[197] Fernández-Robles L, Azzopardi G, Alegre E, et al. Identification of milling inserts in situ based on a versatile machine vision system[J]. Journal of Manufacturing Systems, 2017, 45: 48-57.

[198] Gao Z, Chen M F, Guo W G, et al. Tool wear characterization and monitoring with hierarchical spatio-temporal models for micro-friction stir welding[J]. Journal of Manufacturing Processes, 2020, 56: 1353-1365.

[199] Otto T, Kurik L. Digital tool wear measuring video system[C]//Proceedings of the 2nd International Conference of DAAAM National Estonia, Tallinn, 2000: 144-146.

[200] Pfeifer T, Wiegers L. Reliable tool wear monitoring by optimized image and illumination control in machine vision[J]. Measurement, 2000, 28 (3): 209-218.

[201] Liang Y T, Chiou Y C, Louh C J. Automatic wear measurement of Ti-based coatings milling via image registration[C]//Machine Vision Applications, Tsukuba, 2005: 88-91.

[202] Wang W, Wong Y S, Hong G S. Flank wear measurement by successive image analysis[J]. Computers in Industry, 2005, 56 (8-9): 816-830.

[203] Wang W H, Wong Y S, Hong G S. 3D measurement of crater wear by phase shifting method[J]. Wear, 2006, 261 (2): 164-171.

[204] Su J C, Huang C K, Tarng Y S. An automated flank wear measurement of microdrills using machine vision[J]. Journal of Materials Processing Technology, 2006, 180 (1-3): 328-335.

[205] Liang Y T, Chiou Y C. An effective drilling wear measurement based on visual inspection technique[C]//Proceedings of the 2006 Joint Conference on Information Sciences, Kaohsiung, 2006: 1-4.

[206] Zhu K P, Yu X L. The monitoring of micro milling tool wear conditions by wear area estimation[J]. Mechanical Systems and Signal Processing, 2017, 93: 80-91.

[207] Malayath G, Katta S, Sidpara A M, et al. Length-wise tool wear compensation for micro electric discharge drilling of blind holes[J]. Measurement, 2019, 134: 888-896.

[208] 李鹏阳, 郝重阳, 祝双武, 等. 基于脉冲耦合神经网络的刀具磨损检测[J]. 中国机械工程, 2008, 19 (5): 547-550.

[209] 李鹏阳, 祝双武, 郝重阳, 等. 基于改进型脉冲耦合神经网络的刀具磨损图像检测[J]. 西北工业大学学报, 2008, 26 (2): 194-199.

[210] D'Addona D M, Matarazzo D, Ullah A M M S, et al. Tool wear control through cognitive paradigms[J]. Procedia CIRP, 2015, 33: 221-226.

[211] Wang P, Liu Z Y, Gao R X, et al. Heterogeneous data-driven hybrid machine learning for tool condition prognosis[J]. CIRP Annals, 2019, 68 (1): 455-458.

[212] Shahabi H H, Ratnam M M. Assessment of flank wear and nose radius wear from workpiece roughness profile in turning operation using machine vision[J]. The International Journal of Advanced Manufacturing Technology, 2009, 43 (1): 11-21.

[213] Sung A N, Ratnam M M, Loh W P. Effect of tool nose profile tolerance on surface roughness in finish turning[J]. The International Journal of Advanced Manufacturing Technology, 2015, 76 (9): 2083-2098.

[214] Wang H T, Wang H. A detection system of tool parameter using machine vision[C]//The 37th Chinese Control Conference, Wuhan, 2018: 8293-8296.

[215] Ramzi R, Abu Bakar E, Mahmod M F. Drill Bit Flank Wear Monitoring System in Composite Drilling Process Using Image Processing[M]. Singapore: Springer, 2019: 551-557.

[216] Lachance S, Bauer R, Warkentin A. Application of region growing method to evaluate the surface condition of grinding wheels[J]. International Journal of Machine Tools and Manufacture, 2004, 44 (7-8): 823-829.

[217] Shahabi H H, Ratnam M M. On-line monitoring of tool wear in turning operation in the presence of tool misalignment[J]. The International Journal of Advanced Manufacturing Technology, 2008, 38 (7): 718-727.

[218] Saeidi O, Rostami J, Ataei M, et al. Use of digital image processing techniques for evaluating wear of cemented carbide bits in rotary drilling[J]. Automation in Construction, 2014, 44: 140-151.

[219] Fadare D A, Oni A O. Development and application of a machine vision system for measurement of tool wear[J]. Journal of Engineering and Applied Sciences, 2009, 4 (4): 1-7.

[220] Liu Y, Guan T M, Ding J M, et al. Study on tool wear in micro EDM[J]. Applied Mechanics and Materials, 2012, 271-272: 1755-1760.

[221] Yuan L, Guo T, Qiu Z J, et al. Measurement of geometrical parameters of cutting tool based on focus variation technology[J]. The International Journal of Advanced Manufacturing Technology, 2019, 105 (5): 2383-2391.

[222] Chethan Y D, Ravindra H V, Krishne Gowda Y T. Machine-Vision-Assisted Performance Monitoring in Turning Inconel 718 Material Using Image Processing[M]. Singapore: Springer, 2019.

[223] Li Y G, Mou W P, Li J J, et al. An automatic and accurate method for tool wear inspection using grayscale image probability algorithm based on Bayesian inference[J]. Robotics and Computer-Integrated Manufacturing, 2021, 68: 102079.

[224] Kwon Y, Fischer G W. A novel approach to quantifying tool wear and tool life measurements for optimal tool management[J]. International Journal of Machine Tools and Manufacture, 2003, 43 (4): 359-368.

[225] Karthik A, Chandra S, Ramamoorthy B, et al. 3D tool wear measurement and visualisation using stereo imaging[J]. International Journal of Machine Tools and Manufacture, 1997, 37 (11): 1573-1581.

[226] Yang M Y, Kwon O D. Crater wear measurement using computer vision and automatic focusing[J]. Journal of Materials Processing Technology, 1996, 58 (4): 362-367.

[227] Yang M Y, Kwon O D. A tool condition recognition system using image processing[J]. IFAC Proceedings Volumes, 1997, 30 (14): 199-204.

[228] Devillez A, Lesko S, Mozer W. Cutting tool crater wear measurement with white light interferometry[J]. Wear, 2004, 256 (1-2): 56-65.

[229] Dawson T G, Kurfess T R. Quantification of tool wear using white light interferometry and three-dimensional computational metrology[J]. International Journal of Machine Tools and Manufacture, 2005, 45 (4-5): 591-596.

[230] Jurkovic J, Korosec M, Kopac J. New approach in tool wear measuring technique using CCD vision system[J]. International Journal of Machine Tools and Manufacture, 2005, 45 (9): 1023-1030.

[231] Niola V, Nasti G, Quaremba G. A problem of emphasizing features of a surface roughness by means the discrete wavelet transform[J]. Journal of Materials Processing Technology, 2005, 164: 1410-1415.

[232] Volkan Atli A, Urhan O, Ertürk S, et al. A computer vision-based fast approach to drilling tool condition monitoring[J]. Proceedings of the Institution of Mechanical Engineers, Part B: Journal of Engineering Manufacture, 2006, 220 (9): 1409-1415.

[233] 童晨, 何宁, 李亮, 等. 刀具磨损三维形貌的测量及评价方法[J]. 机械制造与自动化, 2008, 37 (5): 57-60.

[234] Liu J C, Xiong G X. Study on volumetric tool wear measurement using image processing[J]. Applied Mechanics and Materials, 2014, 670-671: 1194-1199.

[235] Wang Z R, Li B, Zhou Y B. Fast 3D reconstruction of tool wear based on monocular vision and multi-color structured light illuminator[C]//International Symposium on Optoelectronic Technology and Application 2014: Image Processing and Pattern Recognition, Beijing, 2014: 1-5.

[236] Zhu A B, He D Y, Zhao J W, et al. 3D wear area reconstruction of grinding wheel by frequency-domain fusion[J]. The International Journal of Advanced Manufacturing Technology, 2017, 88 (1): 1111-1117.

[237] 朱爱斌，胡浩强，何大勇，等. 采用频域融合方法的砂轮刀具磨损三维重构技术[J]. 西安交通大学学报，2015，49（5）：82-86，133.

[238] 朱爱斌，何仁杰，吴玥璇，等. 考虑变换域融合方法的刀具磨损区域三维重构[J]. 西安交通大学学报，2017，51（12）：76-83.

[239] Szydłowski M，Powałka B，Matuszak M，et al. Machine vision micro-milling tool wear inspection by image reconstruction and light reflectance[J]. Precision Engineering，2016，44：236-244.

[240] Hawryluk M，Ziemba J，Dworzak Ł. Development of a method for tool wear analysis using 3D scanning[J]. Metrology and Measurement Systems，2017，24（4）：739-757.

[241] Hakami F，Pramanik A，Basak A K. Tool wear and surface quality of metal matrix composites due to machining：A review[J]. Proceedings of the Institution of Mechanical Engineers，Part B：Journal of Engineering Manufacture，2017，231（5）：739-752.

[242] Dalal N，Triggs B. Histograms of oriented gradients for human detection[C]//IEEE Computer Society Conference on Computer Vision and Pattern Recognition，San Diego，2005：886-893.

[243] Menard S. Applied logistic regression analysis[J]. Applied Logistic Regression Analysis，2011，106：1-5.

[244] You Z C，Gao H L，Guo L，et al. On-line milling cutter wear monitoring in a wide field-of-view camera[J]. Wear，2020，460：203479.

[245] Chollet F. Xception：Deep learning with depthwise separable convolutions[C]//IEEE Conference on Computer Vision and Pattern Recognition，Honolulu，2017：1251-1258.

[246] Sandler M，Howard A，Zhu M L，et al. MobileNetV2：Inverted residuals and linear bottlenecks[C]//IEEE/CVF Conference on Computer Vision and Pattern Recognition，Salt Lake City，2018：4510-4520.

[247] Howard A，Sandler M，Chen B，et al. Searching for MobileNetV3[C]//IEEE/CVF International Conference on Computer Vision，Seoul，2019：1314-1324.

[248] Howard A G，Zhu M L，Chen B，et al. MobileNets：Efficient convolutional neural networks for mobile vision applications[EB/OL]. https://arxiv.org/abs/1704.04861v1[2024-12-20].

[249] Zoph B，Le Q V. Searching for activation functions[J]. arXiv preprint arXiv：1710.05941，2017.

[250] Ambrosio D，Tongne A，Wagner V，et al. A new damage evolution criterion for the coupled eulerian-Lagrangian approach：Application to three-dimensional numerical simulation of segmented chip formation mechanisms in orthogonal cutting[J]. Journal of Manufacturing Processes，2022，73：149-163.

[251] Dutta S，Pal S K，Mukhopadhyay S，et al. Application of digital image processing in tool condition monitoring：A review[J]. CIRP Journal of Manufacturing Science and Technology，2013，6（3）：212-232.

[252] 李轶尚. 基于机器视觉的清洁切削加工表面粗糙度在位测量方法及其系统构建[D]. 济南：山东大学，2021.

[253] 安倩楠. 基于加工表面显微图像的卷积神经网络粗糙度识别技术研究[D]. 西安：西安理工大学，2019.

[254] 白莉. 基于工件表面纹理图像的刀具磨损状态监测技术研究[D]. 西安：西安理工大学，2009.

[255] 杨学刚. 基于视觉的钛合金铣削刀具磨损及加工表面粗糙度研究[D]. 南京：南京航空航天大学，2017.

[256] Pimenov D Y，Bustillo A，Mikolajczyk T. Artificial intelligence for automatic prediction of required surface roughness by monitoring wear on face mill teeth[J]. Journal of Intelligent Manufacturing，2018，29（5）：1045-1061.

[257] Mohanraj T，Yerchuru J，Krishnan H，et al. Development of tool condition monitoring system in end milling process using wavelet features and Hoelder's exponent with machine learning algorithms[J]. Measurement，2021，173：108671.

[258] Patel D, Vakharia V, Kiran M. Texture classification of machined surfaces using image processing and machine learning techniques[J]. FME Transactions, 2019, 47 (4): 865-872.

[259] Riego V, Castejón-Limas M, Sánchez-González L, et al. Strong classification system for wear identification on milling processes using computer vision and ensemble learning[J]. Neurocomputing, 2021, 456: 678-684.

[260] 朱文营. 加工中心主轴在线检测技术研究[D]. 淄博: 山东理工大学, 2012.

[261] Ren S Q, He K M, Girshick R, et al. Faster R-CNN: Towards real-time object detection with region proposal networks[J]. IEEE Transactions on Pattern Analysis and Machine Intelligence, 2017, 39 (6): 1137-1149.

[262] Redmon J, Divvala S, Girshick R, et al. You only look once: Unified, real-time object detection[C]//IEEE Conference on Computer Vision and Pattern Recognition, Las Vegas, 2016: 779-788.

[263] Redmon J, Farhadi A. YOLO9000: Better, faster, stronger[C]//IEEE Conference on Computer Vision and Pattern Recognition, Honolulu, 2017: 7263-7271.

[264] Redmon J, Farhadi A. YOLOv3: An incremental improvement[EB/OL]. https://arxiv.org/abs/1804.02767v1[2024-03-12].

[265] Liu W, Anguelov D, Erhan D, et al. SSD: Single Shot MultiBox Detector[M]. Cham: Springer International Publishing, 2016.

[266] Huang Z W, Zhu J M, Lei J T, et al. Tool wear predicting based on multi-domain feature fusion by deep convolutional neural network in milling operations[J]. Journal of Intelligent Manufacturing, 2020, 31 (4): 953-966.

[267] Neubeck A, van Gool L. Efficient non-maximum suppression[C]//The 18th International Conference on Pattern Recognition, Hong Kong, 2006: 850-855.

[268] Ou J Y, Li H K, Huang G J, et al. Intelligent analysis of tool wear state using stacked denoising autoencoder with online sequential-extreme learning machine[J]. Measurement, 2021, 167: 108153.

[269] 李大胜, 周春晖, 贺广纯, 等. 基于 ZigBee 无线传感网络的数控机床刀具监测系统的设计[J]. 长春师范大学学报, 2016, 35 (4): 38-42.

[270] Elango V, Karunamoorthy L. Modeling the lighting conditions for the estimation of surface roughness by machine vision using design of experiments[C]//International Symposium on Measurement and Quality Control, Chennai, 2007: 21-24.

[271] Datta A, Dutta S, Pal S K, et al. Progressive cutting tool wear detection from machined surface images using Voronoi tessellation method[J]. Journal of Materials Processing Technology, 2013, 213 (12): 2339-2349.